Hans Lux Grüne Geschichten

HANS LUX

Grüne Geschichten

BLV
MÜNCHEN
BASEL
WIEN

Umschlaggestaltung: Franz Wöllzenmüller
Titelbild: Fritz Siedel

Gesamtherstellung: Druckerei Ludwig Auer, Donauwörth
Printed in Germany – ISBN 3 405 10965 5

Inhalt

7

Die wilde Sau

37

Ein seltener Fall

70

Die Hütte

102

Cora, die rote Hündin

143

Grenznachbarn

180

Eine grüne Geschichte

Die wilde Sau

Sauen sind unberechenbar. Das wissen die Jäger. Aber Sauen sind auch zu allem fähig. Das wissen nicht nur die Jäger, sondern auch die Bauern. Meistens sind sie da, die Sauen, wo man sie nicht vermutet, und selbst wenn man sie vermutet, bekommt man sie nicht zu sehen. Sie haben ein Bündnis mit der Nacht geschlossen. Das ist ihr Glück und des Jägers Leid.

Aber alle Nächte sind nicht rabenschwarz. Denn da ist der Mond, dem es manchmal einfällt, so hell zu scheinen, daß die Jäger noch genug sehen können, um zu schießen. Ja, der Mond hat es in sich! Der Sauen Freund ist er bestimmt nicht. Die jüngeren unter ihnen wissen das nur noch nicht so genau und verlassen selbst bei hellstem Mondlicht den schützenden Wald, um auf den Feldern und Wiesen nach Fraß zu suchen. Viele von ihnen werden dabei totgeschossen. Um alt zu werden, braucht man nicht nur einen Haufen Glück, sondern auch eine gute Portion Klugheit, ja Weisheit. Aber wie will man solche Weisheit erringen, wenn man nicht mehr am Leben ist!

Und so wechseln die meisten Sauen viel zu jung in die ewigen Jagdgründe. Bis auf die wenigen, die genug Glück in ihrer Schwarte mitschleppen, um alt und reif zu werden. Glück haben ist aber nicht alles. Man muß auch die Möglichkeit haben, sich mit diesem Glück zu verbinden. Das fällt den Keilern leichter als den Bachen. Denn wenn eine hungrige Frischlingsschar dem geplagten Mutterwild den lieben langen Tag am Gesäuge hängt, dann lassen sich die Nächte nicht mehr nach dem Grad ihrer Dunkelheit aussuchen. Kein Wunder, daß es dabei dann oft ans Leben geht, wenn der Mondschein dem Jäger Erfolg und Beute verspricht.

So wird das Mondlicht zum Todfeind der Sauen! Und noch weiß man es nicht so genau, ob die Neue im Winter mit anschließendem Kreisen und Jagen den Sauen mehr Abbruch tut oder die Leuchte am nächtlichen Himmel. Da wie dort bleibt es ein schwieriges Jagen, weil der Jäger kaum Möglichkeit oder Zeit zum guten Ansprechen und sorgfältigen Auswählen hat. Aber bei der Jagd auf Schwarzwild scheint es nicht so genau darauf anzukommen. Und immer bleibt dem Jäger die Entschuldigung, leider manchmal sogar zu Recht, daß alles nur geschieht, um den Wildschaden in erträglichen Grenzen zu halten. Darum werden die Sauen bejagt, nochmals bejagt und immer wieder bejagt. Am Ende lamentiert jedoch die tüchtige Jägerschar, daß kaum noch irgendwo eine stärkere Sau zur Strecke kommt und findet keine Erklärung dafür. Zu dumm, daß man keine Erklärung dafür weiß.

Einen starken Keiler zu erlegen, ist heute in unseren Jagdgefilden viel schwerer zu vollbringen, als einen kapitalen Hirsch zu strecken. Und wenn es doch einmal ganz selten geschieht, dann spricht sich solch ein Ereignis schnell herum. Dann möchte es jeder auch einmal erleben, dieses seltene Waidmannsheil, eben weil es so schwer ist. Aber darin liegt wohl der Reiz, wie immer, wenn etwas nicht leicht zu haben ist.

Manchmal entstehen dann eigenartige Wunschträume. Irgendein Jägersmann hat irgendwo im verschwiegenen Wald einen sagenhaft starken Keiler in Anblick bekommen. Auch das spricht sich ganz rasch herum. Bald sind es ein Dutzend Jäger, die irgendwo diesem grimmen Bassen begegnet sind. Nur erlegt worden ist er nicht. Von niemand. Denn immer war ein widriger Umstand dabei. Entweder war man gar nicht zur Jagd gerüstet, oder der Spuk entschwand in Blitzeseile. Wohl selten mag es so kommen, wie es einem ganz besonderen Jäger erging, nämlich daß ein »dicker« Keiler just dann auftauchte, als der forsche Jägersmann mit heruntergelassenen Hosen aus zwingendem Grund hinter einem Birkenstämmchen hockte. Da gab es nichts mehr zu retten, denn meterweit entfernt lehnte das Gewehr unerreichbar an einem Baumstamm. Auch das ist eine sogenannte Keilergeschichte. Davon aber gibt es viele. Wahre und unwahre. Die besten sind die unwahren, aber die wahren sind auch nicht schlecht. Nur weiß man es nie so genau, was ganz wahr oder ganz unwahr ist. Aber wahr sind einige bestimmt, wenn auch fast so selten wie die kapitalen Keiler.

Der Bürgermeister von Neuenbruch war ein leidenschaftlicher Jäger. Das konnte er auch leicht sein, denn er besaß eine eigene Jagd. Und Eigenjagden sind bekanntlich noch immer die billigsten. Mindestens solange man sie selbst bejagt. Andernfalls sind sie teurer, oft allzu teuer. Darum verpachtet auch dieser oder jener seine Eigenjagd

und kauft sich seinen Hirsch oder Bock irgendwo anders und bekommt eine starke Trophäe und einen schönen Urlaub noch dazu.
Aber der Bürgermeister von Neuenbruch war konservativ. Darum bejagte er auch seine Eigenjagd, wie es sich gehörte. Er war aber längst nicht der einzige Jäger in Neuenbruch. Denn dort gab es noch eine Gemeindejagd. Die war um vieles größer als die des Bürgermeisters. Besser war sie deshalb aber noch lange nicht. Denn in der Gemeindejagd vergnügten sich drei Jäger, und alle wollten auch entsprechend etwas davon haben. An den Wochenenden und auch sonst einmal brachten sie noch Freunde mit, die natürlich auch alle jagen wollten. Das gefiel dem Bürgermeister nicht, denn als Jäger war es ihm nicht gleichgültig, was jenseits der Grenze geschah. Auch wußte er, daß sich das Wild nicht um die Grenzen scherte und besonders gern dann hinüberzuwechseln schien, wenn auf der anderen Seite ein Jäger auf Beute wartete. Als Bürgermeister mußte er sich zwar bescheiden und den Mund halten. Denn die Gemeindejagdpächter waren nie kleinlich, wenn die Gemeinde einen dringlichen Wunsch äußerte, den sie sich sonst auf Grund ihrer Kassenlage hätte versagen müssen.
Als Bauer und Eigenjagdbesitzer war er aber ein freier Mann. Wenn ihn diese Freiheit auch nicht dazu verleitete, mit den Jagdnachbarn Streit vom Zaune zu brechen, so nahm er sich dennoch gelegentlich die Freiheit, dann, wenn er mit Sicherheit von niemand gesehen werden konnte, die Nachbarjagd gründlich zu inspizieren. Und wenn ihn dabei der innere Schweinehund plagte, dann redete er sich amtlich ein, daß er halt der Bürgermeister sei und als solcher auch seine besonderen Rechte genoß.
Jedenfalls wußte er immer von Amts wegen Bescheid, wie es drüben, auf der anderen Seite, ausschaute. Aber verschwiegen, wie eine Amtsperson nun einmal zu sein hat, sagte er nichts weiter. Auch nicht, als er am Rand eines Wildackers im anderen Revier eine Saufährte feststellte, so breit und stark, daß ihm beim Anblick schon die Augen übergingen. So einer Fährte war er bisher noch nie begegnet! Und sogleich brachte er diese mit dem Mais in enge Verbindung. Denn Mais stand auf dem Wildacker, den die Nachbarsleute im schönen Geviert angelegt hatten.
Den starken Keiler – denn nur um einen solchen konnte es sich handeln – mußte er haben. Und Mais mußte er haben! Diese beiden Dinge verschlangen sich in seinem Hirn zu einem festen Knoten. Einen

Keiler konnte man zwar im Bruchteil einer Sekunde erlegen. Aber für die Anlage eines Maisackers bedurfte es längerer Zeit.
Doch es ließ sich auch anders machen, das mit dem Acker. Darum entstand schon am nächsten Tag in des Bürgermeisters Jagd an verschwiegener Stelle ein Futterplatz. Natürlich mit Mais. Aber Futterplatz darf man wohl nicht sagen. Denn es verstieße gegen die Ehre eines Jägers, an einer Fütterung auf Wild zu schießen. Und um der Ehre willen sagen dann die Jäger »Kirrung« zu solcher Imbißstelle. Das hört sich besser an und wirkt auch beruhigend auf die eigene Seele. Denn angekirrt werden ja nur solche Wildtiere, denen man aus jägerischem Pflichtgefühl beikommen muß, und weil man es anders nicht kann.
Mit der Anlage dieser Kirrung hatte der Bürgermeister auch seine innere Festigkeit wiedergewonnen. Denn er hätte es nicht ausdenken können, wenn die Nachbarn in den Genuß dieses groben Bassen gekommen wären. So kam er sich sehr klug und weise vor und malte sich schon insgeheim die großen Augen und langen Gesichter aus wenn er, der Bürgermeister, das heißersehnte Jagdglück haben würde. Denn auch das moralische Recht hierzu war doch klar auf seiner Seite. Schließlich hatte er eine Eigenjagd, eigenen Grund und Boden. Von dieser Warte aus betrachtet waren die anderen doch Habenichtse. Nun ja, sie hatten Geld. Aber was hieß das schon!
Aber die anderen hatten nicht nur Geld. Sie hatten auch offene Augen und recht gute Ohren. Darum wußten sie längst, was sich allnächtlich in ihrem Maisdschungel abspielte. Natürlich wußten sie auch um die heimlichen Streifzüge des Bürgermeisters in ihren Jagdgefilden. Aber Jagdpächter sind wohl die unfreiesten Wesen auf dieser Erde. Ihre Stellung machte sie zu stillen Duldern. Sie müssen sich eine Unmenge gefallen lassen. Denn sie leben in der ständigen Angst, beim geringsten Aufmucken den Unmut einflußreicher und für die Jagdverpachtung wichtiger Leute zu erregen. Und dann könnte es aus sein mit fröhlicher Jagd im Wald und auf der Heide. Darum schien es besser, den Schnabel zu halten und dabei die eigene Galle zwischen den Molaren zu zerreiben. Auch das gehört zum Pachtzins eines modernen Jagdpächters.
Aber die Jäger von der anderen Seite begnügten sich durchaus nicht nur damit, ihren Grimm in sich hineinzufressen. Was der Bürgermeister kann, das können wir auch, so dachten sie und bewiesen zugleich, daß Bauernschläue eine Eigenschaft ist, die auch landfremden

Großstädtern gegeben sein kann. Es dauerte nur wenige Tage, da hatte einer der Pächter den so verschwiegen angelegten Kirrplatz des Bürgermeisters ausgekundschaftet, aber auch zugleich mit Befriedigung festgestellt, daß er noch unberührt war. Doch das allein vermochte ihn noch nicht zu beruhigen. Was heute noch war, konnte morgen schon ganz anders sein. Also hielten die drei Kriegsrat. Denn wenn überhaupt jemandem die Erlegung des Hauptschweines zustand, dann einem von ihnen, den Pächtern, denen das Revier alljährlich eine Menge Geld kostete.

Als die Kirchenglocken zu Mittag läuteten, hatte des Bürgermeisters Kirrplatz einige Veränderungen erfahren. Zwar war dem Maishaufen äußerlich nichts anzusehen. Aber drinnen, da steckte der Wurm oder, richtiger ausgedrückt, eine verschwitzte, übelriechende Männersocke. Den schlimmen Gedanken hatte der älteste von ihnen ausgebrütet, die Socke lieferte der Jüngste. Denn der hatte furchtbare Schweißfüße. Vieles kann man verhehlen und übertünchen, aber Schweißfüße nicht, schon gar nicht, wenn man mit anderen in enger Hütte zusammenwohnt. So also wurde der Strumpf im Maishaufen zum rettenden Engel, gerade noch rechtzeitig, um Schlimmes zu verhüten.

Der Bürgermeister machte Tag für Tag ohne Arg seine Runde. Der Maisacker der Nachbarn wurde zusehends ramponierter, nur sein Haufen blieb heil und unberührt. Aber dieser Ärger währte nicht lange. Eines Tages sah der Kirrplatz aus, als hätte ein Elefant auf ihm gewütet. Dabei war es nicht einmal eine Sau, welche die Zerstörung verursacht hatte, sondern ein Dachs hatte den Maishaufen auseinandergeworfen. Aber das wußte natürlich der Bürgermeister nicht. Darum blieb er auch froh und wohlgemut und hockte sich noch am selben Abend auf die Kanzel, von der aus er seinen Futterplatz gut übersehen konnte. Aber außer einem einsamen Reh, das mißtrauisch um den Kirrplatz herumzog, ohne auch nur Anstalten zu machen, von der Körnerfrucht zu naschen, sah er bis zum Einbruch der Nacht nichts. Ohne Erfolg blieben auch die nächsten Abende. Aber da auf der Nachbarseite bisher auch kein Schuß gefallen war, ergab sich der Bürgermeister in das Schicksal eines jeden Jägers, der weiß, daß die Jagd zum allergrößten Teil aus Hoffen und Harren besteht.

Die Abende flossen dahin. Der Kalender zeigte schon die halbe Scheibe des aufgehenden Mondes an. Das war aber auch alles. Denn der Mond selbst versteckte sich trotzig hinter dicken Wolken, aus denen es Bindfäden regnete. Aber der Bürgermeister blieb eisern und saß Stunde um Stunde sein Pensum ab. Irgendwann hört auch der längste Regen auf. Und als es fast auf den Vollmond zuging, zerriß die Wolkendecke, und es wurde hell. Was machte es da schon, wenn die Helligkeit nicht anhielt, sondern immer wieder von eiligem Gewölk vertrieben wurde.

Der Bürgermeister hockte in seiner Kanzel und kämpfte gegen den Schlaf an. Durch die Schießluke konnte er den Futterplatz als hellen Klecks erkennen. Wenn da drinnen ein schwarzer Keiler stehen würde, müßte er gut zu sehen sein. Ab und zu machte der Jäger Zielübungen. Gut hob sich das Fadenkreuz des Zielfernrohres von der hellen Kirrung ab. Aber wenn sich ein Jäger auch öfter als ein anderer Mensch die Nächte um die Ohren schlägt, so bleibt er dennoch ein Geschöpf des Tages. Und um eine gewisse Nachtstunde mögen Geist und Körper nicht mehr mitmachen, dann ist auf einmal die Müdigkeit da und läßt sich nicht verscheuchen. Aus einem kurzen Nickerchen wird ein längeres und aus dem längeren ein langes, und schließlich schläft der ganze Mensch, und wenn er erwacht, dann weiß er nicht einmal zu sagen, ob es Stunden waren, die er verschlafen, oder nur Minuten.

Just so erging es auch dem Bürgermeister in jener Nacht. Nach vielen mißglückten Wachbleibeübungen schlief er dann doch endlich ein. Zwar träumte er, daß sich der dicke Keiler wohlig in dem üppigen Maishaufen suhlte. Aber zum Schießen brachte es der Traum nicht, denn so sehr sich des Jägers Hände auch abrackerten, das Gewehr zu ergreifen – es gelang nicht. Darum und auch, weil es im Traum keine Tatsachen gibt, blieb die schwarze Sau am Leben. Aber da es nirgends im Leben verrückter und unglaublicher zugeht als auf der Jagd, erschien der Keiler tatsächlich. Wahrhaftig und mit Leib und Schwarte. Wohlig knackte und schmatzte er in dem Fraß herum und so geräuschvoll, daß mindestens jetzt der Bürgermeister hätte aufschrecken müssen. Aber offenbar übersteigt es manchmal eines Menschen Kraft, sowohl die Bürde eines Bürgermeisters als auch die eines Bauern und obendrein noch jene eines Jägers zu tragen. Der Schlaf hatte den Bürgermeister mit elementarer Gewalt überfallen.

So hatte der Keiler mindestens jetzt einen Schutzengel bei sich. Gemächlich pflügte der Borstige auf dem gedeckten Tisch herum. Die stinkende Socke – die allerdings inzwischen einiges von ihrem Fluidum eingebüßt hatte – tat er mit einem kurzen Wischer zur Seite und strafte damit alle Lügen, die sich und anderen weismachten, daß Sauen mit irgendwelchen Stinkstoffen abzuschrecken seien. Währenddessen schlief ein braver Jägersmann den tiefen Schlaf eines übermüdeten Menschen.

Dagegen waren die drei Jäger von der anderen Seite schon mehr auf Draht. Natürlich steckten auch sie nicht in den Federbetten. Überhaupt war diese Nacht wie geschaffen, um Sauen zu jagen. Das wußten sie längst: Schwarzkittel scheuen nicht nur die Sonne, sondern fast ebenso sehr auch den blanken Mond. Darum sind Nächte, in denen das Mondlicht nur gelegentlich zwischen den Wolkengardinen hervorlugt, die besten, um gute Beute zu machen. Darum hatte auch jeder der drei Jäger einen günstig stehenden Hochsitz besetzt. Wer wo saß, wurde stets durch das Los entschieden. Dieses System bewährte sich hervorragend, und nie gab es Streit um den scheinbar besten Ansitzplatz. Im Augenblick aber war der beste Ansitzplatz der Hochstand am Wildacker, und gerade der Benjamin des Kleeblattes hatte das Glück gehabt, diesen Platz für sich einzuheimsen. Sozusagen als Entschädigung für die notwendige Hergabe seiner Duft-Socke. Daß dieses Kleidungsstück jedoch keinesfalls zu Ruhm und Ansehen gelangt war, konnten die drei Jagdfreunde in dieser Nacht noch nicht wissen.

Als die Mitternachtsstunde längst vorüber war, ließ ein knackendes Geräusch zwischen den Maisstauden den wartenden Jäger aufhorchen. Der Mond stand gut. Aber leider hatte ein Maisfeld die für den Jäger unangenehme Eigenschaft, so hoch zu wachsen, daß sich darin so ziemlich alles Wild vortrefflich verstecken kann. Nun konnte zwar das besagte Feld durchaus nicht mehr den Anspruch erheben, ackerbaumäßig eine Musterkultur zu sein, aber Mais bleibt Mais, auch dann, wenn einiges von ihm plattgewalzt am Boden liegt. So setzte der Jäger seine ganze Hoffnung darein, daß die Sau – denn nur um eine solche konnte es sich handeln – auf einem der im Maisbestand vorhandenen Schadlöcher auftauchen würde. Behutsam schob er die Büchse durch die Schießluke, hielt sie mit der einen Hand fest, während die andere das lichtstarke Doppelglas bediente. Da aber drängelte sich vor den zuvor noch strahlenden Mond eine dicke, dunkle Wolke. Und als der Jäger mit entsprechender Halsverrenkung seinen Blick durch das Schießloch zum Himmel richtete, stellte er mit Entsetzen fest, daß sich eine riesige Wolkenwand anschickte, für eine längere Verdunkelung zu sorgen.

Nun haben ja Technik und Wissenschaft dem Jagenden fast so ziemlich alles beschert, um ohne den Unterschied von Tag und Nacht jagen zu können. Aber eben nur fast. Denn mögen Doppel- wie auch Zielglas als lichtstark gelten, so bedürfen beide halt immer noch eines gewissen Lichtes, um ihrer angepriesenen Stärke gerecht zu werden. So sehr sich deshalb der Jägersmann auch plagte, zu sehen bekam er nichts, oder nicht viel. Statt dessen schüttelte ihn das Jagdfieber so sehr, daß er es vorzog, sein Gewehr wieder einzuziehen und in die Ecke zu stellen.
Zum Glück aber haben die meisten Jäger ein kindliches Gemüt, das sie selbst dann noch immer hoffen läßt, wenn es nach den Gesetzen der Wahrscheinlichkeit nichts mehr zu erhoffen gibt. Hier also hoffte ein Jäger von Minute zu Minute auf ein winziges bißchen Mondlicht. Dieses sehnende Hoffen und dazu das vermaledeite Jagdfieber strengten ihn so sehr an, daß ihm ein paar Schweißtropfen über Stirn und Schläfen rannen. Derweilen aber steigerte sich das Krachen und Schmatzen da unten immer mehr, und untätig mußte der Gute auch diese Qualen über sich ergehen lassen. Dann schob er zur Abwechslung wieder einmal die Donnerbüchse durch das Schießloch und veranstaltete Zielübungen, obwohl von Zielen keine Rede sein konnte. Denn vor seinen Augen gähnte nur noch eine gleichmäßig dunkelgraue Fläche.
Aber dann, als er durch das viel stärkere Doppelglas blickte, gab es ihm einen Ruck. Denn auf einer der Räumden in dem Maisbewuchs stand ein schwarzer Klumpen, und wenn man alle seine Sinne fest zusammennahm, seine Phantasie spielen ließ und auch sonst daran glaubte, dann mußte es sich um eine starke Sau handeln. Heiliger Hubertus hilf! Und der wilde Heilige half. Zwar nicht mit vollen Händen, aber doch so viel, daß es einen winzigen Hauch heller wurde, gerade so viel, daß das Zielglas auf der Büchse tatsächlich diesen schwarzen Klumpen erkennen ließ. Und noch mehr: Dieser Klumpen stand nicht still! Er bewegte sich und war damit warmes, pulsendes, begehrenswertes Leben! Nun sage noch jemand etwas gegen die Technik oder spotte gegen den hilfsbereiten Schutzpatron der Jägersleute! Da atmete der duldende Nimrod ein paarmal tief ein und langsam wieder aus, preßte den Kolbenhals fest in die Schulter und nahm sorgsam Ziel. Und siehe, er fand es. Nur wußte er immer noch nicht genau, wo vorne und wo hinten war. Aber das spielte jetzt nicht mehr eine so entscheidende Rolle. Denn – es lebe die Technik – im Büch-

senlauf steckte auch das richtige Geschoß für solche Grenzfälle. Da gab es kein Entrinnen mehr, wenn es traf.

Als das Fadenkreuz im dunklen Klecks stand, dröhnte der Schuß durch die Nacht. Geblendet von dem Feuerstrahl und halb taub von dem Büchsenknall, mußte der Schütze erst einige Schrecksekunden überwinden, ehe er wieder halbwegs klar denken konnte. Dann aber vernahm er unter sich deutlich ein Wälzen und Schlagen und dazu ein fürchterliches Geschnauf. Erregt suchte er mit dem Glas das Gelände nach seiner Beute ab. Natürlich fand er nichts, denn es war dunkler geworden als zuvor. Aber das Rumoren da unten nahm kein Ende, zerrte und nagte an den empfindlich gewordenen Nerven des Jägers. Endlich wurden Wolken und Mond nochmals gnädig, es wurde hell, als wollte das Licht sein Versäumnis mit aller Gewalt wieder gutmachen. Jetzt konnten auch des Menschen Augen voll in Aktion treten und nicht nur, wie vordem, ahnen und vermuten. Darum sahen sie auch, wie ein schwarzer Schatten aus den Maisstauden heraustaumelte, und der Umstand, daß es dabei krachte und glitschte, ließ erkennen, daß es doch mehr als nur ein Schatten war. Es war eine richtige, riesige grobe Sau!

Nun hätte es für den Jäger vielleicht doch noch ein gutes Ende gegeben, wenn er es nicht versäumt hätte, sein Gewehr nach dem Schuß wieder neu zu laden. Diese Panne bemerkte er leider viel zu spät. So spät, daß der Schatten bereits das angrenzende Holz erreicht hatte und nun von völliger Dunkelheit aufgeschluckt worden war. Mit wehem Herzen lauschte ein erbarmungswürdiger Jäger noch lange dem entschwundenen Wilde nach.

Den größten Teil dieser Aktion hatte der Bürgermeister in seinem hölzernen Käfig verschlafen. Durch den Knall des Schusses aber wurde er recht unsanft geweckt. Im ersten Schock bekam er es nicht ganz zusammen, ob es Traum oder Wirklichkeit war, bis seine Sinne so weit geklärt waren, daß er einen Traum mit Bestimmtheit ausschließen konnte. Mit dieser Erkenntnis aber stieg der Ärger in ihm auf. Da er sich seit Wochen mit allen seinen jägerischen Gedanken nur noch mit dem sagenhaften Keiler beschäftigte, konnte der Schuß auch nur diesem gegolten haben. Diese Betrachtung beendete er mit einem gotteslästerlichen Fluch. Mit dem Jagdneid nämlich steht es ähnlich wie mit der Eifersucht. Beide verdüstern das klare Denken und wachsen wie ein Hefepilz heran, daß kein Platz mehr verbleibt für Einsicht und Vernunft.

Der Rest der Nacht blieb mondklar und wolkenlos. Ach, wäre alles nur vorher so gewesen! Aber es war nicht so, weil es im Leben nur selten nach zweckmäßigen Wünschen geht.

Noch ehe sich die Sonne recht fertig gemacht hatte, um einen neuen Tag einzuleiten, standen die drei Prachtjäger schon an ihrem Maisacker. Der vierte im Bunde war ein großer, brauner Vorstehhund. Der aber stand nicht, sondern tobte zwischen den Maisstauden herum und verursachte dabei einen mittleren Wildschaden. Aber darüber wurde wohlweislich hinweggesehen. Denn ein arbeitender Jagdhund sollte bei der wichtigen Tätigkeit nicht gestört werden. Als der Hund aber nach zehn Minuten noch immer in Galoppsprüngen durch den Mais furchte, sagte der älteste Jäger schlicht und deutlich: »Vorbeigeschossen«. Und so, wie er es sagte, war es nicht nur eine Feststellung, sondern zugleich auch der vorwurfsvoll erhobene Zeigefinger, den mitunter ältere Jäger gleichsam in der Hosentasche mit sich herumtragen, damit er im Bedarfsfalle immer zur Stelle ist und gebraucht werden kann. Der Schütze selbst aber war seelisch soweit geknickt, daß er kaum hinhörte. Statt dessen spielte er jetzt selbst den Fährtenhund. Auf allen Vieren kroch er zwischen den Stauden herum, die vom Tau der Nacht trieften und den armen Jägersmann im Handumdrehen durchnässten. Aber was hieß das schon! Jäger sind harte Leute, mindestens dann, wenn sie sich auf der Jagd befinden. Mögen sie auch sonst mitunter piekfeine Pinkel sein — auf der Jagd vergessen sie ihre zivilisierten Gepflogenheiten und werden zu stahlharten Männern.

Aber wie dem auch sein mag; als der kriechende Jäger endlich an der Stelle angelangt war, auf welcher der Keiler gestanden hatte, als der Schuß krachte, da durchfuhr es ihn wie ein Feuerstrahl. Denn dort lag Schweiß, viel Schweiß. Er lag auf dem Boden und klebte an den breiten Maisblättern. Und dann lag noch etwas da, das leuchtete weiß und war spitz und kantig. Das waren Knochensplitter. Solche Knochensplitter auf einem Anschuß zu finden, ist niemals gut. Aber für jemand, der alle seine Felle hatte bereits fortschwimmen sehen, für den sind solche Zeichen viel. Sie geben Auftrieb und Zuversicht. So war es bei diesem Schützen auch.

Als erstes pfiff er nach dem Hunde. Aber der war nicht mehr vorhanden. Dann rief er nach seinen Jagdfreunden. Die waren noch vorhanden und stelzten durch das nasse Kraut zu dem Ort des wertvollen Fundes. Einer von ihnen sagte, daß jetzt der Hund her müßte. Der andere meinte, daß es wohl besser wäre, den Staatsförster mit seinem Schweißhund herzubitten. Aber dann einigte man sich, es doch besser nicht zu tun. Denn erstens hatte man sich in weiter Runde abgesprochen, keine starken Sauen während der Sommermonate zu erlegen, und zweitens waren die Staatsbeamten immer so von oben herab und glaubten stets, daß alles Wild, ganz gleich wo es auch erlegt worden war, eigentlich im Staatswald zu Hause sei. Also übereilte man nichts und steckte sich erst einmal etwas Rauchbares unter die Nase und wartete auf die Rückkehr des eigenen Hundes. Der war zwar in Schweißsachen nicht so geübt wie der fiskalische Hund, dafür aber blieb diese verkorkste Jagdangelegenheit auch geheim. Und bei dieser Menge von Schweiß mußte jeder Fixköter weiterfinden. So meinte man.

Aber es dauerte immer noch eine gute halbe Stunde, bis der eigene Hund zu Pflicht und Tugend zurückgefunden hatte. Dann aber war er so ausgepumpt, daß er vorerst mit dem Sauenschweiß und den Knochensplittern nichts anzufangen wußte. In der Zwischenzeit spielten die Jäger den Jagdhund. Das taten sie mit viel Fleiß und Geschick, und tatsächlich kamen sie auf der Wundfährte ein gutes Stück vorwärts. Dann und wann schaute der Jagdhund nach dem Rechten und benahm sich dabei wie ein Vormann, der für die Grobarbeit seine Leute hat.

Diese ganze Aktion währte bis in die späten Vormittagsstunden. Dann war es aus mit dem Schweiß und auch aus mit der Hoffnung auf ein Finden der Sau. Diese war, so schien es, über die Grenze ins Staatliche gezogen. Ob man nicht doch den Förster rufen sollte? Man wollte nicht. Denn viel schwerer als eine nicht gefundene Sau wiegt eine angeschlagene Jägerehre. Das sah sogar der unglückselige Schütze ein. Außerdem blieb immer noch der Trost, daß der Keiler nicht lebensgefährlich verletzt war und irgendwann wieder auftauchen würde, um sich dann mit gutem Schuß erlegen zu lassen. Diese Überlegungen erhielten tatkräftige Schützenhilfe durch die hungrigen Mägen, die sich inzwischen zu Wort meldeten. Denn wenn ein altes Sprichwort auch sagt, daß ein voller Bauch nicht gern studiere, so trifft diese Weisheit zunehmend und umgekehrt für den leeren Magen zu. Außerdem hatte das Wirtshaus im Dorf eine ganz hervorragende Küche. Der Gedanke daran ließ den Abschied von der verlorenen Rotfährte um ein weiteres leichter werden.

Als die Jäger gerade dabei waren, ihre angeknackten Seelen mit einem kühlen Bier wieder auszuheilen, erschien, wie zufällig, der Bürgermeister. Es gab ein freundliches Begrüßen, und auch sonst gaben sich beide Seiten den Anschein, als sei dieses Zusammentreffen ein einziger Akt der Freude. Nebenbei huschte des Bürgermeisters Blick verstohlen zum Kleiderrechen hin, an dem schön aufgereiht die Jägerhüte hingen. Aber einen Bruch konnte er an keiner der Kopfbedeckungen erkennen. Das beruhigte ihn sehr, und er bestellte sofort eine Runde Bier und Schnaps. Das war ihm die gute Nachricht wert. Aber dann erwähnte er, natürlich nur ganz beiläufig, daß er in der letzten Nacht draußen gewesen sei. Da sei nämlich seit ein paar Wochen ein wildernder Hund im Revier, und dem müßte doch beizukommen sein. Und in den Mondnächten ginge das wohl am besten.

Da fiel bei den anderen ganz schnell der Groschen. Ja, der windige Köter sei in der letzten Nacht bei ihnen gewesen. Ausgerechnet auf dem Wildacker, wo das Wild doch seine Ruhe haben sollte, habe er sich herumgetrieben. Einen Schuß habe man ihm zwar nachgejagt, aber leider ohne Erfolg. Das Licht war halt doch zu schlecht. Die drei schauten sich mit spitzem Blick an und waren ganz stolz auf ihren Einfall, und wie sie es dem Bürgermeister gegeben hätten. Dafür gab es dann noch je eine Runde.

Weniger stolz war dagegen der Bürgermeister, denn daß man ihn prompt mit seiner eigenen Lüge auf den Bauch gelegt hatte, mißfiel ihm nicht nur als Amtsperson. Darum rettete er, was noch zu retten war, trank eine Runde nach der anderen, ließ sich zum Mittagessen einladen und rauchte danach die Zigarren der Kontrahenten. Zu gern aber hätte er gewußt, worauf die Pächter in der letzten Nacht in Wirklichkeit geschossen hatten.

Unruhe und Mißtrauen hatten den Bürgermeister erfaßt. Dazu kam ein nach seiner Auffassung gerechter, aber von ihm vorläufig noch unterdrückter Zorn, weil die Nachbarn ihn angelogen hatten. Am Nachmittag pilgerte er wieder hinaus, um nach seiner Kirrung zu schauen. Schon aus einiger Entfernung erkannte er, daß sich der Futterplatz um ein Beträchtliches erweitert hatte, denn weit verstreut lag der Mais im Umkreis herum. Und beim Nähertreten erkannte es der Bürgermeister dann auch: Hier waren Sauen am Werk gewesen! Wie ein mißtrauischer Wolf schlich er um den Kirrplatz herum. Seine Augen suchten den Boden ab. Sie brauchten sich nicht sonderlich anzustrengen und fanden mit Leichtigkeit die markanten Trittsiegel einer starken Sau. Also war er dagewesen, der Keiler. Mit dieser Fest-

stellung war das Maß seiner seelischen Peinigungen voll bis an den Rand. So voll, daß es nicht einmal mehr zu einem derben Fluch langte, sondern lediglich zu einem abgrundtiefen, ächzenden Seufzer.
Erschöpft hockte er sich neben den Platz seiner heimlichen Wünsche und Hoffnungen nieder. Mit offenen, reglosen Augen starrte er in die goldgelben Körner. Darum konnte es nicht ausbleiben, daß er nach einiger Zeit die Socke entdeckte, die nun völlig nutzlos die Kirrung verunzierte. Das Blut schoß ihm in den Kopf. Mit spitzen Fingern faßte er das Textil und hielt es von sich, als trüge es eine todbringende Krankheit. Aber nicht Abscheu oder Ekel waren es, die ihn zu solchem Abstand veranlaßten, sondern die Erkenntnis, daß irgendwer mit ihm ein so niederträchtiges Spiel getrieben hatte. Denn längst war auch ihm die Nützlichkeit eines derartigen Gegenstandes bekannt. Und obwohl das Ding wahrlich zu nichts nutz gewesen war — das bewiesen nachdrücklich die frischen Trittsiegel im Boden —, fühlte er sich betrogen und hintergangen. Darum schwor er bittere Rache denen, die ihm den Lohn seines Fleißes zunichte machen wollten. Wer diese Leute waren? Zu dieser Feststellung bedurfte es keiner Geistesakrobatik. Und dann überkam ihn ein grimmiger Humor. Die Socke sollten sie wiederhaben, und merken sollten sie, daß der Bürgermeister kein dummer Tropf war, mit dem man alles machen konnte.
Als am Abend die Pachtjäger an ihrem Wildacker vorbeigingen, gewahrten sie inmitten der Maisstauden eine hochragende Stange. An ihrer Spitze flatterte die berüchtigte Socke lustig im Abendwind, und zur selben Zeit transportierte der Bürgermeister einen prallgefüllten Maissack zu seiner Futterstelle.
In den nächsten Wochen aber blieb der Keiler spurlos verschwunden. Ihn lockte weder das kleine Maisfeld in der Gemeindejagd, noch der Futterplatz in der Eigenjagd des Bürgermeisters. Aber vorhanden war er noch. Zwar hatte ihm der nächtliche Laufschuß noch eine Zeitlang arg zugesetzt, aber eine Sau, zumal eine grobe, bleibt nicht so leicht im Wundbett liegen. Zwischendurch wechselte der Basse dahin, wo seit Menschengedenken keine Sauen mehr vorgekommen waren. Zwar gab es dort keine geschlossenen Waldungen mit großen Dickungen, aber an andersartigen guten Einständen mangelte es dennoch nicht. Außerdem war so ziemlich alles vorhanden, was eines alten Keilers Gebrech ergötzen konnte. Aber da es in unserer besiedelten Welt kaum eine Landschaft gibt, in der nicht auch Jäger vorkommen, konnte die Anwesenheit des Keilers nicht geheim bleiben.

Der erste Mensch, auf den das Hauptschwein in seinem neuen Einstandsgebiet stieß, war ein Jagdaufseher. Schon stand die Morgensonne hell am Himmel, als Mensch und Wild an der Kante einer Korbweidenkultur zusammenstießen. Denn hier war seit einigen Tagen des Keilers Einstand. Das Erschrecken war wohl auf beiden Seiten gleich groß, vielleicht beim Menschen aber doch um einiges größer. Denn dem Keiler waren die zweibeinigen Lebewesen nicht fremd geblieben in all den Jahren seines Daseins, dem Jagdaufseher aber die wilden Schweine. Diese erste Begegnung war nur sehr kurz. Der Keiler erkannte schlagartig die Gefahr, die Jäger für ein Wildschwein immer darstellen, machte »wuff« und verschwand in den Korbweiden. Der Jagdaufseher brauchte zur Feststellung des Tatbestandes etwas länger. Er war ja auch ein Mensch und nur mit dürftigen Sinnen ausgestattet. Immerhin aber gelang ihm die zusätzliche Feststellung, daß der Sau ein Vorderlauf fehlte.
Nachdem sich der Jagdaufseher von Schreck und Überraschung erholt hatte, rannte er schnurstracks ins Dorf, um die Neuigkeit an den Mann zu bringen. Dieser Mann war der Jagdpächter. Noch ganz außer Atem und ziemlich aufgeregt, erstattete der Aufseher seinem Herrn Bericht. Es hätte ein großartiger Bericht werden können. Daß er es nicht wurde, lag lediglich am Jagdherrn, der seinen Aufseher nur tüchtig auslachte. Der Jagdhüter war aber schon viel zu sehr in Fahrt geraten, als daß er sich mit solchem Gelächter hätte einschüchtern lassen. Darum wiederholte er den Sachverhalt mit solchem Ernst, daß der Jagdherr endlich doch stutzig wurde. Zwar sagt der Volksmund allen Jägern nach, daß sie bis zum Steinerweichen lügen können, aber der Jagdaufseher war sonst ein ganz redlicher und wahrheitsliebender Mann. Also sollte man ihm auch jetzt glauben und marschierte fürs erste sofort und gemeinsam zum Tatort. Denn wenn das wilde Schwein keine bloße Erscheinung gewesen war, mußte es auf dem blanken Erdweg irgendwelche irdischen Zeichen hinterlassen haben. Diese Zeichen wurden dann auch leicht gefunden. Da stand die Fährte, klar und deutlich und wie hingemeißelt. Unertrüglich die Fährte einer Sau! Denn wie eine Saufährte auszuschauen hat, das wußte der Jagdherr noch verschwommen aus dem vor Jahren absolvierten Jungjägerlehrgang. Natürlich konnte diese hier auch von einem Hausschwein stammen. Aber bei dieser Bemerkung setzte der Jagdaufseher eine bitterböse Miene auf. Denn wenn er auch von Wildschweinen so gut wie nichts verstand, von häuslichem Borsten-

vieh verstand er mehr als genug. Schließlich war er im Hauptberuf Hausschlachter. So gab es am Ende dann auch für den Jagdherrn keinen Zweifel an der Richtigkeit der Aussage.

Es war im Grunde ja auch zu schön, an das Vorhandensein eines Wildschweins zu glauben. Und im Geiste sah er sich schon am gestreckten Stück stehen, in dessen grimmig geöffnetem Gebrech hellgeschliffene Gewehre drohten. Darum steckte er eine Zigarre in Brand, ließ seinen Jagdhüter dasselbe tun und genoß gespannt die Vorfreude auf das kommende große Ereignis in vollen Zügen. Er war ein im Leben erfolgreicher Mann, der es verstand, vieles, was er sich in den Kopf setzte, auch auszuführen. Darum hatte er sich an den Erfolg gewöhnt, und Erfolg hatte er auch als Jäger. Er schoß eine saubere Flinte und eine sichere Kugel und hatte sich auch daran gewöhnt, bei Jagdeinladungen fast regelmäßig als Jagdkönig zu glänzen. Natürlich war das Wildschwein schon jetzt so gut wie sein. Noch am selben Abend wollte er es erwarten, wenn es sich anschicken würde, aus der Weidenpflanzung auszuwechseln.

Der Jagdaufseher aber riet anders. Nicht der Ansitz vor der Weidenkultur sei der richtige, so meinte er. Man müßte es besser an dem alten Schilfloch versuchen. Denn oft schon hatte er davon gehört, daß sich Wildschweine in Schlamm und Morast am wohlsten fühlten. Sicherlich würde diese Sau diese Regel nicht durchbrechen. Also zum verschlammten Schilfloch. Hier konnte man die anwechselnde Sau schon aus weiter Entfernung erkennen und ihr in Ruhe einen guten Schuß antragen. Das leuchtete auch dem Jagdherrn ein, ja, er hielt den Vorschlag des Aufsehers sogar für ausgezeichnet.

Bis zum Abend hatte der Jagdaufseher einen netten, kleinen Schirm errichtet. Natürlich vor dem Sumpfloch, mit Sitzbank, Fußloch und Schießlatte, gerade so groß, daß ein Mann darin Platz hatte. Und noch ehe die Sonne den Horizont erreicht hatte, nahm der Jagdherr Besitz von dem verheißungsvollen Bauwerk. Griffbereit legte er das Gewehr über die Oberschenkel, steckte sich eine Zigarre an und prüfte den Wind. Alles war bestens. Jetzt erst sah er genau, wie gut sein tüchtiger Jagdaufseher den Ansitzplatz ausgewählt hatte. Weithin konnte er das Gelände überblicken, und rechtzeitig würde er die Sau erkennen, wenn sie zum Schlammloch wollte. Dabei gab es für den Jäger gar keine Frage, daß sie es nicht würde tun wollen. In seiner Hochstimmung bemerkte er nicht einmal die Schnaken, die ihn zu Dutzenden überfielen und auf alle ungeschützten Teile seines Kör-

pers eindrangen. Nur noch an die Sau dachte er, die jeden Augenblick über die weiten Wiesen dem Wasserloch zustreben würde.
Aber die Sonne sank tiefer, und es regte sich nichts, jedenfalls nichts, was mit einem Schwarzkittel etwas gemeinsam gehabt hätte. Nur ein Schof Enten klingelte über seinen Kopf hinweg, wahrscheinlich in dem Bestreben, in dem Wasserloch einzufallen. Aber Entenaugen sind nicht minder gut als Raubvogelaugen. Daher erkannten sie auch rechtzeitig den Mann in der Deckung und holten sich schnell wieder Wind unter ihre Schwingen. Diese Störung paßte zwar gar nicht in sein Konzept, aber seine Laune war in bester Ordnung und so paffte er mächtige Wolken und ärgerte sich nicht einmal über die Mieze, die durch die Wiesen streunte und haargenau seinem Ansitzplatz zuschnürte. Zu jeder anderen Zeit hätte es bald Blitz und Donner gegeben. Aber der wackere Jäger war sich seiner augenblicklichen hohen Aufgabe voll bewußt und ließ sich weder von den beißenden Insekten noch von der listigen Katze beeindrucken. Nur als der kleine Wilderer fast seinen Schirm erreicht hatte, zischte er scharf, daß sich das Kätzchen mit hoher Flucht zurückwarf und mit sichtbarem Schrecken Reißaus nahm. Zwar mußte der Jäger jetzt daran denken, daß er stets seinem Jagdaufseher eingebläut hatte, eine Katze in der Feldmark sei immer und unter allen Umständen zu schießen, selbst wenn man dabei um einen kapitalen Rehbock gebracht würde. Aber er dachte auch sogleich daran, daß dies in seinem Falle doch etwas ganz anderes sei, und was für einen Jagdaufseher dringliches Gebot sei, das brauchte es für den Jagdherrn noch längst nicht zu sein. Aber hüten würde er sich dennoch, seinem Jagdaufseher von der gerade stattgefundenen Unterlassung zu berichten.
So spann er seine Gedanken. Aber die brachten das Wildschwein auch nicht heran. Dabei wurde das Licht von Minute zu Minute schlechter. Darum blieb es nicht aus, daß der Zigarrenrauch plötzlich ganz eklig auf der Zunge brannte, die Schnaken taten der Haut nun entsetzlich weh und das schmale Sitzbrett brachte die Beine zum Einschlafen. Doch ehe die Unlust noch mehr von dem Jäger Besitz ergreifen konnte, da gewahrte dieser in den weiten, düsteren Wiesen einen Fremdkörper, der vorher nicht vorhanden gewesen war. Im Nu hatte der Jäger das Glas vor den Augen, und dann, dann gab es keinen Zweifel mehr: dort in den Grasflächen zog die Sau! Es war kein Traum und auch kein Spuk. Ganz genau konnte er sie erkennen, wie sie breit an ihm vorbeizog. Schwer und massig trollte sie dahin. Nur

näher her zog sie nicht. Anscheinend nahm sie das Suhlen doch nicht so wichtig, wie es sich der Jagdhüter vorstellte. Aber der Jagdherr war, wie gesagt, ein Mann des Erfolges. Daher ging er gleich daran, zu retten, was noch zu retten war, griff sein Gewehr, entsicherte es eilig und schob es über die Schießlatte. Das ging alles sehr schnell und reibungslos. Als es dann aber zum Zielen kam, gab es die erste Panne; die Latte war viel zu tief angebracht, und es wollte dem Auge daher nicht gelingen, das Fadenkreuz des Zielfernrohres mit dem Ziel zu verbinden. Also nichts wie runter vom Sitz und auf den Boden gekniet. Auch hier wollte es mit dem Zielen nicht klappen. Kniend schießen muß geübt werden, wenn daraus etwas werden soll. Der Jäger hatte es nicht geübt. Darum dauerte es eine Ewigkeit, bis er sich endlich zurechtgefummelt hatte. Dann aber war es zu spät. Den Schuß wurde er nicht mehr los. Die Sau war und blieb in Dunkelheit und Weite verschwunden.

Der Tag mit seinen Überraschungen war noch nicht zu Ende. Ehe der Jagdherr zu seinem Schirm am Wasserloch hinausgepilgert war, hatte er seinen Jagdaufseher beauftragt, an einer bestimmten Stelle in der Feldmark einen Rehbock auf seine Güte und Stärke anzusprechen. Dieser Bock hatte den Jagdpächter bisher tüchtig zum Narren gehalten, weil er es verstand, seine Äsungsflächen in rascher Folge zu wechseln und außerdem meist erst dann austrat, wenn das Licht bereits der Dunkelheit gewichen war. Zu diesem Zweck hatte der Jagdhüter einen Hochsitz bezogen, der eigens um dieses Bockes willen errichtet worden war. Er hockte da, ließ sich genau wie sein Jagdherr von Mücken peinigen und dachte an die Sau. Schließlich war es darüber so dunkel geworden, daß ein weiteres Ansitzen ganz zwecklos gewesen wäre. Auch dann, wenn der Bock noch ausgetreten wäre. Darum machte sich der Jagdaufseher zum Abstieg fertig. Zuvor aber leuchtete er gewohnheitsmäßig die weite Äsungsfläche mit dem Jagdglas ab. Schon wollte er das Glas absetzen, da erhaschte er ein noch unbestimmtes Etwas, das offensichtlich dem Kleeschlag zustrebte. In der Zwischenzeit hatte der Jagdhüter genügend Zeit, darüber nachzudenken, was dieses Unbestimmbare wohl sein konnte. Ein Reh war es nicht, das war nicht so groß. Aber, und jetzt kam die Erleuchtung, das war die Sau! Die Sau, dieses Unglücksgeschöpf, das überall war, nur nicht da, wo es hätte sein müssen. Diese Sau brachte den biederen Mann noch um den Verstand. Es war einfach zuviel. Und den Jagdherrn hatte er zum Wasserloch hingeredet! Und die Sau benahm sich dabei jetzt noch so dumm, daß sie selbst von dem schlechtesten Schützen ganz leicht hätte erlegt werden können. Ganz nahe zog sie an dem Hochsitz vorbei, daß man deutlich sehen konnte, wie sie humpelte. Aber an Schießen dachte der Jagdaufseher schon gar nicht, nur daran, daß sich die Sau bei ihm, sein Chef aber, ohne die Sau, an dem verdammten Wasserloch befand. Das war die ganze große Not des Mannes, so groß, um ihn niedergeschmettert auf dem Hochsitz verharren zu lassen. Während das Borstenvieh schmatzend den Fraß in sich hineinschlang und damit bekundete, wie gut es ihm ging, sank der Mann auf dem Hochstand immer mehr in sich zusammen und bekundete damit, wie schlecht es um ihn stand. Festgenagelt auf dem hohen Thron ergab er sich in sein Schicksal, denn nichts durfte jetzt geschehen, was ein Vergrämen des Wildes hätte zur Folge haben können. Darüber wurde es schwarze Nacht. Endlich hörte er das Wild blasend weiterziehen. Schweißdurchnäßt verließ er den Sitz.

Als er im Dorf an der Schenke vorbeiging, sah er seinen Chef in der Gaststube sitzen. Am liebsten wäre er jetzt vorbeigeschlichen und hätte seine tragische Erfolgsmeldung auf den nächsten Tag hinausgezögert. Aber dann stellte er fest, daß sein Gaumen staubtrocken war, gab sich darum einen inneren Ruck und trat in den Schankraum. Daß sein Gebieter verärgert war, erkannte er mit geübtem Blick sofort. Darum bedachte er schnell, von seinem Erlebnis am besten gar nichts zu verraten. Fürs erste wurde er auch von jedem Bericht enthoben, denn nach mürrischer Begrüßung stellte der Jagdherr unwiderruflich fest, daß der Sitz am Wasserloch nicht einen Pfennig wert sei. Weil ein Wildschwein kein Wasserbüffel ist. Und dann erzählte er haarklein den Hergang seines Mißerfolges. Nun erst recht nicht, dachte der Jagdaufseher. Aber als ihn der Pächter nach dem Bock fragte, wurde er weich und berichtete umständlich von seiner Begegnung mit der Sau. Das machte er so nebenbei und gefühllos, als hätte er den Postboten, den Milchmann oder den Polizisten getroffen. Dabei setzte er ein so scheinheiliges Gesicht auf, daß ihn sein Gesprächspartner ganz blöd anschaute und kein Wort herausbrachte. Als der Chef dann endlich die Sprache wiederfand, gebrauchte er sie, um nach dem Wirt zu rufen, weil ernsthafte Gespräche in einem Gasthaus ohne Schnaps und Bier nicht denkbar sind und als die Getränke auf dem Tisch standen, stellte er dem Jagdhüter so anstrengende Fragen, als wollte er seinen Angestellten auf dessen Geisteszustand testen. Aber der blieb ganz gut beisammen und bestand die Prüfung zur Ehre seines Geistes.

Darum ergab sich nachher ganz von selbst eine innige Zwiesprache, als ginge es darum, irgendwo einen Goldschatz zu heben oder eine Expedition in ein fernes Land vorzubereiten.
Schließlich waren die Fronten klar und die Aufgaben verteilt. Am folgenden Abend wollte der Jagdherr den Sitz am Klee einnehmen und dort sein Heil versuchen. Der Jagdhüter aber sollte doch nochmal am Wasserloch Posten beziehen, obwohl ein Wildschwein ja eigentlich kein Wasserbüffel ist. Aber man konnte nie wissen! Nur schießen, das durfte er nicht. Denn diese einmalige Chance, ein wildes Schwein zu erlegen, die stand natürlich nur dem Jagdherrn zu. Aber nach dem Grundsatz, daß dem, welcher Gutes tut, auch Gutes widerfährt, versprach er, seinem Jagdaufseher den stärksten Bock zum Abschuß zu überlassen, falls er, der Jagdherr und Pächter, die Sau zur Strecke bringen sollte. Das war ein Wort, das wohl verstanden wurde, mit dem aber vorerst noch nichts anzufangen war.
Als wiederum der Abend kam, pirschte der Jagdherr zum Kleeschlag hinaus, der Jagdhüter zum Schirm am Schilfbruch. Beide hatten viel Zeit. Der erste, weil er vor Eintritt der Dunkelheit nichts zu erwarten hatte, der andere, weil er überhaupt nichts zu erwarten hatte. Aber die Göttin der Jagd ist ein tückisches Frauenzimmer und steckt voller Launen und Widersprüche. Darum schickte sie die Sau, als das Licht schon im Schwinden war, schnurstracks dem Jagdaufseher auf den Balg. Der war gerade eingedöst, weil er in den vielen Jahren seiner jägerischen Tätigkeit das Schlafen beim Ansitz gelernt hatte, und auch sonst ab einer gewissen Tageszeit leicht müde wurde. Eindösen aber ist nur die Vorstufe des Schlafens, es ist ein Zwischending zwischen Wachsein und Schlafen. Darum war er auch sofort wieder ganz munter, als es neben ihm gluckerte, plantschte und rumorte, und ein gräßlicher Schreck durchfuhr ihn, denn auf keine zwanzig Schritt Entfernung suhlte sich die Sau in dem graubraunen Schlamm, und das mit einer Erhabenheit, als wäre sie allein auf der Welt. Im Gemüt des Jägers rumpelte es, und er wußte nicht, ob er lachen oder weinen sollte. Zum einen wünschte er sich die nichtsnutzige Sau um alles in der Welt auf den Kleeschlag, dachte dabei an seinen Herrn und Gebieter — und nicht nur an den, sondern auch an den versprochenen Rehbock. Aber es schwellte auch ein gewisser Stolz seine Jägerbrust, weil er bei der Verbindung von Sau zu Wasser und Schlamm recht behalten hatte. Nur was konnte er jetzt noch tun? Gar nichts. Nur abwarten. Noch war es hell genug, und vielleicht fiel es dem Keiler —

jetzt wußte er es ganz genau, daß es einer war – doch noch rechtzeitig ein, daß es einen Kleeschlag gab und dahinter ein üppiges Runkelrübenfeld.
Aber dem Keiler fiel vorerst gar nichts ein. Statt dessen erlaubte sich der Wind eine neckische Drehung, und diese hatte zur Folge, daß beißende menschliche Witterung mit dem feinen Windfang des Wildes kollidierte. »Wuff, uff, wuff«, machte die Sau, und mit einer Flucht, als hätte ihr jemand eine Stricknadel in die Keulen gestoßen, hüpfte sie aus ihrer Badewanne und flüchtete auf demselben Wechsel zurück, auf dem sie kurz zuvor hergekommen war. Das war aber gar nicht in Ordnung, denn genau entgegengesetzt hätte sie flüchten müssen, wenn es nach dem Wollen und Hoffen des Jagdhüters gegangen wäre.
Damit war nun alles aus. Der Keiler war fort, denn er ließ sich nicht einfangen und anbinden, und sicher würde er jetzt auswechseln. Und der Bock war auch verdorben, weil er fest an die Erlegung der Sau gekoppelt war, und sicher auch für längere Zeit das gute Einvernehmen zwischen dem Jagdherrn und seinem Jagdaufseher. Denn wenn es um eine entgangene Beute geht, dann sind Jäger oft ganz kindische und nachtragende Wesen. Auf keinen Fall wollte der Jagdhüter seinem Chef noch an diesem Abend begegnen. Morgen sah alles vielleicht schon besser aus, dann hätte er schon eher die Kraft, sich über sein nunmehr drittes Zusammentreffen mit dem Wildschwein auszuschweigen. Das wäre in jedem Falle das Gescheiteste. Denn daß der Chef die seltene Beute nicht mehr kriegte, mochte noch auszustehen sein, aber daß der Keiler gerade immer dahin fand, wo sich der Jagdaufseher aufhielt, das wäre ein Stachel, der sicherlich sehr piekte.
Daher beschloß der Jagdhüter, so lange in seinem Schirm zu verbleiben, bis es ganz dunkel geworden war, um dann gleich nach Hause zu gehen. Der neue Tag würde alles schon in einem besseren Lichte erscheinen lassen. Und so wurde es dunkler und dunkler, am Himmel blinkten die ersten Sterne auf, und eine Eule schaukelte um den Schilfhorst. Alles war sehr hübsch und friedlich. Aber plötzlich brach in dieses Idyll hart ein Schuß ein. Den Knall vermerkte der Jagdaufseher mit einem erleichterten Aufatmen. Nun war der Chef doch noch zum Erfolg gekommen. Verflixt finster war es zwar schon, aber so eine starke Sau ist wohl auch in der Finsternis nicht zu verfehlen. Jedenfalls war nun doch noch alles gut geworden. Und das war schließlich die Hauptsache.
Auf einmal hatte es der dienstbare Jäger sehr eilig und kroch aus dem

Schirm. Dann überlegte er, ob er dem Jagdherrn entgegengehen oder besser gleich das Wirtshaus ansteuern sollte. Am Ende entschloß er sich für das Wirtshaus. Erstens hatte er sich jetzt und nach allem ein Glas Bier redlich verdient, und zweitens würde der Revierinhaber in Kürze dort auch erscheinen, um einerseits der eigenen Freude gerecht zu werden, andererseits, um nach einem entsprechenden Gefährt Ausschau zu halten, damit das kapitale Wild geborgen werden konnte.
Es paßte dann auch alles richtig zusammen. Nachdem der Jagdhüter das erste Glas Bier gerade getrunken hatte, trat der Dienstherr in den Schankraum. Zwar schmückte seinen Hut noch kein stolzer Bruch, aber von seinem Gesicht war es dennoch abzulesen, daß sich ein großer Jäger gerade anschickte, sich gebührend würdigen zu lassen. Er setzte sich zu seinem Jäger, schlug diesem gönnerhaft auf die Schulter und rief dabei dem Wirt zu, für alle Anwesenden eine Runde zu bringen. Das hörte sich zwar großzügiger an, als es war, denn außer den beiden Jägern waren nur noch zwei Bauern und zwei Handlungsreisende im Raume, die von der Spendierfreudigkeit des Schützen Gebrauch machen konnten. Natürlich wollten die Gäste wissen, worauf er hinauswollte. Aber der Jäger zog nur die Augenbrauen hoch und schwieg sich aus. Das war noch wirkungsvoller als eine lange Erklärung. Dafür ergriff der Jagdhüter das Wort und erzählte groß und breit, daß sein Chef soeben einen Klotz von Wildschwein geschossen hätte. Das hielten die Bauern natürlich für einen Ulk. Denn sie waren ja in dieser Gegend ein Leben lang zu Hause und wußten, daß es Wildschweine hier noch niemals gegeben hatte. Die Handlungsreisenden waren Städter und verstanden von solchen Dingen nichts. Außerdem wußten sie aus Erfahrung, daß jemand, der eine Runde gab, noch immer einen Grund dafür hatte. Einer der beiden zeigte sich besonders interessiert und fragte, ob solche Jagd denn nicht sehr gefährlich sei.
»Aufpassen muß man schon«, sagte schlicht, aber deshalb besonders eindringlich der Schütze. Nur auf die Frage, wie schwer denn so ein Tier sei, konnte er keine befriedigende Antwort geben und meinte nur, daß er es bei der Finsternis noch nicht habe beurteilen können. Den Schuß hat das Wild gut bekommen und sei mit Sicherheit inzwischen verendet. Aber diese Erklärung genügte den Anwesenden nicht. Was wußten sie auch schon von den Irrwegen der Jagd, deren Möglichkeiten und besonders von deren Unmöglichkeiten. So blieb es Sache des Jagdherrn, die Unwissenden darüber aufzuklären, daß ein

ordentlicher Jäger einem tödlich getroffenen Keiler nicht in Nacht und Nebel nachfolgt, um sich womöglich von diesem noch zuschanden schlagen zu lassen. Die Bauern verstanden das nur halb, denn sie waren Realisten und betrachteten nur das als ihr Eigentum, was sie fest in ihren Händen hielten. Anders die Handelsleute. Die schlugen sich auf die Seite des Jägers, denn sie hielten Wildschweine für unberechenbare, äußerst gefährliche Bestien, die man ganz sterben lassen mußte, damit sie keinen Schaden mehr anrichten konnten.

Im übrigen wurde es dann noch ein recht feucht-fröhlicher Abend, und ehe man sich endlich trennte, hatte es bereits vom Kirchturm Mitternacht geschlagen. Darum mußte sich der Jagdhüter am anderen Morgen auch redlich abmühen, um seinen Brötchengeber wachzubekommen. Und später, als man es ursprünglich geplant hatte, begab man sich gemeinsam hinaus, um nach dem erlegten Wildschwein Ausschau zu halten. Das mußte jetzt mit Sicherheit schon verendet sein.

Bereits im Anmarsch versuchte man mit Hilfe der Ferngläser, das irgendwo im Klee liegende Wild auszumachen. Aber das Grün stand hoch, und man sah selbstverständlich ein, daß eine liegende Sau weniger leicht zu erkennen war als eine stehende. Also bemühte sich der Schütze auf den Hochsitz hinauf, um seinen Jäger von oben her Suchinstruktionen zu geben, und er winkte ihn mit einigem Hin und Her dort ein, wo die Sau gestanden haben mußte. Der Jagdaufseher nahm die Nase tief wie ein Spürhund, pflügte mit seinen Händen durch das tauklamme Grünzeug, stutzte dann plötzlich mit hartem Ruck und schrie schließlich mit sich überschlagender Stimme: »Schweiß — hier liegt Schweiß!«

»Na also«, grummelte souverän der Jagdherr. Aber dann blieb der Schweiß das Einzige, was man fand. Doch der Jagdhüter hatte für solche Fälle einen Terrier. Der verstand sich ganz brauchbar auf Schweißarbeiten und was damit so zusammenhing. Aber der Hund war zu Hause und mußte erst geholt werden. Das dauerte seine Zeit. Nachher ging's dafür um so schneller. Denn nachdem das muntere Hundel genug auf der Anschußstelle herumgetobt hatte, ging es ab wie die Feuerwehr, daß die beiden Jäger sich dranhalten mußten, um den Terrier nicht aus den Augen zu verlieren. Leider verloren sie ihn trotzdem. Und der Jagdherr machte seinen Gefühlen dadurch Luft, daß er den Hund einen windigen Köter nannte. Ehe jedoch weitere ehrenrührige Aussprüche folgen konnten, erscholl der giftige Hals des Hundes.

»Na?« fragte der Jagdhüter triumphierend. Aber er bekam keine Antwort. Die hätte nach dem »Köter«« von vorhin auch ganz verquer ausfallen müssen.
Als die Männer in die Nähe des Hundes kamen, sahen sie, daß dieser etwas Großes, Schwarzes umtanzte und sich dabei die Lunge aus dem Hals schrie. Da blieb der Schütze stehen, wischte sich den Schweiß von der Stirn, holte dann tief Luft und meinte, daß er nicht gewußt habe, wie groß so ein ausgewachsenes Wildschwein wirklich sei.
»Es war ja auch schwärzeste Nacht«, gab der Jagdaufseher zu verstehen und verlieh seinen Worten bewußt einen Doppelsinn. Die letzten Schritte waren schnell gegangen. Ach, wären sie nur nicht so schnell getan worden! Denn das, was dann vor den Füßen der Jäger lag, war keine Sau, weder eine wilde noch eine zahme, aber es war auch kein anderes Wild, gleich welcher Art und Herkunft. Es war eines von den kleinen, gedrungenen und zur Fleischerzeugung gehaltenen Rindern, die den Namen Shorthorn tragen. Das Tier war noch jung, wohl eben aus dem Alter eines Kalbes herausgewachsen. Und so war es dann eben geschehen. Bei Nacht sieht halt alles anders aus. Jäger wissen das. Alle Jäger wissen das. Und viele von ihnen haben bei Dunkelheit schon auf irgendwelche Schatten geschossen, von denen sie »genau« wußten, daß es nur Sauen oder Rotwild sein konnten. Weil etwas anderes einfach nicht vorkommen konnte. Darum haben sie auch immer Glück gehabt, die Jäger, mit ihrem Schattenschießen. Nur dem einen mußte es passieren, daß er dabei ein Rind totschoß. Er tat es stellvertretend für viele, die immer mit heiler Haut davongekommen waren. Immer nur einer ist der Dumme.
Darum sah der Schütze sein Ende als Jäger gekommen. Aber auch der Jagdhüter bangte um Ruf und Stellung, denn das böse Sprichwort »mitgegangen, mitgehangen« war ihm nicht unbekannt. Nur der flinke Terrier bereitete sich keine Seelenqualen und leckte mit Begeisterung den Einschuß sauber.
In der Zwischenzeit aber hatte der Bauer, der die genannte Art von Rindern züchtete, das Fehlen des von der Weide ausgebrochenen Jungtieres bemerkt und sich sogleich auf die Suche nach dem Ausreißer gemacht. Dabei gelangte er zu den beiden Jägern, die immer noch, an ihrer Beute stehend, Erwägungen und Betrachtungen anstellten. Aber mit einem Bauern läßt sich noch immer reden. Besonders dann, wenn man ihm für ein Kalb den Preis eines ausgewachsenen Rindes bezahlt. Und das geschah, allerdings unter dem Ver-

sprechen allseitiger Diskretion. So fand die Saujagd dann doch noch, wenn auch gerade kein rühmliches, aber eben ein schnelles Ende.

Aber die Sache war doch sehr blamabel, und der Schütze zog es vor, erst einmal für eine geraume Zeit seinen Jagdgefilden zu entrücken. Noch am selben Tage reiste er ab. Dem Jagdhüter lag die ganze Geschichte ebenfalls schwer im Magen. Nur konnte er nicht abreisen, denn schließlich war er hier zu Hause. Darum verkroch er sich in seinen vier Wänden, um fürs erste den dummen Fragern aus dem Wege zu gehen. Denn die im Gasthaus vorzeitig totgetrunkene Sau lief längst im ganzen Dorfe herum. Und die Jäger waren selbst daran schuld, weil sie die Geschichte so schön breitgetreten hatten. Ein Wirtshaus aber ist kein Beichtstuhl, und was dort erzählt oder gesponnen wird, das hat flinke Beine und rennt schnell hinaus. Und nach und nach, vielleicht auch geschürt durch den um ein Rindvieh leichter gewordenen Landmann, sickerte die fatale Geschichte durch. Wenn es dabei auch weder einen Kläger noch einen Richter gab, so fanden sich doch genug böse Zungen, die nicht nur für entsprechendes Gespött, sondern auch für die nötige Verbreitung des Vorfalles sorgten. Und was sich hieraus im Laufe der Wochen für den an sich schon genug getroffenen Jägersmann ergab, kam einem harten Urteil gleich.

Irgendein Bösewicht – oder war es nur ein Witzbold – sorgte dann auch dafür, daß die verunglückte Saujagd schwarz auf weiß im Tageblatt erschien. Natürlich alles inkognito. Aber die Eingeweihten wußten Bescheid. Auch der Bürgermeister und Eigenjagdbesitzer von Neuenbruch las die tragikomische Abhandlung um das erlegte Rind. Und da er um die Größe dieses bestimmten Rindes wußte, folgerte er recht logisch, daß der dazugehörige Keiler ein Urschwein von besonderer Größe gewesen sein mußte. Und gleich waren seine Gedanken wieder bei dem Hauptschwein, dessen Fährte nachhaltige Abdrücke in seinem jagdbeflissenen Hirn hinterlassen hatte. Da außerdem der Ort, an welchem das Rind zu Tode gekommen war, nicht gar zu weit von dem seiner eigenen jägerischen Tätigkeit entfernt lag, verbohrten sich seine Überlegungen immer weiter zu der Erkenntnis, daß die Sau, die ihm vor einiger Zeit so vielen Kummer und so große Aufregung beschert hatte, ein und dieselbe sein mußte wie diejenige, die nun noch Schlimmeres mit einem anderen getan. Und da aus den Umständen zu schließen war, daß das Urschwein noch immer im Lande seine Fährte zog, erschien ihm die Möglichkeit einer nochmaligen Begegnung nicht ausgeschlossen.

Die Zeit rannte dahin, aus dem Sommer formte sich der Herbst, aber das fast schon legendär gewordene Hauptschwein wartete nicht wieder mit einer erneuten Erscheinung auf. Als dann der Wind daranging, das Welklaub aus den Kronen der Bäume zu schütteln, bahnte sich noch einmal die große Stunde für den jagenden Bürgermeister an. Nur ahnte er nicht, daß sie kam. Sonst hätte er sich sorgfältiger vorbereitet. Zwar meint es das Schicksal meistens gut mit den Menschenkindern, wenn es sie nicht in die Zukunft blicken läßt, vielleicht aber wäre es manchmal ganz nützlich, wenn der Mensch ein ganz klein wenig hellsehen könnte. Aber das ist nicht der Fall, und auch der Bürgermeister verfügte nicht über diese Gabe. Darum zog er eines Abends ganz unhellseherisch hinaus, um irgendwo an einer Waldecke den ersten Hasen in dieser Jagdsaison am Auslauf zu schießen. Das tat er in jedem Jahr ein paarmal, und zwar aus ganz einleuchtenden Gründen. Denn erstens ist das Warten auf den auslaufenden Hasen für ein Jägerherz eine ganz prickelnde Angelegenheit, zweitens läßt sich der langsam dahinhoppelnde oder gar äsende Hase nur schwer vorbeischießen, und drittens jagt man den Hasen ja auch deswegen, weil er ausgezeichnet schmeckt. Alles in allem also ist das heimliche Hasenpassen eine sowohl den Geist als auch den Körper erbauende Angelegenheit. Und Hubertus bewahre den Hasenansitzjäger vor denjenigen Pharisäern, die sich brüsten, ihre Hasen nur auf Treib- oder ähnlichen Jagden zu erlegen, wenn das Wild schnell kommt und der Schuß schwierig ist. Sie denken nicht darüber nach, daß es nicht nur praktischer, sondern auch anständiger ist, den langsamen Hasen schnell und sicher zu erlegen, als den eiligen todkrank zu schießen und danach vielleicht noch nicht einmal zu finden. Aber die Geschmäcker sind verschieden, und wer seinen Hasen gern beim Ansitz schießt, kann ein ganz vortrefflicher Kumpel sein und noch lange nicht ein jagdsittenwidriger Klabautermann.
Unbeschwert von solchen oder ähnlichen Gedanken pirschte der Bürgermeister zu grauer Stunde über ein Waldwieschen, um sich am Mantel einer triefendnassen Fichtendickung für eine kurze Stunde einzurichten. Waldhasen sind bekanntlich wie alte Hirsche. Sie nehmen sich sehr viel Zeit, ehe sie am Abend den schützenden Bestand verlassen, und richten sich dabei nach dem schwindenden Licht. Und ein alter Hase, der in einigen Waldjahren seine gefährliche Umwelt kennengelernt hat, läßt erst einmal die Nacht herankommen, bis es ihm endlich gefällt, die Äsungsflächen aufzusuchen. Aber mit Hasen

kannte sich der Bürgermeister gut aus und saß in Ruhe seine Zeit ab, ehe er dann hinter seinem Rücken ein Geräusch vernahm, das einen anhoppelnden Hasen ankündigen konnte. Denn auch ein Hase macht gewissen Lärm, wenn er über trockenes Fallaub muß, und ein Jägerjüngling, der darum nicht weiß, wird dabei an alles andere, vielleicht sogar an Reh oder Hirsch denken, nur nicht an einen Hasen. Aber der auf seinem Sitzstock hockende Jäger ließ sich von diesen Geräuschen nicht beschummeln, blieb fein still sitzen, hob dabei lautlos seine Flinte von den Knien und machte sich zum Schuß fertig. Zwar blieb er äußerlich so ruhig wie eine Statue, aber in seinem Innern tuckerte es doch vor heimlicher Spannung, was sich wiederum darin äußerte, daß der erkaltete Zigarrenstummel in seinem Mundwinkel wie Espenlaub zitterte.

Das währte ziemlich lange, viel zu lange. Denn wenn auch ein Hase vor dem Aushoppeln seine Zeit am Waldrand braucht, um den Wind zu prüfen und seine Löffel nach verdächtigen Geräuschen spielen zu lassen, so benötigt er dafür dennoch keine Ewigkeit. Deshalb ergab es sich fast zwangsläufig, daß nach entsprechender Zeit nicht nur der Stummel in des Jägers Mund, sondern auch seine Knie in gleichmäßigem Rhythmus vibrierten und er im Überschwang des Jagdfiebers energisch die Luft anzuhalten versuchte, um sich wieder in die Gewalt zu bekommen. Das gelang auch einigermaßen, und zu allem entschlossen wanderten die Augen seitwärts, wo jeden Augenblick das ersehnte Wild in Anblick kommen mußte.

Und es kam! Wie ein Donnerschlag. Wuchs heran zu riesiger Größe, daß es dem Jäger mal heiß, mal kalt über den Rücken lief und der Zigarrenrest das Zittern aufgeben mußte, weil er dem offenen Munde entglitt und zu Boden fiel. Aber nur im Märchen oder in einem unwirklichen Jägertraum mag es Riesenhasen geben. Sonst gibt es höchstens große oder auch schwere, die sich aber nicht erdreisten, die biologischen Größengesetze zu verletzen. Darum begriff der Jägersmann, der weder an Märchen glaubte, noch in Träumen schwebte, ganz schnell, daß kein Hase gekommen war, sondern eine Sau, eine sehr starke Sau. Und diese Sau zog nur noch auf drei Läufen. Auch das konnte der Bürgermeister trotz seines erregten Zustandes genau erkennen. Der fehlende Vorderlauf aber war es, der dem Jäger ein Licht aufgehen ließ. Denn wenn er auch damals und zuerst von seinen Jagdnachbarn nichts über Sau und Schuß erfahren hatte, später erfuhr er es um so gründlicher. Das war zu später Stunde, als die Pachtjäger infolge reichlichen Alkoholgenusses das ganze Geheimnis preisgaben, auch das von dem kaputtgeschossenen Vorderlauf. Seitdem wußte der Bürgermeister Bescheid.

Und nun hatte er seine Überraschung. Aber in diesem Falle war sie besonders tragisch. Denn der Jäger befand sich auf dem Hasenansitz, und das Instrument, das seine Fäuste jetzt wie mit Schraubstöcken umspannten, war nichts anderes als eine biedere, zweiläufige, mit Hasenschroten geladene Flinte, so gar nicht geeignet, dieser Riesensau ins Leben zu fahren. Diese Tatsache aber ließ den Jäger zu einem rechten Unglückshaufen zusammenschrumpfen, während das pechschwarze Wild unbeschadet von allen Anfeindungen die Grasnarbe nach Fraß untersuchte. Aber oft, wenn die Not am größten ist, bahnt sich unversehens eine Hilfe an. Und das geschah auch jetzt, nämlich dadurch, daß sich der Unglücksjäger daran erinnerte, seine alte Winterjoppe anzuhaben — erstmalig wieder nach vielen Monaten — und sich ebenso erinnerte, daß in einer der vielen Joppentaschen noch zwei oder drei Flintenlaufgeschosse vergraben sein mußten, herrührend von den letzten Treibjagden des vergangenen Winters. Und schon begann das Suchen nach diesen jetzt kostbaren Kleinodien. Fast zu eilig hatten es die tastenden Finger und stolperten über das Lodenzeug in nervöser Hast und brauchten mehr Zeit, als notwendig gewesen wäre, ehe sie, ausgerechnet in der letzten Tasche, noch einen von den todspeienden Bolzen herauskramten.

Die Zeit drängte, denn die Sau zog zwar langsam, aber stetig voran. Als der Bürgermeister endlich einen Flintenlauf saugerecht umgeladen hatte, war ihm der Sinn dafür abhanden gekommen, in welchem Lauf nun das schwere Geschoß steckte und in welchem die Schrotpatrone. Die Sekunden rannen dahin und ließen zum Nachdenken keinen Platz. Zu allem entschlossen backte er an, stellte dabei zwar fest, daß er das Korn in der Dunkelheit nicht mehr erkennen konnte, aber sonst kriegte er die Läufe doch noch einigermaßen ins Ziel. Er zog den vorderen Abzug. Der war für den rechten Lauf bestimmt, und darin steckte — wie konnte es in dieser Kette von Ungereimtheiten auch anders sein — die Schrotpatrone. Die taten der Sau gar nichts. Aber im Knall tat sie dennoch eine Flucht und wurde schnell. Da rutschte aber auch schon der zweite Schuß heraus, und da der Kolben dabei infolge der menschlichen Erregung nicht genügend festgehalten worden war, schlug er dem Jäger hart gegen die Backe und veränderte augenblicklich den Sitz seiner Zahnprothese.

Die Sau war fort. Zurück blieb in des Jägers Herzen ein Fünkchen Hoffnung, daß er sie finden könnte, mit gutem Schuß nach hundert oder auch zweihundert Schritt. Ja, ganz sicher mußte sie sogar den Schuß haben. Denn auf so kurze Entfernung schießt ein erfahrener Jäger auch bei Dunkelheit nicht vorbei. Aber bei Sauen konnte man nie wissen, wie schnell sie verendeten. Manchmal hatten sie auch noch ein zweites Leben in sich.

Um weitere Pannen zu vermeiden, schlich sich der Schütze fürs erste nach Hause. Hier konnte er, mindestens jagdlich, nichts mehr verkehrt machen. Er ging gebeugt wie unter einer schweren Last. Alles blieb ungewiß. Nur in einem Punkte glaubte er Gewißheit zu haben, nämlich darin, daß diese Sau das geisterhafte Hauptschwein war, das sich auf unkontrollierbarer Irrfahrt wieder da eingefunden hatte, wo es schon einmal eine kleine Jägerwelt durcheinandergebracht hatte.

In der Nacht fand der Bürgermeister keinen Schlaf. Deshalb kroch er schon aus den Federbetten, als draußen noch die halbe Nacht herrschte. Sein aus dem Schlaf geschrecktes Eheweib schimpfte. Aber daran hatte er sich im Laufe seiner Ehejahre längst gewöhnt. Und die zu suchende Sau lag ihm im Augenblick mehr am Herzen als seine mürrische bessere Hälfte. Als er dann draußen war und nach dem Anschuß suchte, kam ihm das erste Licht des Morgens schon zu Hilfe. Er suchte. Aber nach einer halben Stunde hatte er noch immer nichts gefunden, weder die Sau selbst, noch etwas, was darauf schließen ließ, daß sie den Schuß erhalten hatte. Darum suchte er weiter, schritt ungezählte Male dahin zurück, wo er am Vorabend gesessen hatte, hämmerte sich den Vorgang nochmals und nochmals ein, trabte dann zum soundsovielten Male zum vermeintlichen Anschuß, robbte auf diesem bäuchlings herum, daß der in den Gräsern hängende Tau bis auf die Haut vordrang, steckte seine Nase wie ein stechender Dachs in den Bewuchs, strengte seine Augen an, bis sie schmerzten, aber alle Mühen blieben ohne Erfolg. Er fand nichts.

Schließlich wurde er so rechtschaffen müde, daß er sich fast frohen Herzens zu dem Gedanken durchrang, der Sau fehle absolut nichts. Also vorbeigeschossen! Zwar bummelte er noch weiter durch das Gelände, verlor sich dabei noch ein Stück – natürlich nur ein winziges, nichtssagendes Stückchen – über die Grenze zu den Nachbarn, aber doch schon sehr in der Gewißheit, daß der Basse noch am Leben sei.

Aber leider ist Irren menschlich, allzumenschlich. Und das Flinten-

laufgeschoß, das der Bürgermeister auf die Reise geschickt hatte, traf sogar das begehrte Ziel. Zwar nicht so, wie ein Geschoß ordnungsgemäß sitzen sollte, dennoch schlimm genug, daß des Keilers Erdenwandel ein Ende bereitet wurde. Es faßte ihn weidewund. Das wäre an sich, abgesehen von den Qualen, die ein derartiger Schuß dem Wilde bereitet, noch kein Drama gewesen. Wenn der Schütze, wie es in solchen Fällen üblich sein sollte, einen sicheren Hund benutzt hätte, der sehr schnell dem Rätsel auf die Spur und der Sau auf die Rotfährte gekommen wäre. Aber ein Hund war nicht da und wurde auch nicht herbeigeschafft. Darum konnten auch die kurzen Schnittborsten in der deckenden Grasnarbe nicht gefunden werden und auch nicht das Tröpfchen Weiß, das sich unter einem welken Huflattichblatt versteckt hatte. Denn ganz viel mehr Pirschzeichen liefert ein Geschoß bei einem rund und schwer gewordenen Herbstkeiler nicht, auch nicht so ein Brocken von Flintenlaufgeschoß.
Der Keiler war, mit dem sicheren Tod unter der Schwarte, in das graue Dunkel der beginnenden Nacht hineingeflüchtet, legte sich für eine Stunde in ein modriges Wasserloch, um die gräßlichen Schmerzen loszuwerden und zog, als auch das nichts half, mit tiefhängendem Gebrech weiter. Schwerfällig überfiel er den Grenzgraben zur Gemeindejagd und bereitete sich kurz danach in einer zufällig an seinem Wechsel stehenden Fichtengruppe ein Wundbett. Aber es wurde nicht sein letztes. Denn als der Bürgermeister am Morgen, schon sicher, den Keiler gefehlt zu haben, in die Nachbarjagd hineinstolperte – zwar nur ein winziges, nichtssagendes Stückchen –, müdete er den Todkranken auf und wußte noch nicht einmal, daß er es tat. Nur benehmen sich Sauen gelegentlich doch anders, als es ihrem grobzelligen Äußeren entsprechen müßte. Sie können, wenn es sein muß, so leise sein wie ein schleichendes Kätzchen. Das war des Bürgermeisters Pech. Weit jedoch kam die Sau nicht mehr, denn zu lange hatte sie Zeit gehabt, genügend krank und steif zu werden. So zog sie auch nur so lange, bis sich ihr eine neue Deckung bot. Und diese fand sie schnell. Es war der Wildacker der drei Gemeindejäger, auf dem jetzt der Mais mit seinen dürren Stengeln einen einladenden, dichten Filz bot. Hier schob sich der Keiler nun ein, drehte sich, wie es ein die Ruhe suchender Hund manchmal zu tun pflegt, mehrmals im Kreise herum, daß die Staudentrocknis über seiner Schwarte zum Nest und schützenden Dach wurde, und tat sich mit einem tiefen Seufzer nieder. Als es vom Dorfe zu Mittag schlug, war er verendet.

Am folgenden Wochenende bestieg einer der Gemeindejäger den Hochsitz am Wildacker, um auf eine Ricke zu passen, deren Vorderlauf noch vom Vorjahr verkrüppelt war und die irgendwo um den Wildacker herum ihren Einstand hatte. Dabei gewahrte er die verendete Sau. Aber weder er noch seine später hinzugezogenen Gefährten wußten für die schon leicht in Verwesung Übergegangene eine Erklärung. Bis der Jüngste von ihnen das trockene Kraut forträumte und den fehlenden Vorderlauf bemerkte. Und er hatte das unbestimmte Gefühl, daß das Fehlen des Laufes mit seiner Hand und Kugel in Verbindung zu bringen war.
So hatte das Hauptschwein sein Ende gefunden, und niemand konnte ahnen, wieviele Jäger im Laufe der Jahre von ihm genarrt worden waren. Erfolglos aber blieben sie alle. Auch derjenige, der einmal wegen dieses Bassen ein bedeutungsvolles Kleidungsstück geopfert hatte. Denn daß er der Sau den Lauf abgeschossen hatte, war kein Erfolg. Aber dennoch lag sie nun vor ihm. Vielleicht ein kleines Jägerschicksal – oder das eines Wildes. Aber das mochte wohl hier auf dasselbe hinauskommen. Und zum Andenken an alles, was gewesen, schlug er dem Keiler aus dem schon anbrüchigen Gebrech das Gewaff heraus. Ein gewaltiges Gewaff mit langen, nußbraunen Schleifflächen. Ein Gewaff, für das viele Jäger eine gute Rehkrone, vielleicht sogar das Geweih eines Hirsches hergegeben hätten. Aber das konnte jetzt niemand mehr. Dieser Keiler war von niemand mehr zu haben.
Der alte Dorfstellmacher war ein fähiger Mann. Alle Stellmacher sind fähige Leute, wenn sie eine Dorfwerkstatt betreiben. Denn dann müssen sie oft das Mädchen für alles sein. Das war auch der alte Stellmacher. Natürlich verstand er sich auch darauf, eine Jagdtrophäe auf ein feingeschnitztes Holzschild aufzusetzen.
Darum blieb es nicht aus, daß der Bürgermeister, der, wie alle Bauern, des öfteren des Stellmachers Werkstatt betrat, daselbst die Keilerwaffen entdeckte und dabei so ganz nebenbei erfuhr, welcher von den Jägern sie hergebracht hatte. Damit schloß sich für den Bürgermeister ganz von selbst der Kreis um den sagenhaften Urian. Und er nahm sich fest vor, es bei nächster passender Gelegenheit klüger anzufangen.

Ein seltener Fall

Es war am Beginn der Feistzeit, als der Vorstehhund des Revierjägers Schramm einen frischen Rotwildaufbruch fand. Das war ein reiner Zufall. Denn der Aufbruch lag in einer bürstendichten Fichtendickung, und keinem vernünftigen Rotwildjäger würde es einfallen, ohne Not zu Beginn der Jagdzeit, noch dazu mit seinem Hund, die Einstandsdickungen des Rotwildes zu durchstöbern. Denn ist der Geruch des Menschen in der Wohnung des Wildes schon arg genug, die Wittrung des Hundes wirkt auf den Windfang des Wildes wie ein Peitschenhieb. Das wußte auch der Jäger Schramm. Da aber sein Hund an einer bestimmten Stelle des Weges wie angewurzelt stehenblieb und mit bebenden Nasenflügeln in die Dickung windete, tappte er dann doch in den sperrigen Vorhang hinein. Denn aus Erfahrung wußte er, daß das Benehmen seines Hundes Anlaß gab zu besonderem Nachdenken. Und diese Gedanken setzten sowohl seine Füße als auch sein berufsbedingtes Mißtrauen in Bewegung.

Ein Schwarm dicker, bläulicher Fliegen grummelte über das Gescheide hinweg. Zwar war es notdürftig mit Fichtenstreu überrieselt, aber eben nur notdürftig und unvollkommen, wie es jemand tut, der zwar die Spuren seiner Tat verwischen will, aber mit seiner Zeit sehr haushalten muß.

Der Jäger kochte vor Wut beim Anblick seines makabren Fundes, aber was half's. Dieser Lumperei war nur mit Besonnenheit und klarem Kopf beizukommen. Und eine Lumperei war's sicher, denn noch war im Revier seit Aufgang der Rotwildjagd kein Stück erlegt worden. Gründlich untersuchte er den noch schweißigen Aufbruch. Er war als solcher gänzlich vorhanden und erstaunlich fachgerecht aus dem Wildkörper herausgelöst worden und stammte, wie klar feststellbar, von einem weiblichen Stück, wahrscheinlich von einem Schmaltier.

Etwas Unfaßbares war geschehen! Ein häßlicher, erdrückender Gedanke. Dazu keine Spur vom Täter, nichts, gar nichts, was als Anhaltspunkt hätte dienen können. Denn solange der Jäger hier tätig war, hatte es noch keinen Fall von Wilddieberei gegeben.

Natürlich geschahen kleine Unredlichkeiten im Walde, wie sie allenthalben in Forstgebieten vorkommen. Mal ein Brennholzdiebstahl und zur Weihnachtszeit hier und da ein Christbaumfrevel. Im Grunde waren das Kleinigkeiten, mit denen er kaum oder gar nichts zu tun hatte. Denn das gehörte zum Ressort des Försters Linke. Und der sorgte schon dafür, daß diese Dinge im Lot blieben und nicht überhandnahmen. Aber nun dieses, das schlug dem Faß den Boden aus!

Dabei ging es nicht einmal so sehr um den Verlust eines Stückes Rotwild, wie es durch Unglücksfall immer mal abgängig wird, entweder auf der Straße zu Tode kommt oder im Kulturzaun oder auf sonst eine erklärliche Art und Weise. Hier ging es darum, daß ein Gespenst durch den Wald schlich, das alles sah, aber selbst nicht gesehen wurde, das den Jäger auf seinen Gängen verfolgen konnte und ihn sah, wenn er heimwärts ging. Und das sich einrichten konnte, wann und wie es ihm paßte.

Ein Jäger ist in solchen Fällen immer allein. Das ist ein wenig auch seine Schuld. Er möchte allein sein. Er möchte inkognito bleiben, selbst geheimnisvoll sein, weil der andere es auch ist. Da ist aber auch die Sorge, durch eine unvorsichtige Mitteilung an einen Bekannten, durch eine unbedachte Äußerung den anderen zu besonderer Vorsicht zu mahnen.

In gedrückter Stimmung verließ Schramm seinen Fund. Auf den Erdwegen suchte er nach verdächtigen Fußspuren. Irgend etwas mußte er ja tun. Natürlich fand er keine Fußspuren. Weder verdächtige, noch unverdächtige. Denn auch Erdwege schreiben nicht alles auf, was sich auf ihnen vollzieht. Da muß schon alles zusammenpassen, nach tagelangem Regenwetter, wenn das Erdreich weich und schmierig ist oder gar im Winter, wenn der weiße Teppich jeden Vogelsprung und jede Mäusespur verrät. Aber sonst ist meistens nicht viel zu machen.

In einem Kiefernbestand traf der Jäger auf den Revierförster, der sich mit dem Auszeichnen von Durchforstungshölzern beschäftigte. Die Männer begrüßten sich, wie sich Leute begrüßen, die gelegentlich miteinander zu tun haben. Dabei war keine Freundschaftlichkeit, weil zwischen ihnen eine Kluft bestand. Da war die leidige Jagdverpachtung, die dem Forstmann noch immer sehr zu schaffen machte. Er war ehemals Betreuer von Holz und Wild gewesen, und jetzt war ihm nur der Forst geblieben. Zwar genug, um einen Mann im grünen Rock ausreichend zu beschäftigen, aber für einen rechtschaffenen Förster halt doch nur eine halbe Sache. Daß die Verhältnisse so gekommen waren, ging bestimmt nicht auf das Schuldkonto des Jägers. Das hatte allein die Stadtforstverwaltung auf dem Gewissen. Eines Tages hatte ein Stadtverordneter die Idee gehabt, daß die Verpachtung der Jagd dem Stadtsäckel zu gutaussehenden Rundungen verhelfen könnte. Vom Wünschen zum Wollen und von da zur Ausführung war es dann nur noch ein kleiner Schritt. Denn Interessenten, welche die Jagd zu erpachten in der Lage waren, gab es genug. Und eines Tages schritt der Direktor Müller als neuer Jagdinhaber durch das ausgedehnte Revier, machte dann auch beim Revierförster Linke im Forsthaus seinen Antrittsbesuch, ganz korrekt und wie es sich gehörte. Ernsthaft bemühte er sich, den Forstmann für die Jagdaufsicht zu gewinnen. Aber der Förster war ein eigenwilliger Mann. Zu schwer trug er daran, daß die Jagd verpachtet worden war. Er lehnte ab. Zwar bereute er diesen Entschluß später. Aber da war es eben zu spät. Kurz danach wurde der Revierjäger für die Jagdbetreuung eingestellt. Zwar machte Linke dem neuen Mann keine Schwierigkeiten — an sich mochte er den Jäger mit dem offenen Blick sogar ganz gern —, aber sein Groll gegen alles, was bisher geschehen war, baute eine Mauer auf zwischen ihm und dem anderen.

Der Förster war so sehr mit dem Ausmustern und Betrachten der Stämme beschäftigt, daß er den Jäger erst gewahr wurde, als dieser nahe bei ihm stand. »Waidmannsheil« von beiden Seiten, förmlicher Händedruck. Dann eine Weile des Schweigens. Der Jäger, immer bemüht, mit dem Förster in ein gutes und enges Verhältnis zu kommen, sah jetzt seine Chance. Eine Wilddiebsgeschichte könnte den Grünrock nicht unberührt lassen. Darum erzählte er diesem von dem soeben gemachten Fund. Und er erzählte es mit einem Geschick, daß es bei dem anderen auch mit der entsprechenden Wirkung ankam.

Revierförster Linke warf auf wie ein sichernder Hirsch. Er war immer ein passionierter Jäger gewesen, war es auch geblieben, als man ihm die Betreuung der Jagd genommen hatte, und so eine verteufelte Geschichte forderte geradezu zur Mitwirkung heraus. Und schließlich war es ja auch sein Revier.

So wurde es dann auch ein langes Gespräch, das die Männer führten. Als sie sich trennten, mit Händedruck und gutem Gruß, gab es weder Argwohn noch Mißtrauen zwischen ihnen. Das hatte der noch unbekannte Wilderer fertiggebracht.

Aber die Überraschungen sollten nicht abreißen. Wenige Tage später machte der Förster eine weitere schlimme Entdeckung. Der Tag begann bereits zu schwinden. Es war schwül. Gerade bummelte der Beamte um eine Gestellecke. Da gewahrte er vor sich einen auf dem grünbewachsenen Weg ziehenden, besser gesagt, einen humpelnden Rehbock. Auch ohne Glas erkannte er, daß der eine Vorderlauf des Bockes schlapp hin- und herpendelte. Wenn es auch sicher schien, daß der Bock durch ein Geschoß seine Verstümmelung erlangt hatte, so konnte dies doch auf eine ganz legale Art geschehen sein. Nicht alle Jäger sind Meisterschützen. Und selbst wenn sie es wären, werden sie von tausend Teufelchen begleitet, die einen gutgemeinten Schuß verrutschen lassen, weil ein Grashalm da steht, wo er von Rechts wegen nicht stehen sollte, oder das Wild im Augenblick des Schusses eine Bewegung tut, die dem Jäger entgeht. Doch kurz und gut, der Bock war — mit ziemlicher Sicherheit — krankgeschossen. Das konnte der Jagdpächter selbst getan haben. Das konnten auch die vielen illustren Gäste gewesen sein. Natürlich ungewollt und ohne es zu merken. Aber selbst, wenn sie es bemerkt hätten, die wenigsten Jäger wissen ein laufkrankes Wild so gut nachzusuchen, daß es zur Strecke kommt. Einmal fehlt ihnen selbst das Vermögen hierzu, zum anderen fehlt oft der entsprechend gute Hund. Aber der Förster dachte auch einen Schritt weiter. Obwohl er im täglichen Leben kein Phantast war. Aber eine Wilderergeschichte zieht die andere nach sich. Die eine war vorhanden, die andere nahm jetzt in den Gedanken des Försters Gestalt an.

Der Förster hatte kein Gewehr bei sich. Wozu sollte er auch. Und wenn er es gehabt hätte, rechtmäßig wäre der Bock doch nicht zu erlegen gewesen. Denn die Gesetze kümmern sich den Teufel um Schmerzen und Pein einer Kreatur. Gesetze erhalten die Ordnung und sind nicht gezeugt von kleinmenschlichen Gefühlen. Und weil der Förster kein Gewehr bei sich hatte, und weil er auch sonst nichts hätte tun können, war er zuletzt doch froh, daß sich der Bock in seiner ganzen Armseligkeit nicht minutenlang vor ihm herschleppte, sondern recht bald in das Holz hineinzog und darin verschwand.

Wer wollte es dem Förster übelnehmen, daß er im Augenblick die ganze Jagdverpachterei in Grund und Boden wünschte, daß er sich, wie ungezählte Male zuvor, erbärmlich klein und abgehalftert vorkam, und daß ihn der Gedanke beschäftigte, doch woanders hinzugehen, wo das Wild zum Wald und der Wald zum Wild gehörte.

Aber Gefühlsregungen sind wie Seifenblasen. Schillernd blähen sie sich auf, dann aber fliegen sie davon und zerplatzen zu einem Nichts. Und als der Förster eine Stunde später den Wald verließ, um im Dorfe noch etwas zu erledigen, schritten nicht nur seine Füße, sondern auch seine Gedanken wieder über festen Boden. Darum zögerte er nicht lange, im Jägerhaus einen Besuch zu machen, um über den kranken Bock zu berichten und vielleicht auch einiges zu erfahren.

Die junge Frau des Jägers war überrascht und wohl auch befangen, als der Förster in der Haustür stand. Denn sie wußte um das wenig gute Verhältnis, das zwischen diesem und ihrem Manne bestand. Aber Linke tat sich keinen Zwang an, lachte wie ein Junge, als er sich ob des plötzlichen Überfalles entschuldigte und nach dem Revierjäger fragte. Da lachte auch sie erleichtert auf, daß die weißen Zähne blitzten, und führte den Besucher in die Stube.

Dann kam Schramm. Der Besuch des Försters stimmte ihn froh. So also war von beiden Seiten die Voraussetzung gegeben zu einem guten Gespräch. Von einem krankgeschossenen Rehbock wußte der Jäger nichts. Während des ganzen Sommers war überhaupt kein Bock beschossen worden, der nicht zur Strecke kam. Mit dem laufkranken Bock war also ein weiterer Verdacht auf Wilderei gegeben. Dabei war alles so geheimnisvoll. Denn nie wurde ein verdächtiger Schuß gehört, und auch sonst waren weder Zeichen noch Spuren, die einen Verdacht gerechtfertigt hätten, gefunden worden. So gab es also für die beiden Jägersleute keinen Punkt, an den angeknüpft werden konnte. Nur eines wußten sie, daß sie alles daransetzen mußten, um gemeinsam dem unguten Treiben ein Ende zu bereiten.

Als die Männer noch bei Bier und Zigarre beisammensaßen und von diesem und jenem sprachen, schaute Direktor Müller herein. Er war schnell noch einmal draußen gewesen, um sich um die Feisthirsche zu kümmern. Er staunte nicht schlecht, als er den Förster bei seinem Jäger antraf, auch deutete seine saure Miene darauf hin, daß er über diese Zweisamkeit nicht gerade erbaut war. Aber er begriff schnell, als man von dem gefundenen Rotwildaufbruch sprach und dann die Rede auf den laufkranken Bock brachte. Zwar wunderte sich der Förster über die Sachlichkeit und Ruhe, mit der Müller die Hiobsbotschaft aufnahm. Er hätte eine heftigere Reaktion gerade bei einem Jagdinhaber erwartet, aber die menschlichen Naturen sind halt nicht aus ein und demselben Holz geschnitzt. Immerhin aber bat der Direktor den Förster im weiteren Verlauf des Gespräches um Unterstützung bei der Aufklärung der Fälle. Diesmal sagte Linke ohne Vorbehalt zu. Zwar wurde noch versucht, einen gemeinsamen Schlachtplan zu entwerfen. Aber es blieb beim Versuch. Auch war der jagende Direktor nicht recht als der Dritte im Bunde zu gebrauchen. Er mochte im Laufe der Jahre ein brauchbarer Jäger geworden sein, aber seine Vorstellungen von Jagdschutz waren offenbar die eines Dilettanten.

Die folgenden Tage brachten keinen weiteren Hinweis auf das Vorhandensein eines Raubschützen, obwohl die beiden Beamten den letzten Winkel des Revieres durchstöberten. Sie arbeiteten nach einem festen Plan, den sie in langen Gesprächen ausgebrütet hatten. Nie taten sie sich zusammen, sondern jeder ging allein für sich des Weges. Dabei richteten sie es so ein, daß sich stets einer von ihnen im Revier aufhielt. Aber dann schien es so, daß der unbekannte Wildschütz sein Einstandsgebiet gewechselt hatte. Denn nichts ereignete sich, was zum Aufhorchen Anlaß geben konnte, und auch das Wild benahm sich vertraut.

Als einzigen Erfolg konnte Linke für sich buchen, daß er den laufkranken Bock zur Strecke brachte. Das geschah auf eine ganz unvorhergesehene Art und Weise und ohne, daß er mit Fleiß darauf aus war. Auf einer Frühpirsch kam er ungefähr an der Stelle vorbei, an der er vordem den Kranken gesehen hatte. Natürlich erinnerte er sich des Bockes, aber kaum noch in der Annahme, ihm nochmals und gerade an diesem Ort zu begegnen. Da hob der Dachsbrackenrüde, der ihn bei der Pirsch begleitete, den Kopf und zeigte mit suchender Nase ins Holz. Bei einem guten und viel geführten Jagdhund hat jede auffallende Regung auch eine Bewandtnis. Deshalb blieb der Förster stehen und schaute mit dem Fernglas in die weiträumig stehenden Stämme, unter denen sich, infolge des starken Lichteinfalles, einige Birkenanfluggruppen angesiedelt hatten. Und in einer solchen Gruppe saß oder lag ein Reh. Höchstwahrscheinlich war es ein Reh, die rote Färbung schien es zu zeigen. Jetzt aber galt es festzustellen, ob es noch lebte oder bereits verendet oder gar verludert war. Gefühlsmäßig tippte Linke auf den laufkranken Bock. Er schob die Büchse von der Schulter, entsicherte sie und stelzte dann im Zeitlupentempo an das Wild heran. Es regte sich nicht, schien also doch schon verendet zu sein. Aber dann ging es plötzlich Holterdipolter. Mit einer langen Flucht war das Wild aus dem Lager. Da gab es weder Zeit zum Schießen noch zu irgendwelchem Überlegen, aber immerhin genug Zeit zum Schauen. Und das Schauen genügte fürs erste auch. Es war der kranke Bock! Ekelhaft baumelte der lose Lauf am Körper. Die Bracke wurde laut, der Förster schnell. Im Nu war dem Hund die Halsung über die Behänge gezogen. Die Jagd konnte beginnen. Aber der Bock wurde flüchtig, als besäße er nicht drei, sondern fünf gesunde Läufe. In dem Unterwuchs war er rasch den Augen des Menschen entschwunden. Dann war nur noch der Fährtenlaut des Hundes zu hören. Aber das genügte dem Förster, um seine Folge einzurichten.

Eine Dachsbracke steht auf verhältnismäßig kurzen Läufen. Aber doch sind sie lang genug, um selbst eine langwierige Hetze gut überstehen zu können, und wiederum sind sie nicht so lang, daß sie schneller sind als die Nase des Hundes. Da wird eine Spur oder Fährte im Eifer des Gefechtes nicht so leicht überschossen oder gar verloren. Und Linke wußte um die Qualitäten seines roten Hundes. Darum hastete er auch nicht in blindem Vorwärtsdrang hinter dem richtungweisenden Rüden her, sondern benahm sich fein gesittet und überlegt. Einholen konnte er mit seinen Menschenbeinen weder Wild noch Hund. Blieb der Bock schneller als der Hund, so ließ sich daran nichts ändern. Man konnte dann höchstens, mit dem Hunde am Riemen, nochmals die kranke Fährte aufnehmen und sie vorwärtszubringen versuchen. Machte der Bock aber vor dem Hunde schlapp, dann gab es für den scharfen Rüden gar kein Problem, das Wild nicht mehr auszulassen.

Zwar zügig, aber doch mit Bedacht schritt der Förster aus. Es herrschte fast Windstille, und es war unwahrscheinlich, den guten Laut des Hundes zu verlieren. Dieser bewegte sich nun in eine Richtung, in der ausgedehnte Dickungskomplexe lagen. Aufforstungen, die trotz ihres riesigen Umfanges einst in wenigen Jahren entstanden waren. Sie waren die Folge eines Spannerfraßes, der vor nun über zwei Jahrzehnten ein geschlossenes Waldgebiet zu einer trostlosen Einöde werden ließ. Doch jetzt steckte in den nur schwer zu durchdringenden Pflanzungen der größte Teil des Rotwildes. Und auch den Sauen gefiel es in den nur wenig gestörten Nadelholzburgen so gut, daß sich einige Stücke und Rotten während des ganzen Jahres tagsüber darin aufhielten. Jetzt aber lag es nur an dem Hunde, daß er der aufgenommenen Fährte treu blieb und sich nicht von den überall herumstehenden Gesundfährten zu falscher Folge verleiten ließ.

Aber der Bock machte es dem Hunde leichter, als vom Förster befürchtet. Der Fährtenlaut bewies, daß sich die Hetze nicht ins Uferlose erstreckte, sondern daß das Wild im Bogen zurückflüchtete. So etwas kommt bei dem standorttreuen Reh häufiger vor als bei anderen, in viel größeren Räumen umherziehenden Schalenwildarten. Aber wer weiß es schon vorher, wohin eine Hetze auch immer gehen mag? Als das Geläut des Hundes für einige Sekunden verstummte, klagte der Bock kurz auf. Aber dieses Klagen hatte noch keine endgültige Bedeutung, denn schon ging die Hatz weiter, wie der Hetzlaut des Rüden gleich wieder erkennen ließ. Jetzt aber hatte es der Förster plötzlich eilig. Denn er wollte versuchen, sich der wilden Jagd vorzuwerfen. Vielleicht gelang dann ein schneller Schuß. In dem weiträumigen Baumholz war Schußfeld genug. Näher und näher kam das Läuten des Hundes. Auf einer Bodenerhebung stehend, machte sich Linke zum Schießen fertig. Dann ging alles wie aufgezeichnet: Zwischen den Stämmen leuchtete es rot auf im Sonnenlicht. Der Bock! Der Lecker hing ihm wie ein langer Lappen aus dem Äser. Der kranke Lauf war nicht mehr vorhanden. Er mußte ihn irgendwo im Dickicht verloren haben. Sicher war er an kaum mehr als einem Deckenfetzen noch mit dem Wildkörper verbunden gewesen. Der Förster blieb eiskalt, als er das Gewehr vorschwang und einen schnellen Schuß hinwarf. Wie ein hochflüchtiger Hase, den die Schrote treffen, rollierte der Bock und blieb regungslos in den Waldbeerstauden liegen. Dann war auch der Hund da, bewindete das verendete Wild und verbellte es, bis der Jäger heran war und seine Hand dem verendeten Wild auf die rote Decke legte.

Die Freude des Schützen über den Erfolg war groß. Ein Erfolg, der ihm gleichsam ohne Schweiß und Mühe in den Schoß gefallen war. Gute Worte fand er für seinen Hund, der ihm diesen Erfolg letzten Endes beschieden hatte und jetzt laut hechelnd neben dem gestreckten Wild lag. Die Krone des Bockes gehörte zu den guten Trophäen, wie sie sich jeder Jäger als Jagdbeute wünschen mag. Knuffig war sie und gut vereckt und mit einer Perlung, die sich sehen lassen konnte. Linke betrachtete sie als die seine und hatte auch allen Grund dazu. Denn niemanden würde es geben, der ihm dieses Kleinod streitig machen würde. Nach langer Zeit wieder ein Rehgehörn! Und unter diesen Umständen! Das war in einer Hinsicht zwar schmerzlich, aber der Wert wurde dadurch keinesfalls geringer.

Die Stelle am Wildkörper, an der einstmals der Lauf gesessen hatte, stank nach Aas und barg Hunderte totenschädelweißer Maden, die in einem Brei von Blut, Wasser und Eiter herumwabbelten. Es schien keinen Zweifel zu geben, daß die schreckliche Verletzung von einem Schuß herrührte. Andere Möglichkeiten waren so gut wie ausgeschlossen. Als der Förster den Bock aufbrach, dachte er darüber nach, was wohl geschehen würde, wenn er, unter dem Eindruck dieses trostlosen Bildes, den wirklichen Täter auf frischer Tat erwischen würde.

Der Jäger Schramm freute sich kameradschaftlich über den Erfolg seines Kollegen, besonders aber über die Erbeutung der recht guten Trophäe. Auch für ihn gab es keinen Zweifel, daß der Bock zuschanden geschossen war. Dennoch war dieser Erfolg noch kein ganzer. Aber im Augenblick freute man sich über die beschiedene Jagdgunst und genoß nach Jägerart das große Ereignis. Jeder hatte etwas zu erzählen und kramte in Erinnerungen. Und die junge Jägersfrau war eine ganz reizende Gastgeberin, was besonders der Junggeselle Linke hoch zu schätzen wußte. Jedenfalls wurde es spät, sehr spät, als man sich trennte.

Am anderen Tag gab es mindestens für den Förster eine Ernüchterung. Als der gegen Mittag beim Jägerhaus hereinschaute, um sich das Gehörn abzuholen, war auch Direktor Müller anwesend. Zwar gratulierte er dem Förster zu der guten und schnellen Arbeit. Aber als die Rede auf das Gehörn kam, druckste er erst einmal herum, bis er endlich erkennen ließ, daß er die Trophäe doch selbst behalten möchte. Seine Argumente von Lernmaterial und Hegeziel klangen zwar nicht überzeugend, aber der Pächter einer teuren Jagd darf sich in dieser Beziehung wohl einiges mehr erlauben als ein gewöhnlicher Jägersmann. Was blieb also dem Förster letzten Endes übrig, als auf sein sogenanntes Recht zu verzichten. Dabei hätte er gerade diesen kleinen Schatz mit ganz besonderer Freude für sich behalten.

Diese Begebenheit trug nun bestimmt nicht dazu bei, des Försters gefühlsmäßige Einstellung Müller gegenüber anzuheben. Auch Schramm war mit der eigenartigen Regelung seines Jagdherrn gar nicht einverstanden. Aber was sollte er tun? Seine Position war doch sehr schwach. Er war ein bezahlter Jäger. Das bedeutete aber auch zugleich, daß er um des lieben Friedens willen und auch aus vernünftigem Selbsterhaltungstrieb den Mund zu halten hatte. Müller war sich offenbar seines Fehltritts nicht bewußt. Er war es gewohnt, daß sich alle Welt nach ihm zu richten hatte, und er kannte auch die

Mittel, um dieses Ziel fast immer zu erreichen. Beruflich war er dadurch in wenigen Jahren groß geworden, sehr zum Nachteil seiner Mitmenschen. Denn Skrupel kannte er nicht.
Darum fand er auch gar nichts dabei, den eben noch übertölpelten Förster zu fragen, ob er in den nächsten Tagen nicht einen seiner Jagdgäste auf den Feisthirsch führen möchte. Der Schramm habe schon einen zu führen und es lasse sich nicht umgehen, zwei Gäste zur gleichen Zeit im Revier zu haben.
An sich hätte Linke gern nein sagen mögen. Denn jetzt wurde ihm das ganze Elend der Jagdverpachtung erneut bewußt. Aber da war auch der andere Linke, der passionierte Jäger, der an seinem Wilde hing, wenn er es auch nicht jagdlich erreichen konnte. Und er wußte aus früheren Jahren, wenn ihm Jagdgäste zugewiesen worden waren, welche unerfahrenen Leute manchmal dabei waren. Die mußte man dann hüten wie einen ganzen Kindergarten. Sonst gab es irgendein Unglück. Meist in Form eines leichtfertig abgegebenen Schusses mit den üblichen Folgen oder auch einen verkehrt erlegten Hirsch, den man nicht einmal einem Jägerlehrling vorzeigen konnte, geschweige denn der gestrengen Obrigkeit.
So wurde Revierförster Linke Jagdführer beim Direktor Müller. Zwar ganz nebenbei und ohne ein festes dienstliches Verhältnis, aber ein Stückchen Jagd war wieder zurückgekehrt in das Dasein des einseitigen Waldmannes.
Der Gast ließ nicht lange auf sich warten. Eines Mittags war er da in seiner ganzen Länge und Breite. Ein Mann wie ein Kleiderschrank. Daß er »Klein« hieß, war sein eigenes Schicksal. Er machte keinen schlechten Eindruck. Vielleicht hatte er ein paar Kilo zuviel Feist, die sein Jägerwams nicht ganz verstecken konnte. Vielleicht aber lag in jagdlicher Hinsicht darin sogar ein Vorteil. Dieser Mann würde nicht darauf bestehen, unbedingt sein Heil auf der Pirsch zu versuchen, sondern lieber sein Wild vom Hochsitz aus erlegen wollen. Solche Leute bereiten dem begleitenden Jäger die geringsten Sorgen und haben dabei obendrein noch den größten Erfolg. Pirschen ist eine Kunst und kein Spazierengehen oder Dahinbummeln. Linke wußte aus Erfahrung, daß die wenigsten Jagdgäste diese Kunst beherrschten. Am allerwenigsten die, welche glaubten, sie können es. Aber komisch: Pirschen wollten die meisten. Besonders dann, wenn tagelange Ansitze keinen Erfolg beschieden hatten. Dann sollte es die Pirsch bringen. Natürlich brachte sie es nicht. Manchmal dauerte es lang, bis das ein-

gesehen und auf den Hochsitz zurückgekehrt wurde. Das war dann das Lehrgeld, das in jeder Branche zu zahlen ist.

Der große Herr Klein wohnte im Jägerhaus. Dort waren im Dachgeschoß zwei Gästezimmer eingerichtet. Während der Hauptjagdzeit waren sie meistens belegt. Aber das störte das noch kinderlose Ehepaar Schramm nur wenig. Denn wenn die Leute nicht zur Jagd gingen, dann schliefen sie. Außerdem mußte Frau Schramm für die Beköstigung sorgen. Das tat sie nicht ungern. Denn mit dem Gehalt eines Berufsjägers lassen sich keine Reichtümer erwerben. So war dieser Nebenverdienst mehr als willkommen.

Als Linke den neuen Gast zum Abendansitz abholte, stand dieser schon, zusammen mit dem Direktor Müller und dem Revierjäger Schramm, vor der Gartentür. Hier wartete man auf den zweiten, noch ausstehenden Gast. Bis zu dessen Ankunft konnte man den Jagdplan durchsprechen. Aber eigentlich gab es nicht mehr viel zu besprechen. Denn Müller hatte den Plan längst fertig durchdacht. Linke sollte mit Klein einen Hochsitz in der Nähe einer gut angenommenen Suhle beziehen. Schramm bekam für seinen Gastjäger eine Kanzel zugewiesen, von der aus ein weitgedehnter Haferschlag zu überblicken war. Nur der Direktor hatte sich selbst noch nicht eingeteilt. Jedenfalls sagte er es. Dabei tat er sehr aufopferungsvoll und wollte irgendwohin gehen, wo er seine Gäste am wenigsten störte.

Dann erschien auch der zweite Gast. Er brauste in schnellem Wagen heran und bremste, daß die Reifen quietschten. Er war ein Geschäftsfreund Müllers, klein und schmächtig, trug eine dicke Hornbille, die ihm ein gelehrtes Aussehen verlieh, und stellte sich mit dem Namen Wolf vor. Direktor Müller tat sehr herzlich mit ihm. Hierzu hatte er wohl seine besonderen Gründe.

Der Hochsitz an der Suhle war bequem und geräumig. Er hatte nur die unangenehme Eigenschaft, daß er eine jede Bewegung der Jäger mit lautem Rätschen quittierte. Das war eine fatale Sache! Aber man nahm sie hin wie etwas, was nicht zu ändern war, und verhielt sich regungslos. Soweit das auf die Dauer überhaupt möglich war. Denn ob man das Jagdglas vor die Augen nahm oder mit verhaltenem Zorn die saugenden Mücken von Waden und Händen strich, ein leises Wimmern des hölzernen Gestells war die mindeste Begleitmusik.

»Von diesem Ding aus kriegen wir nie etwas«, flüsterte Linke seinem

Brettnachbarn zu. Und als dieser bestätigend nickte, quietschte es schon wieder. Nachher aber blieb es vorübergehend still, weil die Jäger weder zu flüstern noch zu nicken wagten. Und in diese Stille hinein krachte es im Holze, daß sich zwei Oberkörper mit den daraufsitzenden Köpfen wie auf Kommando in die entsprechende Richtung wandten. Mit dem Erfolg, daß es wieder gräßlich ächzte. Eine Rückwärtsbewegung gab es dann vorläufig nicht mehr. Denn im Holz bewegte sich Wild, Rotwild, wie man bald feststellte. Doch dann war es nicht nur Rotwild schlechthin, sondern es zogen dort unten sage und schreibe drei Hirsche. Lange Zeit standen sie sichernd im Waldbewuchs, ehe es ihnen endlich gefiel, auf den Suhlplatz auszutreten.

Linke bemerkte, wie in dem gewichtigen Jagdgast Jagdfieber aufkam und hoffte nur, daß die Kanzel stillbleiben mochte. Vorerst war sie es auch. Inzwischen hatte der rotwilderfahrene Förster längst erkannt, daß die Hirsche allesamt höchstens mittelalt waren. Zwei von ihnen zeigten dazu eine so gute Geweihbildung, daß sie unbedingt zu schonen waren. Aber der dritte, der als letzter ausgetreten war, der war richtig! An dem konnte niemand etwas auszusetzen haben. Ein ungerader Sechser mit eng- und hochgestelltem Geweih. Viel mehr hatte Müller seinem Gast auch nicht zugedacht. Denn er sprach von einem geringen Abschußhirsch, notfalls sollte auch ein Schmaltier erlegt werden.

Klein schaute fragend den Förster an. Verständlicherweise hatte er es jetzt eilig. Denn die beiden ersten Hirsche hatten sich inzwischen zum Bade niedergetan. Nur der ausgewählte stand noch unschlüssig mit hochgestrecktem Träger. Linke tippte mit dem Finger in Richtung dieses Hirsches und nickte dabei, was soviel heißten sollte, wie »schießen«. Mit leicht bebenden Händen ergriff Klein die Büchse und entsicherte sie. »Psst!« zischte der Förster, denn er hatte Angst, daß bei der nächsten Bewegung des schweren Mannes der Hochsitz wieder zu musizieren beginnen könnte. Aber Klein dachte offenbar ebenfalls daran und schob behutsam, als wäre es zerbrechlich, das Gewehr über die Brüstung. Natürlich war der Hirsch in der Zwischenzeit nicht stehengeblieben, sondern hatte das Wasserloch umschritten und stand gar nicht mehr so schußgerecht wie zuvor. Das aber war sein Glück. Denn in seiner erklärlichen Erregung hatte Klein die Untugend der Kanzel vergessen, rutschte, um sich erneut auf den Schuß einrichten zu können, mit seinem breiten Hinterteil mahlend und wippend über das Sitzbrett. Das aber ließ sich der störrische Holzbock nicht gefallen. Er schrie auf, nicht nur einmal, sondern zweimal, dreimal. Vielleicht wäre dennoch alles gutgegangen, wenn der eine Hirsch, der als Beute auserkoren war, sich auch schon im Schlammbad unter den entsprechenden Geräuschen vergnügt hätte. Aber er stand noch immer sichernd herum, als hätte er Auftrag, den Wachposten zu machen. Darum entging ihm auch das hölzerne Quäken nicht. Was entgeht schon einem hellwachen Feisthirsch?! Er tat einen schnellen Schritt und äugte in die Höhe, dem Jägerpaar mitten in die verstörten Gesichter. Vielleicht aber wäre wiederum noch alles gut gelaufen. Aber so, als müßte er den Schießprügel vor den Hirschen verstecken, zog der erschöpfte Jagdgast das Feuerrohr hastig zurück – und das vor den Lichtern eines Feisthirsches, dem zusätzlich noch hundert »Augen« gegeben sind und obendrein noch das Zweite Gesicht! Dieser Hirsch jedenfalls ging ab wie die Feuerwehr. Daß danach die beiden anderen auch etwas spitzten und eilig aufstanden, war nur noch der Abschluß einer verkorksten Hirschjagd. Es war der Schlußpunkt und stand jetzt da wie ein gähnender, schwarzer Klecks.

Als erster fand der Förster die Sprache wieder. Aber nicht, daß er einen Fluch oder sonst etwas Derbes von sich gegeben hätte. Im Gegenteil. Er sagte sogar ein frommes Wort. Er sagte »Halleluja«. Der arme, dicke Jägersmann neben ihm war zu einem Häuflein Unglück zusammengeschmolzen und sah ihn verständnislos an. Da sagte er noch einmal »Halleluja« und lachte dabei, als wäre den beiden soeben etwas ganz besonders Schönes widerfahren. Da entspannten sich auch die Züge des gequälten Gastes. Dann wippte er mehrmals mit dem Hinterteil auf und nieder, daß der wackelige Hochstand bibberte und stöhnte und sagte schlicht »Amen«. Und beide lachten, als hätten sie einen herrlichen Lausbubenstreich vollführt, tranken den Kognak aus der kleinen Flasche, die Klein wohl für alle Fälle in der Tasche stecken hatte, und steckten sich zwei dicke Zigarren ins Gesicht, daß sich der Mückenschwarm augenblicklich aus dem Staube machte. Aber nachher sagte der Förster doch »schade«, denn so leicht machen es die Feisthirsche einem Jäger doch nur ganz selten.

Später fiel ein Schuß. Der Knall kam daher, wo Schramm mit dem kleinen Wolf sitzen mußte. »Die können es besser als ich«, sagte Klein, behielt dabei aber seine gute Laune. Jagdneid schien er nicht

zu kennen. Um diese gute Eigenschaft zu besitzen, konnte man ruhig einen Hirsch drangeben. Der große, dicke Mann wurde dem Förster immer sympathischer. Dann mußte die Kognakflasche nochmals herhalten. »Alkohol soll auch gut gegen Mückenstiche sein«, sagte Klein und lachte. Als die Jäger sich dann anschickten, den unfreundlichen Sitz zu verlassen, fiel noch ein weiterer Schuß. Er kam aus ganz anderer Richtung als der erste. Also hatte Müller auch Erfolg gehabt. Nicht auszudenken! Drei Schützen und fast drei Schüsse. So etwas geschieht öfter am Jägerstammtisch als bei der Jagd.
Aber dann war es doch anders. Man traf sich im Jägerhaus. In Abständen kehrten die Jäger zurück. Wolf hatte einen Überläuferkeiler erlegt, der bei noch gutem Licht den Versuch unternommen hatte, aus dem Walde über den breiten Fahrweg hinweg in den reifen Haferschlag zu gelangen. Diesen Leichtsinn des Wildes nutzte das flinke Wölflein durch einen ungezielten Schnappschuß. Aber ganz zufrieden war der schmächtige Mann nicht mit seiner Beute. Ihm hatte ein Hirsch vorgeschwebt. Denn natürlich hätte er warten und den Finger gerade sein lassen müssen, als die Sau kam. Denn nirgends zahlte sich Enthaltsamkeit im rechten Augenblick so gut aus wie auf der Jagd. Aber der Jäger hatte seine Beute. Darauf konnte man anstoßen, auch wenn keine Trophäe auf dem Haupt saß. Klein erzählte von seinem Unglück, ohne Umschweife und ohne Weltenschmerz. Auch darauf wollte man anstoßen. Nur der Jäger Schramm wurde nachdenklich. Da stimmte doch irgend etwas nicht! Zufällig hatte er den Hochsitz noch vor kurzer Zeit bestiegen. Da war er noch ganz in Ordnung gewesen. Dieser Fall mußte noch näher untersucht werden.
Noch stand der Direktor Müller aus. Geschossen hatte er. Alle hatten den Schuß gehört. Er würde das Wild versorgen. Das brauchte seine Zeit. Außerdem war er allein. Frau Schramm stellte die Gläser auf den Tisch. Erst wollte man die Sau tottrinken, dann den abschußreifen Hochsitz und, wenn die Vermutungen stimmten, auch noch Müllers Wild. Das war ein reichhaltiges Programm. Darum fing man am besten gleich an, um es auch zu bewältigen. Als die fröhliche Runde so richtig in Fahrt war, trat Müller ein. Man empfing ihn mit lautem Hallo. Der wackere Wolf fragte sogleich, warum er denn den Hut mit dem Schützenbruch draußen gelassen hätte. Sie wußten aber auch so Bescheid. Müller winkte ab.
»Na, na«, sagte Klein, der schon nicht mehr ganz nüchtern war.

»Nur keine falsche Bescheidenheit.« Aber Müller blieb dabei, daß er nicht geschossen hätte.
»Also vorbeigeschossen«, konstatierte Wolf mit dem strengen Blick eines unleidlichen Lehrers.
»Weder, noch«, resignierte Müller.
»Schade«, sagte der Förster und dachte dabei hauptsächlich an den dadurch verkürzten Abend.
»Ja, wirklich schade«, gab Müller zurück und wischte sich den Schweiß aus dem Nacken.
»Dann möchte ich nur wissen, wer geschossen hat«, grübelte der Revierjäger und dachte dabei an den Rotwildaufbruch und den zu Holze geschossenen Rehbock. Aber sein Chef zerstreute alle Bedenken.
»Wir sind nicht die einzigen Jäger in diesem Land. Unsere Grenzen sind lang. Nun lassen Sie doch den Nachbarn um Himmels willen auch ihr Jagdvergnügen.«
Zwar wunderte sich Schramm über die Unbekümmertheit, mit der Müller das alles sagte. Ihm war gar nicht so wohl dabei. Aber irgendwann würde er schon hinter dieses Geheimnis kommen.
Als die Sau des kleinen Wolf zur Genüge totgetrunken worden war, ging es der quarrenden Kanzel an den Kragen. Natürlich nur im alkoholischen Sinne. Klein mußte seine Geschichte immer noch mal zum besten geben. Das tat er von Mal zu Mal besser, und zuletzt war aus dem quietschenden Ding ein richtiger Mephisto geworden, der sich an Stelle der Kanzel selbst hingestellt hatte, um einen armen Jäger teuflisch zu peinigen. Alles quietschte vor Vergnügen, und Müller platzte fast vor Lachen.
Trotz der langen Sitzung, die noch daraus wurde, war Schramm am anderen Morgen schon früh auf den Beinen. Sein Weg führte ihn schnurstracks zu dem vermaledeiten Hochsitz an der Suhle. Denn daß seine Jagdeinrichtungen nicht in Ordnung sein sollten, ließ ihm keine Ruhe. Auf dem Weg dorthin wunderte er sich darüber, daß fast bis vor den Sitz eine Autospur führte. Von Linke oder Klein konnte sie unmöglich stammen, denn mindestens Linke wäre nie so nahe an die Wildeinstände herangefahren. Von unten betrachtet schien der Sitz in Ordnung. Doch als Schramm auf der Leiter nach oben stieg, merkte er, daß das Gestell durch und durch zitterte und ächzte. Es war nicht schwer, die Ursache zu ergründen. Irgend jemand hatte die Verstrebungen, welche die Gerüststangen fest miteinander verbunden hatten, gelockert und zwar so geschickt, daß äußerlich nichts festzu-

stellen war. Die nunmehr losen Hölzer rieben sich geräuschvoll bei der kleinsten Bewegung. So also wurde der gemütliche Gastjäger Klein um seinen Hirsch gebracht.
Die Reparatur war schnell getan. Schramm erledigte sie aus dem Rucksack heraus mit wenigen Nägeln und Hammerschlägen. Nachher nahm er sich nochmals die Autoreifenspur zur gründlichen Untersuchung vor. Es war ein grobstolliges Profil, wie es von Leuten benutzt wird, die sich mit ihrem Fahrzeug viel im Gelände bewegen. Für alle Fälle zeichnete er die Form der Reifenabdrücke in sein Notizbuch. Fest aber stand für ihn, daß Reifenabdrücke und demolierter Hochsitz in enger Verbindung miteinander standen.
Dann wurde das sonnige, trockene Wetter von einer Regenperiode abgelöst. Klein wohnte noch weiter im Jägerhaus. Er wollte doch unbedingt den ihm zugesagten Hirsch haben. Aber unaufhaltsam goß es vom Himmel herab. Da wurde die Kleidung kaum mehr trocken, und am Ende gab es noch eine schlimme Erkältung, die dem wetterungewohnten Mann heftig zusetzte. Aber einmal wollte er es noch versuchen. Am Abend zog er, halbtot und fiebrig, wieder hinaus. Schramm begleitete ihn. Das Ziel war der wiederhergestellte Hochsitz an der Suhle. Auf den Wegen stand das Wasser in breiten Pfützen, und aus den Baumkronen troff es dick und plätschernd herab. Im Walde war es laut, wie der Jäger sagt. Dieses Rascheln und Rauschen behagt dem Wilde ganz und gar nicht. Es ist unruhig, verläßt schon zu früher Stunde den Tageseinstand, zieht bummelnd und nach menschlicher Auffassung griesgrämig durch die Bestände und tritt, wenn es weiter nicht gestört wird, frühzeitig zur Äsung aus. Zwar war sich Schramm nicht sicher, ob der Ansitz an der Suhle bei solchem Wetter viel Aussicht auf Erfolg versprach. Sicher nahm das Rotwild Suhlen besonders gern während heißer, trockener Tage an. Er hatte es aber ebenso erlebt, daß selbst kühles Regenwetter den Drang des Wildes zum Suhlen nicht sonderlich schmälerte. Also mußte man es darauf ankommen lassen. So saß man und hoffte, daß doch noch irgendetwas geschehen würde. Indes, es passierte nichts. Auch dann noch nicht, als das Licht schon bedenklich zu schwinden begann. Klein hatte sich bereits damit abgefunden, daß er diesmal als Schneider nach Hause fahren würde. Auch war sein Zustand derart, daß er das Ende der Jagd fast herbeisehnte.
Plötzlich waren sonderbare Geräusche im Wald. Die kannte er doch! Mit einem Ruck war er ganz da, vergaß Fieber und Schüttelfrost

und schaute fragend zu Schramm. Der nickte zuversichtlich und nahm bedächtig das Glas vor die Augen. Und dann traten sie aus dem Holz. Eins, zwei, drei Wildkörper. Das Wild sicherte nur kurz und schritt majestätisch zur Suhle. Schramm hatte mit einem Blick die Lage übersehen. Nach der Beschreibung, die ihm Linke gegeben hatte, mußten es dieselben Hirsche sein, mit denen der Gast schon einmal konfrontiert worden war. Jetzt erkannte er auch den Hirsch, der als einziger für den Abschuß in Frage kam. Nur war es verteufelt schwer, diesem eine saubere Kugel anzutragen. Denn der Trupp befand sich in unaufhörlicher, fließender Bewegung, schob sich durcheinander und rupfte an den hohen Gräsern, die um den Suhlplatz herum wuchsen. Klein hatte sein Gewehr schußgerecht auf der Zielstange liegen. Er mußte das Geschoß los werden, ehe sich das Wild in die Suhle begab. Derweil rann der Regen unaufhaltsam vom Himmel. Vielleicht aber war das sogar des Jägers Glück. Denn wer weiß, ob sich sonst die Geweihten soviel Zeit gelassen hätten. Schramm flüsterte in Abständen seinem Gast den jeweiligen Standplatz des Auserwählten zu. Denn Klein war mit bloßem Auge und auch sonst bei diesem Dämmerlicht dazu gar nicht in der Lage. Nach langen, qualvollen Minuten hatte diese Gemeinschaftsarbeit endlich den ersehnten Erfolg. Scharf peitschte der Schuß. Die nächsten Sekunden brachten ein mörderisches Krachen und Poltern. Regungslos und völlig fertig saß der Schütze, immer noch in Schußstellung, hinter seinem Gewehr. Aber Schramm hatte genau beobachten können. Er sah das gute Zeichnen und wußte, daß das Wild richtig getroffen worden war. Klein sprach kein Wort. Er fragte nichts, schaute nur einmal stumm den Jäger an. Als dieser ihm verheißend zunickte, zog er das Feuerrohr endlich ein und stellte es neben sich an die Sitzbank.

An der kurzen Totsuche, die am anderen Morgen zu früher Stunde von Linke mit seiner Schweißbracke durchgeführt wurde, beteiligte sich der angeschlagene Klein nicht. Schramm hatte ihn erst gar nicht geweckt. Zum Morgenkaffee hatte er sein Geweih. Es war landläufig nichts Besonderes. Aber es war ein Hirschgeweih. Und das ist immer etwas Besonderes. Jedenfalls freute sich der große Mann wie ein kleiner Junge.

Dann allerdings geschah doch noch etwas Besonderes. Als Schramm den Direktor von dem endlich eingetretenen Erfolg telfonisch unterrichtete, gab es am anderen Ende der Leitung eine lange Pause. Danach mußte der Jäger mehrfach bestätigen, daß der Hirsch von der Kanzel an der Suhle aus erlegt worden war. Das wollte Müller durchaus nicht verstehen und stellte mehrfach fest, daß es von da aus doch gar nicht ginge, da dieser Hochsitz nicht intakt sei. Natürlich ahnte der sonst so clevere Direktor nicht, daß sein eifriger Jäger den Schaden längst behoben hatte. Das erfuhr er erst jetzt. Wieder eine Pause. Dann die Frage, warum er das denn in Dreiteufelsnamen getan habe. Nun war Schramm mit der Pause an der Reihe. Denn jetzt verstand er überhaupt nichts mehr. Dann legte die Gegenseite auf.

Der Revierjäger brauchte eine geraume Zeit, um zu ahnen, daß Müller mit dem beschädigten Hochsitz etwas zu tun haben mußte. Klugerweise gab er seine Vermutung nicht weiter, mindestens nicht an Klein, der seine Erkältung übrigens so gut wie überwunden hatte, woraus wieder einmal zu ersehen ist, daß so ein Hirsch, wenn man ihn bekommt, einen Jäger von Grund auf verändert.

Mit dem Förster Linke hatte Schramm dann noch eine sehr gewichtige Aussprache. Mit irgend jemand mußte der Mensch ja reden, wenn es um Dinge ging, mit denen ein einzelner nicht mehr fertigzuwerden vermochte. Linke brauchte nicht lange nachzudenken, um festzustellen, daß der aalglatte Direktor zu mancher Untat fähig war. Zwar sträubte sich Schramm, etwas Ähnliches auch zu behaupten, denn schließlich war Müller sein Chef und Brotherr. Aber in seinem tiefsten Innern vermochte er dem Förster nicht zu widersprechen. Wenn er es richtig überdachte, dann wußte er von Müller nicht recht viel. Gut, er kannte ihn von gelegentlichen Gesprächen. Hin und wieder gab es auch eine Stunde, die gemeinsam im Revier verbracht wurde. Aber sonst war Müller doch stets ein Einzelgänger gewesen, der sich auf seinen Jagdzügen nicht gern begleiten ließ, auch keine anderweitige Hilfe für sich in Anspruch nahm. Denn selbst schweres Wild versorgte er nach dem Schuß meistens allein und transportierte es nicht selten in seinem Wagen heimwärts. Er war schon ein durch und durch selbständiger Mann. Und manchmal schien es Schramm, als wenn er als Berufsjäger hauptsächlich nur deshalb vonnöten war, um die Gäste seines Jagdherrn zu führen.

Gegen Ende August meldete das benachbarte Staatsforstrevier eine verendete Bache, die an der Reviergrenze gefunden worden war. Es handelte sich einwandfrei um ein führendes Stück, das, soweit festzustellen war, mit einem Jagdgeschoß kleineren Kalibers beschossen worden war. Man wollte wissen, natürlich nur gut nachbarlich

und jagdkameradschaftlich, ob ein solches Stück versehentlich in den letzten Tagen in Müllers Revier beschossen worden sei. Denn soviel Verständnis ließ man durchblicken, daß Derartiges bei dem schwer und meist bei schlechtem Licht zu bejagenden Schwarzwild auch einem guten Jäger passieren könnte.
Für Schramm stand fest, daß hier ein erneuter Fall von Wilddieberei vorlag. Denn natürlich wußte er, daß in seinem Dienstbezirk kein Stück Wild auf legale Art krankgeschossen worden war. Jagdgäste wurden stets geführt. Hier unterlag jeder Schuß der Kontrolle. Und Müller selbst konnte als Jagdherr unmöglich verdächtigt werden. Die einzigen, die außerdem noch eine Waffe trugen, waren er selbst und seit neuerer Zeit der Revierförster Linke. Hier waren alle Verdachtsmomente von vornherein ausgeschaltet. Also wurde gewildert!
Der Gedanke an einen Autowilderer lag nahe. Ja, es konnte sich eigentlich nur um einen solchen handeln, einen Kerl also, der es gar nicht nötig hatte, erst lange im Revier herumzulaufen und noch länger auf verschwiegenem Wechsel auf Wild zu passen, sondern der vom Wagen aus, womöglich noch mit Hilfe eines Scheinwerfers, auf jedes Stück schoß, das sich blicken ließ.
Auch Linke schloß sich nach langem Überlegen der Vermutung Schramms an, wenn in ihm auch einige Zweifel an dieser Version zurückblieben. Besonders aber mißfiel ihm die Wurstigkeit, mit der Müller allem, was bisher in diesem Revier schon geschehen war, gegenüberstand. Bei ebenso kühler wie kühner Überlegung könnte Müller sogar selbst das Schreckgespenst sein. Aber als Linke darüber einmal mit Schramm sprach, wäre es darüber zwischen den beiden fast zu einem Streit gekommen. Da sagte Linke gar nichts mehr, sondern sorgte nur dafür, daß alle Holzabfuhrwege Schranken erhielten, um jedem unbefugten Fahrzeug den Zugang ins Revier zu nehmen.
Es schien, als würden diese Vorkehrungen den zugedachten Zweck erfüllen. Mindestens ereignete sich in der nächsten Zeit nichts mehr, was mit irgendeiner Art von unberechtigtem Jagen zu tun gehabt hätte. Und insgeheim leistete Linke dem Direktor Abbitte wegen des Verdachts, den er mehr oder weniger unüberlegt ausgesprochen hatte.
Die Rotwildbrunft erreichte ihren Höhepunkt. Der Revierinhaber erlegte kurz hintereinander zwei gute Hirsche. Besonders imponierte

es Linke, daß der Schütze beide Hirsche selbst aufgebrochen und danach tatkräftig mitgeholfen hatte, das Wild in dem geräumigen Kofferraum seines Wagens unterzubringen. Jagdherren dieser Art gab es nicht viele. Daher konnte man da, wo es sie gab, vor ihnen getrost den Hut ziehen. Und sinnbildlich tat das auch der Förster. In diesem Direktor Müller hatte er sich doch gewaltig geirrt. Wie konnte er diesen Mann nur so verdächtigen!

Als dann noch gegen Ende der Brunft der schmächtige Wolf einen geringen Achtender zu Holze schoß, so daß eine Nachsuche notwendig wurde, war Müller mit von der Partie. Linke mit seiner roten Dachsbracke sollte es machen. Die Folge dauerte über viele Stunden und war für die Teilnehmer eine harte Strapaze. Es ging bis an den Rand der Erschöpfung. Aber Müller ließ es sich nicht nehmen, bis zum Ende dabeizubleiben. Das nötigte Linke wiederum Hochachtung vor dem Jagdherren ab, der ja doch nicht mehr zu den Jüngsten zählte. Am Abend gab es dann noch eine kleine, gemütliche Feier im Jägerhaus. Müller zeigte sich von der besten Seite, erzählte Schnurren und Anekdoten von Jägern und der Jagd, daß alles herzhaft lachte und sich die Balken bogen. Ein prächtiger Mann, dieser Direktor! Und wie leicht wären ihm Ruf und Ehre abgeschnitten worden, daß eine Reparatur kaum noch hätte geschehen können.

Im Revier blieb es ruhig. Linke beteiligte sich, zusammen mit Schramm, am Ricken- und Kahlwildabschuß und war im Grunde recht zufrieden mit der allgemeinen Entwicklung. Hin und wieder gab es Arbeit für seinen Hund und das Verhältnis zu Schramm war ein fast herzliches geworden. So hatten sich die Dinge mindestens für ihn ganz erfreulich entwickelt. Bis eines Tages eine neue Begebenheit die guten Zustände verdrängte. Als der Förster am Morgen an einem kleinen, versteckten Wildacker entlangschritt, verwies der Rüde an einigen vergilbten Halmen winzige Schweißspritzer. Dieser Schweiß an sich gab noch keinen Grund zur Aufregung. Denn wahrscheinlich, so folgerte der Förster, war hier von Müller, Schramm oder einem geladenen Gast ein Stück beschossen worden, das ein wenig weiter erst verendete. Da Linke wenig Zeit hatte, gab er sich erst keine Mühe, der vermutlichen Fluchtfährte mit dem Hunde zu folgen. Aber mittags, auf dem Heimweg, schaute er doch am Jägerhaus vorbei und erzählte Schramm von seiner Feststellung. Doch Schramm fand keine Erklärung für die gefundenen Pirschzeichen. Seit Tagen war überhaupt kein Stück Wild erlegt worden, und schon gar nicht am

»hinteren Wildacker«, wie dieser Äsungsplatz von der Jägerei genannt wurde. Und schon war das Mißtrauen wieder vorhanden. Natürlich konnten ein paar Tropfen Schweiß immer mal und aus verschiedenen Gründen im Walde gefunden werden. Denn oft genug verletzt sich Wild ohne Einwirkung eines Jägers. Aber untersucht werden mußte der Fall.

Nach einer schnellen Mahlzeit waren Linke und Schramm wieder draußen. Der Rüde fand ohne Schwierigkeit die Schweißtröpfchen wieder. Dann wurde er abgelegt, und die Menschenaugen fahndeten weiter. Mit dem Erfolg, daß einiges Schnitthaar gefunden wurde, das einwandfrei von Rotwild stammte. Also war hier geschossen worden!

Schramm war ratlos. Hier mußte der Teufel persönlich seine Hand im Spiel haben. Unterdessen dockte Linke Zug um Zug den Schweißriemen ab, und schon schlängelte sich der Hund auf der Rotfährte vorwärts, verwies auf kurzer Strecke mehrmals etwas Schweiß und – hatte gefunden. Nur kein Wild. Aber den Platz, auf dem ein Stück Rotwild gelegen haben und von dem es, so wie es war, also unaufgebrochen, abtransportiert sein mußte. Denn mehr als eine kurze, schweißige Schleifspur war nicht mehr zu finden. Aber dann waren auch die Eindrücke von Autoreifen da! Sie ließen sich weiter verfolgen bis dahin, wo kein Grasüberzug den Boden mehr bedeckte. Schramm zog sein Notizbuch aus der Tasche und verglich die Reifeneindrücke mit denen, die er einmal auf dem Papier festgehalten hatte. Und siehe, sie glichen sich aufs Haar genau. Damit allerdings war er mit seinem Latein am Ende. Linke allerdings meinte, daß das, was man jetzt schon wisse, sehr viel sei, und daß man es nun nicht mehr schwer hätte, weiterzufinden.

Lange konnten die beiden Jäger den Reifenspuren auf den gesprächigen Waldwegen folgen. Dann führten sie auf die Landstraße und verloren sich hier auf dem blanken Asphalt.

Diesmal wollte man sein Geheimnis nicht für sich behalten, sondern Schramm erstattete beim dörflichen Polizeiposten Anzeige gegen Unbekannt. Als am Abend Müller, ehe er zur Jagd fuhr, bei Schramm einkehrte, wurde er von allem unterrichtet. Er lobte den Förster, noch mehr aber dessen Hund, hielt aber das Einschalten der Polizei für äußerst überflüssig, denn »die Brüder finden doch nichts«. Nun, das war seine Meinung. Schramm wußte, daß er allein mit Linke nicht mehr weiterkommen konnte und vertrat seine Auffassung hartnäckig gegen die seines Chefs, der sogar verlangte, grundsätzlich die Polizei aus dem Spiele zu lassen. Und er verstieg sich sogar zu der Äußerung, daß Schramm und Linke als zwei ausgewachsene Jäger mit diesen Kindereien doch allein fertig werden müßten.

Das war starker Tabak für den Jäger. Aber was sollte er tun? Umgehen konnte er die Anweisungen seines Chefs auf keinen Fall. Anders dagegen Linke. Als er von Schramm die letzte Neuigkeit hörte, sagte er spontan, daß hier etwas mit dem Jagdpächter nicht stimme. In jedem Falle müßte die Anzeige aufrecht erhalten werden. Bei alledem hatte er ein unbehagliches Gefühl. Sein Mißtrauen gegen Müller erhielt neue Nahrung. Er hatte das Empfinden, daß der Jagdpächter den Wilderer kannte und ihn aus irgendeinem Grunde nicht preisgeben wollte oder vielleicht auch nicht preisgeben konnte. So baute er sich in langen Stunden des Grübelns und Nachsinnens seine Recherchen zusammen und wartete nur noch auf die passende Gelegenheit, um Beweise in die Hand zu bekommen.

Die Gelegenheit kam, aber sie war leider so unpassend wie nur irgend möglich. Eines Tages wurde der Wilddieb gestellt. Das kam wie der bekannte Blitz aus heiterem Himmel, ohne Vorgeplänkel und kriminalistische Taktik. Also, der Wilderer wurde gestellt. Nicht von Linke und auch nicht von Schramm, sondern — auf dieser Welt geschehen mitunter die unglaublichsten Dinge — vom Direktor Müller höchstpersönlich. Es war ein bloßer Zufall. Aber Zufälle gehören wohl zu den wichtigsten Hilfsmitteln bei der Aufklärung von Vergehen oder Verbrechen.

Müller hatte sich angesetzt, um ein Rotkalb oder ein Schmaltier zu schießen, das er zur Ausstattung einer Familienfeier benötigte. Er saß auf einem mit Gründung bestellten Ackerstreifen auf seinem Jagdstuhl, gedeckt von den Randzweigen einer Nadelholzschonung. Da fiel hinter ihm im Waldbestand ein Schuß. Nach dem schwachen Knall zu urteilen war es ein kleines Kaliber. Müller stand auf, pirschte um die Waldkante herum. Vor ihm dehnten sich schier endlos die Holzbestände. Mit dem Doppelglas versuchte er, etwas Verdächtiges zu erspähen. Aber das war etwa so, als wollte er eine Nadel in einem Spreuhaufen entdecken. Jetzt fiel ein zweiter Schuß. Nun konnte er wenigstens die Richtung genauer bestimmen. Es wurde schon bedenklich dunkel, als ihm auf einem Quergestell ein Mensch entgegenkam. Auffallend an dieser Person war, daß sie einen langen, schlotternden Mantel trug. Müller war kein furchtsamer Mann. Den-

noch zog er es vor, in Deckung zu gehen und den Menschen herankommen zu lassen. Alles andere war dann eine Kleinigkeit. Der Mensch war ein junger Bursche aus dem Nachbardorf. Als der Jäger ihn anrief, fuhr er wie von Peitschen getroffen zusammen. Daß unter dem wallenden Mantel nicht nur ein menschlicher Körper verborgen war, sah Müller auf den ersten Blick. Zwar widerstrebend, aber nicht widerspenstig öffnete der verängstigte Junge seine Umhüllung. Und zum Vorschein kam ein nagelneues Kleinkalibergewehr, eine von den billigen Waffen, die sich schon ein Schuljunge zusammensparen kann. Der junge Mensch brach während des harten Verhörs in Tränen aus und beteuerte immer wieder, daß er nur auf einen morschen Baumstubben geschossen habe, um sein neues Gewehr auszuprobieren. Aber was half's! Sein Gewehr wurde er los, und sein Ausweis mit Namen und Anschrift vollendeten das Unglück endgültig. Dann ließ der Direktor den Jungen laufen. Vielleicht deshalb, weil er dem blassen Burschen eine wirkliche Untat gar nicht zutraute, vielleicht auch darum, weil der Erfolg und die eingezogene Waffe ihm vorläufig genug erschienen.
Jedenfalls staunte Schramm nicht schlecht, als Müller wie ein Sieger ins Haus trat und die Wilddiebswaffe lässig auf den Tisch legte. Schramm staunte nicht nur, er war auch sichtlich erleichtert. Denn auch ihn plagten in der letzten Zeit drückende Zweifel an der Redlichkeit seines Jagdherrn. Und zum Glück war dieser jetzt einsichtig genug, die Polizei zu verständigen, um eine Anzeige zu erstatten. So wurden an diesem Abend alle Zweifel und jede Ungewißheit hinweggeräumt und auch Linke würde froh sein, daß sich seine Ahnungen nicht erfüllten.
Aber schon am anderen Tag mußte Schramm feststellen, daß Linke ein hartgesottener Dickkopf war, der aus einer Art krankhaftem Ehrgeiz oder auch aus dem Unvermögen heraus, einen begangenen Irrtum einzugestehen, beharrlich bei seiner Einstellung blieb. Das empfand der Revierjäger als unschön und auch unfair. Denn erst durch Müllers Angebot konnte der Förster doch teilhaben an dem Jagdgeschehen, das er so lange schmerzlich entbehren mußte. Bei der eigenwilligen Einstellung Linkes würde es sicherlich damit ein schnelles Ende nehmen. Schramm bedauerte das aufrichtig.
Förster Linke sah sich das sichergestellte Gewehr an. Es war blitzblank und zeigte weder eine Schramme noch einen Schmutzfleck. Nach seiner Ansicht handelte es sich unmöglich um die Gebrauchs-

waffe eines notorischen Wilderers, auch nicht im Hinblick auf das schwache Kaliber. Und die Person des Ertappten paßte auch so gar nicht in den Rahmen einer Wilddiebsgeschichte. Der Junge stammte aus gutem Hause, war der Sohn des Lehrers aus dem Nachbardorf und zudem noch Schüler. Alles zusammengenommen, ließ es dem Förster keine Ruhe, und er fuhr schnurstracks die paar Kilometer zu den Eltern des Verdächtigten. Hier war inzwischen die Angst eingekehrt, denn natürlich wußten sie, was ihrem Jungen zugestoßen war. Und jetzt, da der Förster erschien, wuchs die Angst ins Uferlose. Denn ein Förster wirkt unter gewissen Umständen – und ein solcher Umstand war eingetreten – schlimmer als eine Kompanie von Dorfpolizisten. Aber Linke ließ die armen Leute nicht lange im Zweifel, daß er ihrem Jungen, wenn möglich, nur helfen wollte. Und als er dann festgestellt hatte, daß das Gewehrchen in der Tat frisch aus der Versandpackung gekommen war, sagte er fest zu, daß er mit Sicherheit würde helfen können. Mindestens der Vater, so schien es, hatte vorher keine Ahnung von dem heimlichen Waffenkauf seines Jungen. Die Mutter schien mehr zu wissen. Aber das spielte jetzt keine Rolle mehr. Der Junge war nicht anders als andere Jungen in einem gewissen Alter auch. Und Förster wollte er noch dazu werden. Da mußte man schon beide Augen zudrücken, um über diesen Dummenjungenstreich nicht zu schmunzeln.

Am Abend war Linke wieder bei Schramm. Aber der Revierjäger machte ein eisiges Gesicht und man sah es ihm an, daß er keine Lust hatte, sich nochmals des Försters Vermutungen anzuhören. Denn nach dem allerletzten Vorfall stand der Jäger auch innerlich ganz auf der Seite seines Brotherrn, und außerdem konnte er es sich auch aus beruflichen Gründen nicht erlauben, mit jemandem zusammenzustehen, der aus persönlichen und fadenscheinigen Gründen in übler Weise gegen den Chef opponierte. Das sagte er auch rundheraus. Aber Linke zeigte keine Wirkung. Im Gegenteil, er lächelte. Aber nicht etwa ironisch oder überheblich, sondern eher väterlich und freundschaftlich. Dann erzählte er dem Jäger von seinen Erkundigungen. Das klang ganz plausibel, und innerhalb einer Zigarettenlänge hatte er bewiesen, daß der Junge mit seinem eben erworbenen Gewehr nicht die Untaten begangen haben konnte, die Wochen, ja Monate zurücklagen. Und ein Jagdgewehr war es auch nicht, höchstens eins, mit dem man Sperlinge und Ratten schießen konnte.

»Seien wir doch ehrlich«, sagte Linke unter Augenzwinkern, »haben wir nicht alle als Halbwüchsige Ähnliches getan? Haben wir nicht auch verbotenerweise ein Gewehr oder etwas, was mindestens einem solchen ähnlich sah, besessen? Und wir haben es nicht nur besessen, wir haben auch damit geschossen. Und dennoch sind wir unbescholten und ungestraft geblieben bis auf den heutigen Tag. Weil wir das Glück hatten, stets von solchen Leuten bei unserer Knallerei erwischt worden zu sein, die an der entsprechenden Stelle noch ein Herz und keinen Kieselstein hatten und die wahrscheinlich einstmals nicht anders waren als wir. Diesen Jungen können wir nicht einfach deshalb zum Wilddieb machen, weil wir im Augenblick ganz dringend einen Wilddieb brauchen. Wir können es nicht, weil es nicht nur dumm, sondern auch über alle Maßen unanständig wäre. Vielleicht befriedigen wir für kurze Zeit unseren Ehrgeiz. Das aber wäre das Allerdümmste. Denn der, auf den es in Wirklichkeit ankommt, hat einen Freifahrtschein für weitere Teufeleien und lacht sich derweilen über unsere Dämlichkeit eines ins Fäustchen.«

»Ich kann nichts Dämliches darin sehen, wenn ein Mensch, der gegen jedes Gesetz mit seiner Waffe im Walde herumknallt, endlich dingfest gemacht wird«, sagte Schramm. Das klang sogar überzeugend. »Wo kämen wir denn hin, wenn wir solche Auswüchse einfach als Dummejungenstreiche abtun würden. Endlich haben wir den ersten Erfolg. Und was tun Sie? Sie stellen es so hin, als hätte sich nicht dieser Bursche, sondern der Direktor selbst etwas zuschulden kommen lassen!«

Auch diesmal blieb die Wirkung bei Linke aus. Er lächelte noch immer. »Nun hören Sie mal, mein lieber Herr Schramm! Ihrem Herrn Direktor will ich im Prinzip überhaupt nichts. Falls er sich nicht selbst, natürlich unbewußt, etwas will. Hier geht es nicht um einen Herrn Müller oder Herrn Schulze, sondern um eine viel schwerwiegendere Sache. Sie selbst mögen dabei tun, was Sie für richtig oder nötig halten. Wenn Sie eine Wand einrennen wollen, dann tun Sie das mit Ihrem eigenen Kopf. Das ist dann auch Ihr persönliches Pech. Und damit wollen wir es doch wohl genug sein lassen für heute. Ich wünsche Ihnen guten Erfolg und Waidmannsheil!«

Dann verließ der Förster das Haus. Für ihn war dieser Abschnitt abgeschlossen. Leider aber nicht für den Revierjäger. Denn als Linke fortgegangen war, kriegte er es mit seiner reizenden Frau zu tun. Sie hatte durch die offene Tür das Gespräch der Männer mit angehört. Zwar wird oft von den Frauen behauptet, daß sie nicht logisch denken könnten. Das sagen aber immer – wie sollte es auch anders sein? – die Männer und stellen damit zugleich auch ihre eigene Logik in Abrede. Frau Schramm jedenfalls dachte logisch. Denn soviel hatte sie aus dem Gespräch herausgehört, daß der junge Mann niemals der gesuchte Wilddieb sein konnte. Wahrscheinlich taten mütterliche Gefühle noch das Ihre dabei, um ihren Mann nachdrücklich zu beschwören, keine unchristliche Tat zu begehen.

Aber leider führte das Gespräch der Eheleute zu keinem Ende, weil der Direktor Müller seinen Besuch machte. Er kam von der Jagd, hatte aber weder etwas gesehen noch erlebt, wie er sagte. Trotzdem sah er irgendwie müde aus. Aber das kann man auf der Jagd auch leicht werden, wenn man nichts erlebt hat. Als Müller sich niedergesetzt hatte, erhob sich Schramms Vorstehhund, schlich um den Sitzenden herum, beschnüffelte interessiert dessen Schuhzeug und benahm sich auch sonst sehr aufdringlich. Schramm hatte Mühe, das Tier wieder auf sein Lager zurückzubeordern. Das Verhalten des Hundes war doch sonderbar. Schramm kannte seinen Hund nur zu gut. So wie er sich jetzt benahm, verhielt er sich stets, wenn der Revierjäger draußen ein Stück Wild versorgt hatte und mit den entsprechenden Gerüchen behaftet nach Hause kam. Dann bargen die Stiefel und wohl auch die andere Bekleidung noch alle für eine Hundenase interessanten Duftstoffe, und es war immer wieder amüsant, die innige Anteilnahme des Hundes an dem Geschehenen zu beobachten.

Diesmal mußte sich der Hund irren. Müllers Stiefel konnten nach allem anderen, nur nicht nach frischem Wildschweiß duften. Aber der Hund war offenbar anderer Meinung, denn schon wieder hatte er sich zum Jagdpächter hingeschlichen und wiederholte seine Riechübungen an den Beinen des Mannes. Als Schramm seine Frau ansah, bemerkte er, daß diese den Hund mit Aufmerksamkeit betrachtete. Natürlich wußte er auch, warum sie so schaute. Er wurde unsicher. Schließlich wurde ihm die Aufdringlichkeit des Hundes Herrn Müller gegenüber auch peinlich. Darum jagte er in aufkommendem Ärger den vierbeinigen Schnüffler kurzerhand aus der Stube. Zwar sagte Müller so etwas wie »lassen Sie doch« und »der Bursche mag mich halt«, aber sehr überzeugend und echt klangen seine Worte nicht. Kurz danach sprach Müller von großer Müdigkeit und verabschiedete sich schnell. Als er draußen war, schüttelte Schramm seinen Kopf, und Frau Schramm fragte sich, was der Direktor eben nur wollte.

In der Nacht fand der Revierjäger nur unruhigen Schlaf. Dabei träumte er wirres Zeug wild durcheinander. Er war hinter dem Wilderer her. Es war ein großes, dunkles, unheimliches Wesen, das ihm aber ständig davonlief. Schramm rannte hinterher, daß er nach Luft ringen mußte. Aber der andere war schneller. Da riß der Jäger das Gewehr von der Schulter, kniete nieder und schoß hinter dem Flüchtigen her. Die Wirkung blieb aus. Nun drehte sich der Unhold um und zeigte sein Gesicht. Es war das von Linke, aber fratzenhaft entstellt und mit flackernden Augen. Da überfiel den Jäger eine schreckliche Furcht, er warf sein Gewehr fort und lief davon. Aber gleich war der Unhold hinter ihm her. Schramm hörte rasselndes Keuchen hinter sich. Er stürzte. Da war der Verfolger über ihm und schnürte ihm mit hartem Griff die Gurgel zu. Er wollte schreien, doch die Worte kamen nicht. Aber das Gesicht, in das er jetzt schaute, war nicht mehr das von Linke. Es war das Gesicht Müllers, seltsam aufgedunsen und wie von Flammen gerötet. Die Ohren waren lang und spitz und mit Haarbüscheln besetzt. Es war grauenhaft anzusehen. Da schrie er auf. Wirklich und laut. Und von diesem Schreien erwachte er. Sein Hemd war schweißnaß. Erst allmählich wurde ihm bewußt, daß er einen bösen Traum gehabt hatte. Und er freute sich, daß es nur ein Traum gewesen war. Aber seine Gedanken blieben schwer. Er fiel in einen Halbschlaf, der ihn aber noch weiter mit wirren Fetzen des Traumes quälte. So war er froh, als der Morgen kam.

Beim Morgenkaffee sah ihn seine Frau nachdenklich an und stellte fest, daß er ausschaue wie Braunbier und Spucke. Aber Schramm winkte ab und meinte mit gespielter Gelassenheit, daß er nur schlecht geschlafen habe. Seine Frau wußte es viel besser. Sie hatte gehört, wie ihr Mann im Schlaf laut geschrien hatte, und sie machte sich ihren Reim darauf. Eine Frau kann halt doch recht gut logisch denken.

Als dann Schramm vor die Haustür trat, um seinem Hund ein wenig Bewegung zu verschaffen, fiel sein Blick auf den Boden. Da lag eine Tabakpfeife. Es war die Meerschaumpfeife von Müller. Sie war kostbar und edel. Müller besaß sie, ohne eigentlich ein Pfeifenraucher zu sein. Nur manchmal steckte er sie in Brand. Dann zum Beispiel, wenn er sich besonders jägerisch geben wollte. Sicher hatte er das gute Stück gestern beim Besteigen des Wagens verloren. Schramm bückte sich, um den wertvollen Fund aufzuheben. Die Pfeife lag neben den Autospuren. Das war kein Zufall mehr, das war Schicksal. Denn schon bohrten sich des Jägers Blicke in die Bodeneindrücke. Die Augen wurden weit, die Pfeife war vergessen. Er sah nur noch die Abdrücke der

Gummireifen und die beschäftigten ihn so sehr, daß es ihm kalt über den Rücken rieselte.

Langsam erhob er sich und schritt gebeugt ins Haus zurück. Wenig später war er wieder mit seinem Merkbuch zurück. Da drinnen war eine Skizze über irgendwelche Autoreifen, die er vor Wochen einmal angelegt hatte. Nun zahlte es sich aus. Es würgte ihn in der Kehle. Was hätte er dafür gegeben, wenn alles nicht mehr stimmen würde. Aber es stimmte, haargenau! Die Reifenabdrücke in dem Erdmus vor dem Haus und die in seinem Büchlein stimmten überein! Das war eine schlimme Erkenntnis. Nur sonderbar, daß er sie nicht schon vorher hatte. Nun überkam es den braven Jäger wie eine schwere Bürde. Und so, als könnte er alles wieder gutmachen, trat er die zum Himmel schreienden Reifenspuren in dem weichen Erdreich aus. Das unselige Blatt Papier aus seinem Notizbuch entfernte er mit schnellem Ruck und hielt ein Streichholz daran. Jetzt wollte er die Wahrheit nicht mehr haben. Weil ihm diese Wahrheit als eine einzige Unanständigkeit erschien. Wie mit großer Schuld beladen schlich er sich ins Haus. Seiner Frau mochte er jetzt nicht begegnen. Die hatte für alles einen so klaren Blick. Den hätte er jetzt nicht ertragen können. Darum nahm er sein Gewehr über die Schulter und den Hund an den Riemen und verließ das Haus, wie einer, der ein sehr schlechtes Gewissen hat.

Aber seine Ruhe fand er auch draußen nicht. Ziellos rannte er durch den Wald. Auf dem breiten Weg, der das ganze Revier durchquerte, stieß er auf Müllers Autospur – jetzt wußte er es endlich, daß es die vom Direktor war. Es mußte die Spur von gestern abend sein. Er schritt über die Abdrücke hinweg, als könnte er sie dadurch auslöschen für alle Zeit. Nur ließ es ihm keine Ruhe, daß er nicht schon früher dahinter gekommen war! Und jetzt, wo er schon einiges wußte, noch mehr aber vermutete, ging es ihm darum, Müller, seinen Chef, in jedem Falle zu schützen. Natürlich hatte der Jagdherr selbst damals den Hochstand unbrauchbar gemacht. Das konnte ihm auch niemand verbieten. Klein sollte halt nichts schießen. Nur den Eindruck haben sollte er, daß er etwas erlegen könnte. Das waren sicher geschäftliche Zusammenhänge, die ihn, Schramm, nichts angingen. Aber gestern abend, das eigenartige Verhalten seines Hundes! Hatte Müller wirklich etwas erlegt und es verschwiegen, um es nicht in die Abschußliste nehmen zu müssen? Um freie Fahrt zu haben für weitere Abschüsse? Schramm war zwar noch kein alter Mann. Er hatte aber bisher schon unter genügend Herren gedient. Guten und weniger guten. Solchen,

die sich schon genug freuen konnten an lebendem Wild und solchen, denen die Freude erst ankam, wenn das Wild gestreckt vor ihren Füßen lag. Er kannte sie, die Jäger, die so zwiespältig waren wie andere Menschengruppen auch. Die aus allen Richtungen zusammenströmten und die sich alle Jäger nannten. Das waren sie auch. Nur unterschiedlich veranlagt, unterschiedlich begabt, unterschiedlich in ihren Absichten und von unterschiedlichen gesellschaftlichen Verpflichtungen begleitet. Und keinem konnte man es an der Nasenspitze ansehen, was er wirklich dachte und wie es in seinem Herzen zuging.
Schramm schritt auf dem Fahrweg weiter. Immer über die Autospuren hinweg. Und er folgte ihnen auch dann noch, als sie in eine verwachsene Schneise hineinführten, in die normalerweise ein Auto erst gar nicht hineinfuhr, weil es mit Sicherheit irgendwo nicht mehr weiterkommen würde. Dieses Auto aber war weitergekommen und hatte selbst auf dem begrasten Boden seine Abdrücke hinterlassen.
Dann kam alles, wie es Schramm fast erwartet hatte: Kein Weiterführen auf dem Weg, dafür ein Abbiegen mitten in das Holz hinein. Das andere zeigte der Hund: Eine schweißige Schleifspur, in dieser einzelnes, verstreutes Rotwildhaar. Sonst nichts, aber für den Jäger niederschmetternd genug. Er setzte sich erschöpft auf einen Baumstubben. Fast vermochte er nicht mehr klar zu denken. Mit Müller wollte er reden. Unter vier Augen. Er würde ihm alles sagen und ihn auf die Gefährlichkeit seines Tuns hinweisen. Das mußte er tun, und wenn es ihn seine Stellung kosten sollte.
Plötzlich stand Linke neben ihm. Als wäre er aus dem Boden gewachsen, so stand er jetzt da. Schramm überfiel eine schreckliche kindische Angst, und er wünschte sich nur, daß der Förster nichts bemerkt haben möchte. Auch dieser Wunsch aber schien nicht in Erfüllung gehen zu wollen. Denn die Schweißbracke des Grünrocks hatte die Nase bedenklich tief in der Schleifspur stecken. Das konnte niemand übersehen, am wenigsten der Förster selbst. Der tat vorerst noch so, als hätte er in der Tat nichts bemerkt, sagte freundlich »Waidmannsheil« und ließ seinen Hund ablegen. Da hatte Schramm nicht mehr die Kraft, etwas vorzuheucheln. Denn Heuchler und Lügner müssen wirklich stark sein, wenn sie Erfolg haben wollen. Stark müssen sie sein und gute Nerven müssen sie haben. Schramm hatte beides nicht, nicht mehr. Darum ergab es sich so, als wäre es nur folgerichtig, daß dem Jäger ganz von selbst die Worte kamen. Nichts ließ er offen und war am Ende froh, daß er das Schreckliche losgeworden war und nichts

zurückbehalten hatte. Fragend schaute er den Jagdkollegen an. Aber der machte ein ganz kindliches Gesicht und schaute dabei so munter drein, als wäre der Vorfall eine Bagatelle, vergleichbar mit einer zerrissenen Hose oder einem verlorenen Stiefelabsatz.
Er bot Schramm eine Zigarre an, steckte sich selbst eine zwischen die Lippen, suchte und fand eine Sitzgelegenheit und hockte sich nieder. Dann begann er zu sprechen. Erst ganz belangloses Zeug. Nach und nach wurde er deutlicher, erwähnte auch die Reifenspuren, die er damals an dem demolierten Hochsitz fand, als er sich vor dem Jagdgast schämte und damals schon wußte, daß der Direktor seine Hand im Spiel hatte. Und wenige Tage danach, da wußte er es noch besser. Dann zog er eine Patronenhülse aus der Tasche. Die hatte er unweit der Stelle aufgelesen, an der Schramm den Rotwildaufbruch entdeckt hatte. Zufällig paßte die Hülse zu dem kleinen Kaliber von Müllers Büchse. Daß ihm Müller das Gehörn des laufkranken Bockes wieder abgenommen hatte, war jetzt auch verständlich, denn wer so handelt, dem muß an der Trophäe besonders viel liegen. Und Müller lag besonders viel daran, weil er selbst es war, der diesen Bock beschossen hatte. Daß er ihn nicht nachsuchte und damit dem Verludern ausgesetzt hatte, war nur noch von nebensächlicher Bedeutung. Wichtig für ihn war allein das Verhältnis zur guten Krone. Dieses Verhältnis entstand mit dem Schuß, wenn es auch ein schlechter war. Auch die Bache, die man in der Nachbarjagd fand, hatte Müllers Geschoß und verendete schließlich an diesem. Nur mußte Müller den Mund halten, weil Bachen durch freiwillige Abmachung geschützt waren. Also ließ er lieber die Bache verludern, als daß er seine vermeintliche Jägerehre preisgegeben hätte.
Übrigens war die Bache nicht das einzige Stück, das in der Angrenzjagd aufgefunden wurde und so dem Schützen verloren ging. Gestern abend wäre Ähnliches fast wieder geschehen. Nur mit dem Unterschied, daß der Schütze wachsamer war und das Stück ihm den Gefallen erwies, sich bald, nachdem es den Grenzgraben überfallen hatte, niederzutun und zu verenden. Dennoch war ein Haufen Pech dabei, daß nämlich zwei Jäger auf der anderen Seite anwesend waren, zwar in halber Nacht nichts Rechtes erkennen konnten, aber doch mehr als nur eine Ahnung besaßen. Dann deutete der Förster auf die Schleppspur, die sich zwischen ihm und Schramm hinzog. »Diese Schleppe hat ihren Anfang auf fremdem Jagdgebiet«, sagte er mit unverhohlenem Zorn. »Sie und ich haben damit das unverdiente Glück, daß

wir nun nicht mehr unserem sogenannten Jagdherrn ins Kreuz zu treten brauchen. Das besorgen jetzt andere Leute, denen so etwas leichter fällt. Und das ist letztlich doch etwas Positives! Denn damit haben wir, Müller eingeschlossen, endlich unseren Wilddieb.«
»Es ist zum Steinekotzen«, sagte Schramm. Dabei brauchte er auf die von Linke geäußerte Aufklärung gar nicht mehr einzugehen. Denn mindestens seit heute morgen, vielleicht sogar schon seit gestern abend, als sein Hund mit Sicherheit frische Wildwittrung an Müller feststellte, hatte er eine bedenkliche Ahnung von Müllers Doppelspiel.
Trotz allem war Linke bereit, dem Jagdpächter eine Brücke zu bauen. Zwar wußte er noch nicht genau, wie das geschehen konnte. Aber wenn Müller vernünftig war und sich nicht noch weiter mit dummen Redensarten verstrickte, würde es doch eine Möglichkeit geben, das Schlimmste zu verhüten. Die Jagd würde er loswerden. Aber das wäre nicht das Schlimmste.
Linke hatte auch sonst das Herz auf dem rechten Fleck. Darum plagte ihn der Gedanke am meisten, daß man dem Schüler mit dem Kk-Gewehr den schwarzen Peter zuschieben wollte. Wie er wußte, war eine Anzeige gegen den geplagten Jungen noch nicht erfolgt. Sie würde auch sicher nicht erfolgen, jetzt nicht mehr. Denn es war nicht anzunehmen, daß Müller in seiner jetzigen Lage auf einer Anzeige bestehen würde. Mochte das Gewehr noch ruhig für ein paar Tage oder auch einige Wochen bei Schramm in Verwahrung bleiben. Die Angst sollte dem Jungen und besonders auch seinen Eltern sofort genommen werden.
Und plötzlich hatte es der Förster sehr eilig, und auch Schramm hatte seinen Tiefstand überwunden und feilschte mit der Zeit.
Während Linke im Schulhaus frohe Gesichter zauberte, versuchte Schramm über das Telefon seinen Chef zu erreichen. Aber er konnte Müller nicht mehr bekommen, da dieser schon am frühen Morgen zu einer Geschäftsfahrt aufgebrochen war. Das Mädchen, mit dem er sprach, glaubte, daß der Chef in wenigen Stunden zurück sein müßte, da weitere Termine auf ihn warteten. In einigen Stunden! In dieser Zeit konnte die Welt untergehen, vielleicht nicht gerade die große, runde, aber sehr leicht die kleine, eckige des Direktors. Der biedere Jäger hatte es versucht, nun wußte er, daß der Versuch fehlgeschlagen war, und daß das Schicksal für ihn und für Müller bereits die Spielkarten mischte. Wenn er seinen Chef nicht jetzt erreichen konnte, um ihm alles, was sich seit gestern abend mit ihm und um ihn zugetragen

hatte, zu berichten, und wenn nicht sofort dafür gesorgt wurde, daß das gestohlene Wild den Eigentümern zurückgegeben wurde, dann war Müllers Ende als Jäger und als Jagdpächter gekommen.

So verrannen die Stunden, und Schramm wagte nicht, das Haus zu verlassen. Immer wieder hatte er das Telefon traktiert, um an Müller zu gelangen, aber ebensooft war es vergeblich gewesen. Doch als Schramm fast schon resigniert hatte, klingelte das Telefon. Es meldete sich Müller. Seine Stimme klang wie immer ruhig und bestimmt. Schramm versuchte, ihm einen Hinweis zu geben, ihn über alles, was in den letzten Stunden geschehen war, zu unterrichten. Aber entweder stellte sich Schramm zu zaghaft an oder ihm kamen die Worte nicht so, wie sie gerade in diesem Fall und jetzt hätten kommen müssen. Auch ließ Müller dem Jäger nicht viele Möglichkeiten zum Sprechen. Meist sprach er selbst. Am Ende hatte er es sogar sehr eilig, meldete für den Abend noch einen Jagdgast an, den er mitbringen wollte. Schramm machte noch einen verzweifelten Vorstoß. Aber sein Chef war diesmal zuviel Chef, um ihn anzuhören. Gerade diesmal! »Sie können mir alles später erzählen!« Das Gespräch war zu Ende.

Jetzt kriegte es Schramm mit der Wut, einer redlichen Wut. Denn seine ehrlichen Absichten zu helfen wurden von dem, den es am meisten anging, in dummem Herrentum zunichte gemacht. In der Stubenecke stand noch immer das sichergestellte Kleinkalibergewehr. In einer plötzlichen Regung ergriff der Jäger die Waffe. Dann zog er das Schloß heraus und blinzelte durch den Lauf. Der sah schrecklich aus. Denn niemand hatte bisher daran gedacht, daß ein Gewehr nach Gebrauch gereinigt werden mußte. Jetzt dachte der Jäger selbst daran, und das bei einer eingezogenen Wilddiebswaffe! Er nahm Putzstock und Werg und wischte den Lauf blank. Danach empfand er so etwas wie Freude. Sicher hatte sich der Junge Mark um Mark zurückgelegt, um diesen Waffenwunsch zu erfüllen. Es wäre ein Jammer, wenn diese Freude einen Riß erhielte. So dachte der Jäger und wienerte mit Lappen und Öl an dem Schießgewehr, als wäre es sein eigen.

Am Abend saßen der Förster und der Jäger wieder gemeinsam im Jägerhaus. Gleich mußte der Direktor mit seinem Gast eintreffen. Spät genug war es ohnehin schon geworden. Aber die Männer warteten umsonst. Es kam weder Müller noch sein Gast. Sie kamen überhaupt nicht mehr. Müllers Wagen war auf der Autobahn von einem der rollenden Straßendampfer zu einem Schrotthaufen zusammengefahren worden. Müller selbst hatte davon nichts mehr gemerkt. Da-

mit erging es ihm im Tode nicht viel anders als vorher im Leben. Er merkte nichts. Sein Begleiter und letzter Jagdgast kam aus dem Blechberg noch lebend heraus. Zwar arg verstümmelt und wohl für immer zum Kranksein verurteilt, aber am Leben.
Als Schramm die Nachricht erhielt, dachte er, daß manchmal das Schicksal doch ganz schnurgerade Wege gehe. Dann aber überkam ihn doch ein recht menschlicher Schmerz. Wenn er alles genau zusammenrechnete, war sein Chef doch ein ganz passabler Mann gewesen. Gut geschaffen für das Leben. Nur seine Jagdpassion, die hätte einen Streifen geringer ausfallen können. Aber man bekommt's oder bekommt's nicht, gleich, um was es sich handelt und trifft nicht nur die Leute mit den langen oder kurzen Nasen. Es trifft sie alle, die sich Menschen nennen.
Entsprechend dem Ansehen, welches der Direktor Müller zu Lebzeiten genoß, wurde auch die Beerdigung zu einem großen Ereignis für die kleine Stadt. Der Grabreden gab es viele. Eine von ihnen bedachte auch den großen Waidmann mit rühmlichen Abschiedsworten. Die Trauergemeinde hörte andächtig zu. Auch der Förster Linke und der Jäger Schramm hatten ihre ehrwürdigsten Gesichter aufgesetzt. Und sie taten das, ohne zu heucheln. Denn im Tode werden alle Menschen groß. Die im Leben kleinen werden groß und die im Leben großen werden noch entsprechend größer. Der Direktor Müller gehörte zweifellos zu den im Leben großen Leuten. Denn auch die Anzahl der Trauernden ist ein Maßstab für solche Feststellung.

Die Hütte

Stephan war der älteste der drei Vettern. Der jüngste war Joachim, genannt das Jockele. Dazwischen war Sebastian. Der Altersunterschied zwischen den dreien war nicht groß, nur zwei Jahre vom Ältesten zum Jüngsten. Zwei Jahre sind gar nichts. Im Leben sind sie gar nichts. Aber doch waren sie etwas bei Jungen, die eben dabei waren, zu Jünglingen heranzureifen. Die drei waren nicht nur Vettern mit dem gemeinsamen Namen Mairegen. Sie waren auch gute Freunde. Freilich beschränkte sich ihre aktive Freundschaft immer nur auf wenige Sommerwochen im Jahr, wenn es große Ferien gab, vielleicht auch noch auf einige Tage irgendwann. Aber das waren Ausnahmen.

Das Jockele war am besten dran. So meinten es wenigstens seine beiden Vettern Stephan und Sebastian. Denn es hatte während des ganzen Jahres das Paradies um sich, in welches die anderen immer nur ferienweise Zutritt erhielten. Jockele war des Forstverwalters Sohn. Und seine Heimstatt war nicht nur das weiträumige Forsthaus, sondern auch die riesigen Wälder, von denen es umgeben war. Aber Jockele war dennoch, so meinte er jedenfalls, arm dran. Denn er war allein. Insofern, als er keine Geschwister hatte. Auch Freunde besaß er nicht, außer den Vettern. Wo sollte er sie auch hernehmen. Denn das Dorf lag weit von ihnen entfernt, und die Schule besuchte er in der Stadt, und die war noch weiter weg. So hielten sich auch seine Lausbubenstreiche in normalen Grenzen, und schlimm wurde es erst richtig, wenn die Sommerferien und mit ihnen der Stephan und der Sebastian kamen. Was Wunder, daß sich Vater Mairegen mehr als einmal mit einer geballten Ladung dazwischen warf, wenn der Freundeskreis bei der Durchführung seiner Taten keine Grenzen fand.

Vernunft hängt in einem gewissen Grade auch vom Alter ab. Zwar läßt sich über diese Behauptung streiten, aber ein Fünkchen Wahrheit mag schon darin stecken. Jedenfalls wurde es bei den drei Jungen mit zunehmendem Alter, was ihre Streiche anbetraf, auch zunehmend besser. Das mindestens war die Feststellung des Forstverwalters. Und wenn er sich in früheren Jahren nicht nur einmal das Ende der Ferien sehnlichst herbeigewünscht hatte, so gehörte das nun der Vergangenheit an. Bei den älter gewordenen Jungen empfand er die Ferien schon allein für sich als eine angenehme Abwechslung. Denn bei aller scheinbaren Romantik lebte er in seinem Forsthaus mit Frau und Sohn doch still und abgeschieden.

Zu den besonderen Schätzen des Waldgebietes gehörte auch ein imposantes Gewässer. Es trug den Namen Ottersee. Der Name war gut, wenn sich auch nicht mehr feststellen ließ, ob diese Bezeichnung von der Otter als Schlange oder dem kleinen fischfressenden Raubtier, dem Fischotter, herrührte. Dieser See hatte es den Jungen seit jeher besonders angetan. Früher durften sie sich zwar nur verbotenerweise zu ihm hinschleichen, denn er war mit seinen Untiefen alles andere als ein guter Spielplatz für Kinder. Aber dieses Verbot löste sich im Laufe der Zeit ganz von selbst auf.

Eines Tages, es war zu Beginn der Sommerferien, hatte Stephan den plötzlichen Einfall, daß es nichts Schöneres gäbe, als sich am See eine Blockhütte zu bauen. Dieser Einfall zündete bei den anderen wie ein Blitz in trockener Spreu. Nachher fragte man sich, warum man nicht schon längst auf diesen einmaligen Gedanken gekommen sei. Gedacht ist aber noch nicht getan. Soviel wußten auch die drei Jungen. Vater Mairegen war in diesen Dingen ein bedächtiger Mann. Aber er war auch kein Spielverderber. Nur Zeit lassen mußte man ihm mit allen Problemen. Die Jungen ließen sie ihm. Als die Entscheidung gefallen, der Bau einer Hütte also genehmigt war, waren aber auch die Ferien bis auf einen kläglichen Rest zusammengeschmolzen. Der Bau konnte aber beginnen. Die Pläne dafür waren in langen Wochen gründlich ausgearbeitet worden. Sebastian war in diesen Dingen der Talentierteste. Dabei war er geschickt im Zeichnen und Austüfteln. An alles war gedacht worden, was beim Bau einer Holzhütte berücksichtigt werden mußte. So gab der Forstverwalter den Jungen seinen Segen und das notwendige Bauholz.

Als die Ferien zu Ende gingen, waren die Bauleute kaum über die Anfänge des Bauwerks hinausgekommen. Doch da waren ja auch noch die Herbstferien! Sie würden auslangen, um das Traumhaus zu vollenden.

Der Herbst kam mit Sonnengold und Altweiberfäden. An einem Tag aus Samt und Seide kamen die Vettern noch einmal zusammen, um ihre Blockhütte zu vollenden. Dazu hatte ihnen der Forstverwalter eine besondere Überraschung beschert, die notwendig geworden war.

Denn dem Vater von Jockele konnte es nicht verborgen geblieben sein, daß das, was die Jungen die Anfänge einer Hütte nannten, höchstens zu einer primitiven Bude reifen würde. Darum schuf er Abhilfe, gütig und verstehend wie er war.
Sein Haumeister hatte einen erwachsenen Sohn. Der hatte das Zimmerhandwerk erlernt und war nun Geselle. Hannes, so hieß er, war ein flinker, freundlicher junger Mann, der die rechten Fäuste hatte, den Jungen ein zweckmäßiges Bauwerk hinzustellen. So wurde es dann eine Hilfe auf Gegenseitigkeit. Die Jungen halfen dem Zimmermann, und dieser half den Jungen. Zwar drängte die Zeit, denn Herbstferien sind kurzlebig. Aber Hannes war ein flinker Arbeiter und die Jungen ließen sich von ihm nicht in den Schatten stellen und versuchten Schritt zu halten.
An einem leuchtenden Herbsttag gab es schließlich die Einweihung. Es wurde ein kleines Fest, draußen in der Hütte am See. Sie war nun Wirklichkeit geworden, nach langen Wünschen. Aber sonderbar, die Freude, welche die Vettern jetzt empfanden, war eine andere als die, welche einst bestand, während die Baupläne reiften. Trotz der kurzen Zeitspanne hatte sich die Freude verändert. Damals war es die von Knaben, welche in kindlicher Abenteurerlust eine eigene Welt besitzen wollten. Jetzt war es die von jungen Männern, welche keinen Unterschlupf mehr suchten für indianerhaftes Spiel, sondern ein Haus zum Wohnen und zum Diskutieren, vielleicht einen Pol inmitten einer vom Himmel geschaffenen jagdlichen Umwelt. Denn die Liebe zur Jagd steckte in allen dreien. Jockele hatte es sogar schon zu einem Rehbock gebracht. Ganz gegen das Gesetz, dafür aber unter Aufsicht und Anleitung seines Vaters. Da war das Gesetz nicht so wichtig. Die meisten Jägerbuben tun ihren ersten Schuß gegen das Gesetz und ohne eine Jagdkarte in der Brieftasche. Nein, den haben sie da noch nicht und die Brieftasche auch noch nicht. Nur das pochende Herz ist da, welches den werdenden Jäger verrät. Und das Gemüt ist da, welches sich nach der Einsamkeit tiefer Wälder und wilder Jagdgründe sehnt.
So also hatte es Jockele am weitesten gebracht mit seinem Bock. Der kleine, pummelige Benjamin! Aber auch der kleine Junge mit den dicken Beinen war inzwischen zur Erinnerung geworden. Denn er war hochgeschossen, wie ein gesunder Junge es so an sich hat. Aber die Augen der Mitmenschen sind meistens schlechter als ihre Erinnerung. Und oft dauert es lange, bis sie alles richtig sehen.
Das Gehörn von Jockeles Rehbock wurde als erstes Jagdstück, feier-

lich und mit grünem Bruch geziert, an einer der Hüttenwände aufgehängt. Natürlich sollte die Hütte auch einen Namen haben. Darüber wurde lange beraten. Aber man fand keinen Namen. Vielleicht deshalb, weil es keine Jungen mehr waren, die darüber berieten, sondern heranwachsende Männer, welche gerade dabei waren, die Romantik von Kindern abzustreifen. Darum hatte man am Tage der Einweihung keinen Namen, und später fand man ihn auch nicht mehr, weil sich kaum noch die Gelegenheit zu einer entsprechenden Beratung bot. So blieb es bei der Hütte am See, und so wurde sie auch genannt, wenn von ihr gesprochen wurde.
Jungenträume gehen aber noch weniger in Erfüllung als die erwachsener Menschen. Stephan und Sebastian durften noch im selben Herbst unter der Aufsicht des Forstverwalters je einen späten Rehbock erlegen. Dann war fürs erste die Glückseligkeit der Jungen randvoll und nahe am Überlaufen, und die Hütte am See sah mit den nunmehr drei Gehörnen schon recht nach einer Jagdhütte aus. Als die Hirschbrunft ihren Höhepunkt erreicht hatte, blieben die Jungen sogar nachts draußen und besuchten das Forsthaus nur noch, wenn die gute und fürsorgliche Tante Mairegen mit der ganzen ihr eigenen Energie darauf bestand, daß die Jungen endlich zu einer vernünftigen Mahlzeit kommen müßten.
Ferien sind wie Zuckerbrot im menschlichen Leben und sind, weiser Berechnung folgend, stets klein gehalten. Das der Herbstferien aber hat besonders zierliche Maße. Der letzte Ferientag tat noch das Seinige dazu und öffnete alle Himmelsschleusen, daß die Welt ausschaute wie ein einziges, großes Trauerhaus. Dann begleitete Jockel seine Vettern zum Bahnhof. Und als sich der Zug schon in Bewegung gesetzt hatte, rief Stephan aus dem Abteilfenster: »Jockel, paß' schön auf meine Rehkrone auf.« Seine Stimme klang seltsam brüchig, als ob Jockel der einzige wäre, der auf dieses Kleinod achtgeben könnte.
Zu Ostern des folgenden Jahres wurde Stephan als Forstanwärter für den Staatsdienst eingestellt. Was aber hieß damals schon Fortanwärter! Den grünen Rock hatte er damit noch längst nicht eingehandelt. Denn kein Staat ist wie ein Vater, auch wenn er sich oft genug in Verkennung seines Gesichtes seinen Söhnen und Töchtern gegenüber so aufspielt. Stephan wußte das damals noch nicht. Auch ist nicht bekannt, ob er das je noch erfahren hat. Stephan wurde Arbeitsdienstmann und darauf Soldat, gemäß einer uralten Auffassung, daß ein werdender Förster erst einmal einer gründlichen soldatischen Erziehung un-

terliegen müsse. In einem Jägerbataillon zog er statt des ersehnten grünen erst einmal den grauen Rock an. Jetzt galt es für ihn, sich zu bewähren. Denn nicht nur die gründliche, soldatische Erziehung, sondern auch die entsprechende Bewährung setzte man damals über die forstliche Ausbildung eines jungen Menschen.

Stephan wurde ein guter Soldat. Mindestens äußerlich. Freilich sah es in den tiefsten Winkeln seines Innern ziemlich trostlos aus, aber da ließ er sich nicht hineinblicken und tat seinen Dienst mit grimmiger Verbissenheit, eingedenk der Tatsache, daß seine forstliche Laufbahn bereits begonnen hatte. Nur ab und zu überkam es ihn wie ein heftiger Sturm. Und wenn der Mond durch die dünnen Gardinen in die Soldatenstube hineinleuchtete, hätte Stephan am liebsten aufgeschrien vor Weh über seinen Zustand, der in solchen Stunden fast dem eines Gefangenen glich und wäre hinausgelaufen, dahin, wo er sich hingehörig fühlte, in die weiten, fernen Wälder seiner Kindheit und ersten Jugend. Und immer war die Hütte am See letzte Zuflucht seiner Gedanken. Ach, wie wollte er die Zeit genießen, wenn er erst einmal hier draußen war.

Weihnachten hatte er seinen ersten Urlaub. Die Feiertage verbrachte er im Elternhaus. Dann aber zog es ihn nach der Hütte am See. Der Onkel empfing ihn ganz anders als sonst, wenn er in die Ferien kam. Jetzt war er Soldat und damit endgültig erwachsen geworden. Was sonst nur die Länge vieler Jahre fertigbringt, das regelt eine Uniform im Handumdrehen. Sie macht den Jungen zum Mann und fragt nicht danach, was das Herz empfindet. Jedoch in diesem Falle hatte das Erwachsensein auch seinen Vorteil. Der Forstverwalter, in jagdlichen Dingen auch sonst nicht kleinlich, gab Stephan ein Rottier zum Abschuß frei. Und da die Zeit drängte, wurde damit erst gar nicht mehr lange gewartet. Schon am anderen Tage hatte Stephan das große Waidmannsheil. Während einer ausgedehnten Pirsch im eingeschneiten Winterwald erlegte er ein einzeln durch die Bestände bummelndes Alttier. Der Jubel war grenzenlos. Das Aufbrechen dauerte zwar etwas länger als sonst üblich, aber ein Rottier ist kein Reh. Doch Stephan schaffte es allein. Nur beim Herauslösen der Haken half ihm das Jockele, das darin schon einige Übung besaß und sich mit dem Vetter freute. Und die Freude machte sie wieder zu wirklichen Jungen, die sie ja beide, trotz der ernsten Grauuniform des einen, in Wirklichkeit noch waren.

In der Hütte am See bullerte der Kanonenofen, als man am Abend selbständig die Leber zubereitete. Und später kamen noch der Forstverwalter und seine Frau dazu. Sie brachten nicht nur den Rum zu einem zünftigen Jägergrog mit, sondern auch Johanna, ein liebreizendes, goldgelocktes Mädchen, das im Forsthaus mit der Ableistung eines hauswirtschaftlichen Jahres eben beginnen wollte. Johanna und Stephan wurden beide ein bißchen rot. Aber im Schein der Kerzen wurde das nicht so bemerkt. Dennoch suchte er verlegen nach irgendeiner Beschäftigung. Sein Mantel lag unordentlich auf einem der Holzbetten. Den nahm er nun und hängte ihn an das Brett in der Hüttenecke. Aber zu schnell fand diese Tätigkeit ihr Ende. Und als sich Stephan umdrehte, schaute er mitten hinein in Johannas Augen, die den langgewachsenen Soldaten in einer Art kindlicher Neugier interessiert anschauten. Diesmal wurde Stephan so rot, daß dies auch das schlechte Licht der Kerzen nicht mehr verheimlichen konnten, und er ärgerte sich über sich selbst und stolperte schnell zum Ofen hin, um nach der bruzzelnden Rotwildleber zu schauen. Tante Mairegen lächelte mütterlich, und der Onkel tat einen tiefen Krächzer, als wäre ihm irgend etwas in die falsche Kehle geraten. Nur der Jockel benahm sich wie ein approbierter Schutzengel und zeigte dem hübschen Mädel die erbeuteten braungefärbten Grandeln, welche er inzwischen mit dem Taschenmesser fein saubergekratzt hatte. »Oh, sind die schön«, sagte Johanna, weil sie etwas von diesen Dingen verstand, denn ihr Vater war nicht nur ein geplagter Tierarzt, sondern auch ein überaus passionierter Jäger.

Dann setzte man sich an den rohbrettrigen Hüttentisch, dem ein blütenweißes Tischtuch festlichen Glanz verlieh. Niemand sagte ein Wort gegen das dampfende Gericht, das für sich nicht in Anspruch nehmen konnte, von geübter Hand zubereitet worden zu sein. Aus Frau Mairegens Flechtkorb kam noch manch Gutes zum Vorschein. Satt wurden sie alle. Wenn auch Jockele in stummem Freundschaftsdienst den Hauptanteil der Leber hinunterschlang, um alle wissen zu lassen, wie gut sie ihm mundete. Zwar machte er danach ein Gesicht, als hätte er giftige Pilze gegessen, aber den Schein hatte er gewahrt und empfing dafür von Stephan einen Blick, als hätte er eine Heldentat vollbracht.

Jockele war eben ein echter Freund. Das bewies er auch, als sein Vater den beiden Jungen noch einen geringen Abschußhirsch überließ. Die beiden sollten ihn unter sich auslosen. »Den soll Stephan haben«, entschied aber der Jockel und hatte sofort einen Plan im Kopf, wie der Vetter am ehesten zum Erfolg kommen konnte. Denn noch lag guter Schnee überall im Walde. Da ließe sich bestimmt aus dem Pferdeschlitten heraus etwas machen. Viel Zeit blieb ohnehin nicht mehr, denn Stephans Urlaub neigte sich dem Ende zu. Jetzt im Winter konnte man das Rotwild auch am lichten Tage in den Beständen antreffen.

Morgens in aller Frühe wurde der dicke Braune angeschirrt und vor den Schlitten gespannt. Klar und frostig war die Luft. Ein echter, rechter Wintertag für eine Pürschfahrt mit dem Schlitten. Johanna – oder das Hannerl – wie das Mädel von Frau Mairegen genannt wurde – hatte eben den Kaffeetisch abgeräumt, als der Forstverwalter in die Stube trat und ganz harmlos fragte, ob das Mädel nicht die Jäger begleiten wollte. Das brächte den beiden bestimmt Glück, meinte er, und der Ausdruck seines Gesichtes blieb dabei so sachlich, als führe er ein dienstliches Gespräch. Da kriegte der Blondschopf blutrote Wangen, und sein Blick flog schnell zu Frau Mairegen hin, weil nur von dort die Antwort kommen konnte. Es kam eine gute Antwort, die das Hannerl keineswegs blasser werden ließ, weil das Ehepaar Mairegen gleichermaßen Herz und Gemüt besaß. Da schlüpfte das Mädel in die hohen Stiefel, steckte sich warm in Loden und Kopftuch und hockte sich zu den Jungen auf den Kutscherbock. Der Jockel, der die Zügel hielt, tat sich ganz fest an die Seite drücken, damit für die beiden anderen genug Platz blieb auf dem Sitzbrett. Dann schnalzte er gekonnt, und der fette Braune setzte sich gemächlich in Bewegung.

Unter den Schlittenkufen knirschte der Schnee. Das Sitzbrett auf dem Schlitten war nicht vorgesehen für drei Personen. Daran änderte auch nichts die Tatsache, daß sich das Jockele bis zur Selbstaufopferung dünn wie eine Scholle machte. Die Tuchfühlung zwischen Stephan und Johanna war trotzdem so vollkommen, daß es dem jungen Soldaten ganz heiß wurde. Er lehnte sich ganz weit zurück. So konnte er unauffällig das hübsche Mädchen von der Seite betrachten. Er konnte nicht leugnen, daß ihm das Hannerl ausnehmend gut gefiel. Tatsächlich hatte er sich auch bald, wie man so sagt, bis über beide Ohren verliebt. Je weiter hinein der Jockel das Gefährt in die Forstbestände zügelte, um so größer wurde Stephans Sorge um das Gelingen dieser Fahrt. Das Jockele aber schien wohlgemut. Es flötete leise vor sich hin. Es war das Lied vom Jäger aus Kurpfalz.

Inzwischen war es so hell geworden, daß man alles gut erkennen

konnte. Und dann war auf einmal das erste Rotwild da. Aber es stand weit weg. Jockel verstand es meisterhaft und ohne großes Aufsehen zu erregen, nahe an das Wild durch geschicktes Bogenfahren heranzukommen, um es gut ansprechen zu können. Aber dann war es doch nur Kahlwild, und der Braune bekam einen Leinenklaps auf die runde Kruppe, daß er sich augenblicklich in gemächlichen Zockeltrab setzte. Der erste Anblick war getan. Der zweite kam kurz danach und brachte eine Rotte Sauen, welche sich so sehr verspätet hatte, daß sie sich nicht einmal die Zeit ließen, beim Wahrnehmen des Gefährts zu verhoffen, sondern in gleichmäßigem Trott weiterschlenderten. Auch alles, was bisher geschehen, sorgte immerhin dafür, daß Stephen seine Augen nun nicht mehr ausschließlich auf das Mädel richtete.
Die dritte Begegnung war schließlich die entscheidende. In einem lichten Baumholz stand ein Trupp von vier Hirschen. Das Wild bearbeitete heftig mit den Schalen den Schnee, um sich darunter verborgene Äsung freizuschlagen. Als der Schlitten in noch genügend weiter Entfernung an dem Trupp vorbeifuhr, warfen die Hirsche zwar kurz auf, ließen sich aber sonst in ihrer Tätigkeit nicht weiter beeinflussen. Natürlich gelang es nicht auf die große Entfernung eines der Stücke für einen Schuß anzusprechen. Aber alle vier waren geringe Hirsche. Vielleicht fand sich unter ihnen ein Abschußhirsch, der später keinen Ärger bereitete. Und wieder war es das Jockele, das es mit den Sinnen eines im Walde groß gewordenen Menschen verstand, sanfte Bogen fahrend, dem Wilde ständig näherzukommen. Dann gab Jockel die Zügel dem Hannerl, das gar nicht anders konnte, als die Lederriemen zwischen die Fäustlinge zu nehmen. Der behäbige Braune wäre aber sicher auch ohne Zügelführung weiter durch den Schnee gestapft. Jokkel hatte das Glas vor den Augen und sortierte das Wild wie ein gelernter Jäger. Auch Stephans Pirschglas war in Aktion getreten. Und fast gleichzeitig erkannten die Jungen einen Gabler, der mit seinen langen, dolchähnlichen Enden nicht zu übersehen war. Ein Gabler wäre richtig, hatte der Forstverwalter den Jungen mit auf den Weg gegeben. Für Stephans Ohr war so etwas gern gehört. Einen Gabler findet man nicht an jedem Jagenstein. Darum fuhr die Angst ein bißchen im Schlitten mit, denn was ist schon ein richtiger Abschußhirsch! Meist ist er ein junger Geck, der nur deshalb gering ist, weil ihm die Jugend auf dem Haupte sitzt. Sonst hätte er alles fein beisammen gehabt, um ihn getrost älter werden zu lassen. Doch nun war der Gabler da, und mit seiner Anwesenheit flog die Angst weit fort. Und wieder

einmal bewies es sich, daß Jagdglück und Jagdgunst nicht selten gerade dem jungen Jäger widerfahren. Jetzt wurde es Zeit zum Handeln. Sogar das sonst ziemlich grobzellige Jockele hatte es plötzlich sehr eilig und bedeutete dem Vetter, daß er schleunigst vom Bock herunter und sich hinter einem Baum ganz klein machen müsse. Und mit langem Satz sprang Stephan vom gleitenden Schlitten, drückte sich hinter eine bauchdicke Kiefer und lauschte nach innen, wo sein Herz wie ein wildes Kitzlein hüpfte. Dann war die Not um den jungen Jäger und wurde größer, je weiter sich der Schlitten zwischen den braunen Stämmen entfernte. Aber was half's! Er mußte handeln, und ein wenig freute er sich doch, daß er so gut vom Schlitten abgekommen war und daß ihn das Wild auch jetzt noch nicht wahrgenommen hatte. So hockte er als ein ganz kleines Häufchen hinter dem dicken Stamm und nur sein Gesicht lugte daneben hervor. Noch einmal schaute er durch das Glas, um auch alles richtig zu machen. Der Gabler stand gut, ganz frei und breit zwischen seinen Gefährten. Dann hob sich langsam der Büchslauf. Die Entfernung war gerecht, gut genug, um einen noch sicheren Schuß anzubringen. Aber was sind schon gute Entfernungen, wenn das Blut brodelt, daß die Hände zittern und die Knie beben. Stephan wußte, daß er nicht mehr lange warten durfte. Nicht wegen des Wildes. Das stand ruhig und hatte die kleine Störung von vorhin wieder vergessen. Wegen des siedenden Jagdfiebers mußte er sich beeilen, das jetzt schon so mächtig geworden war, daß der Gewehrlauf nicht mehr still stehen wollte. Aber zum Glück gab es einen Drückefinger, der alle Not und Pein blitzschnell beenden ließ.
Als der Schuß heraus war, gab es einen Hexentanz von wild sich durcheinanderschiebenden Hirschleibern. Was wußte Stephan noch jetzt, wo sein Hirsch geblieben war. Er sah nur noch Hirsche, und die waren alle gleich, ohne Unterschied. Von oben aus dem Baum kamen Schneeklümpchen, vielleicht abgeschüttelt von einem Vogel, der da gesessen hatte ... Und mit den weißen Flöckchen waren auch die Hirsche fort, zusammen geflüchtet, in eine Richtung. Sein Hirsch war auch dabei. Da wurde es Stephan eiskalt, von den Zehenspitzen bis unter den Scheitel. Den Hirsch hatte er gefehlt. Denn soviel wußte der junge Jäger auch schon, daß sich krankes Wild vom Rudel, dem Sprung oder der Rotte absetzt, weil es die Ruhe sucht, die es nicht finden kann bei den wilden Kumpanen. Jetzt sah die Welt gar nicht mehr weiß und blitzend aus, trotz Schnee und Eiskristall. Rosenrot war der Morgen aufgegangen und war nun verdunkelt, kaum, daß er

richtig begonnen. Stephan war es zum Heulen, er war wieder ein kleiner Junge, dem ein liebes Spielzeug unter den Händen zerbrochen war, daß es niemand mehr zusammenbringen konnte. Dann merkte er, daß ihm der tauende Schnee die Knie feuchtete. Er stand auf, hielt unschlüssig sein Gewehr in den Händen, so wie einen unbrauchbaren Gegenstand. Langsam schritt er dahin, wo einmal die Hirsche gestanden und nach Äsung geschlagen hatten. Da aber war nichts mehr zu sehen als eine Unzahl von Fährten und Rutschern. Zwar bückte er sich ganz tief, um nach etwas zu suchen, von dem er selbst wußte, daß er es nimmer würde finden können. Aber die Not war halt zu groß, und niemand war da, der jetzt hätte helfen können. Nicht einmal das Jockele, das sonst immer, oder fast immer Rat wußte. Aber das Jockele war irgendwo und hatte das niedliche Hannerl neben sich auf dem Bock. Und weil er sich nicht zufrieden geben wollte mit dem, was nach dem Schuß geschehen war, ging Stephan den Fährten nach. Die waren unschwer zu halten, liefen nebeneinander, überkreuzten sich übermütig und blieben flüchtig und quicklebendig. Jetzt schien doch alle Hoffnung vergeblich. Nirgends ein Tröpfchen Schweiß oder ein anderes Zeichen, welches Mut machen konnte. Doch Stephan schritt weiter. Halb wach, halb im Traum. Die Augen blieben auf dem Schnee. Und das war gut. Denn dann wollten sie nicht mehr weiter. Weil sie etwas gefunden hatten, etwas kaum noch Vorstellbares. Roter Schweiß im weißen Schnee! Köstlicher und teurer als ein wertvoller Rubin. Dann war auch der Jockel da, mit dem Schlitten und dem Hannerl. Mit einem Satz war er vom Bock herunter und stellte sich neben den Vetter. Und auch das Hannerl folgte eilig. Denn daß der Stephan vor etwas ganz Besonderem stand, das war auch dem Mädel aufgegangen. Und wieder war es der Jockel, der grobzellige, bedächtige und nervenstarke, der in überlegener Ruhe erklärte, daß hier mit dem Wandern Schluß gemacht werden müsse. Denn was da im Schnee leuchtete, war Leberschweiß. »Den Hirsch haben wir schon so gut wie auf dem Schlitten. Den kriegen wir. Nur Zeit lassen müssen wir ihm, zum Krankwerden oder gar zum Verenden.« Das sah auch Stephan ein, obwohl ihn gerade die Zeit am meisten bedrückte. Aber Jockel tat schon recht. Wieder war er wie ein Fels in der Brandung. Dann wurde aufgesessen, und der dicke Braune hatte es jetzt sehr eilig, weil es heimwärts ging.

Ziemlich kleinlaut ging Stephan ins Haus. Sonst tat es ihm niemand gleich. Frau Mairegen bereitete fürs erste einen Kaffee und benahm

sich dabei so, als wäre es an der Zeit, ein kleines Fest zu feiern. Auch der Forstverwalter nahm sich anders aus, als es Stephan erwartet hätte. »Mach dir keine Sorgen, mein Junge«, sagte er. »Den bekommen wir bestimmt. Waldmann wird es schon machen!« Und damit meinte er den struppigen Rauhhaardackel, der solches Handwerk verstand, und auf den Stephan genausogut Häuser bauen konnte wie auf das Jockele.
Stephan sah recht bleich aus. Im Gegensatz zu Johanna, die mit roten Backen prahlte. »Sie sollten sich nicht so grämen«, sagte sie zu dem niedergeschlagenen Jäger. »Das kann doch jedem passieren.« Damit aber plumpste Stephans Herz noch ein weiteres Stockwerk tiefer. Zwar wollte das Mädel den Ärmsten trösten. Aber Trost brauchte er nicht. Er brauchte Mut. Den gab ihm wiederum das Jockele. »Hör mal zu«, sagte er. »In einer Stunde können wir losfahren, mit dem Waldmann. Dann haben wir dem Hirsch, alles in allem, fast drei Stunden Zeit gelassen. Das dürfte genügen. Bei einem Leberschuß dauert es meist nicht so lange. An sich brauchten wir nicht einmal ein Gewehr mitzunehmen.« –
»Wie altklug der Jockel daherredet«, unterbrach der Forstverwalter. »Dabei weiß er noch genau, daß wir den letzten Feisthirsch vom Landrat erst nach sechs Stunden fanden, und der hatte auch einen Leberschuß.« – »Das war auch ein Feisthirsch«, rief das vorlaute Jockele. »Und statt den Waldmann zu nehmen, habt ihr den stubensteifen Astor vom Landrat angesetzt. Der konnte zwar gut faseln, aber schlecht riechen und hatte höllische Angst vor dem Hirsch, als er ihn endlich und wahrscheinlich zufällig fand.«
»Du bist ja ein ganz Schlauer«, sagte der alte Mairegen. Aber recht geben mußte er seinem Jungen doch. Denn tatsächlich war der starke Feisthirsch keine zweihundert Schritt weitergezogen und hätte sich wahrscheinlich viel früher ins letzte Wundbett gesetzt, wenn ihm der übernervöse Landrat nicht auf der heißen Fährte sofort nach dem Schuß gefolgt wäre und ihn aufgemüdet hätte.
»Es wird schon gut gehen«, meinte Frau Mairegen beschwichtigend. »Aber jetzt eßt euch erst satt, wer weiß, wann ihr zum Mittagessen zurück seid.«
Endlich war die Wartezeit herum und der Braune konnte aus dem Stall geholt werden. »Ihr fahrt allein«, sagte der Forstverwalter und setzte hinzu, daß der Jockel, der Schlaumeier, ja doch schon alles weiß. »Aber das Hannerl könnt ihr mitnehmen, denn Glück werdet ihr

jetzt noch mehr nötig haben. Dann Waidmannsheil und Hals- und Beinbruch. Und kommt mir ja nicht ohne den Hirsch wieder. Einen zweiten gibt's nicht mehr nach.«

Das Hannerl war selig. Was waren die Mairegens doch für prächtige Leute. Auch Waldmann war selig, natürlich auf seine Art und kuschelte sich zwischen die Wolldecken, daß nur mehr sein bärtiger Kopf hervorlugte. Jockel ließ dem Braunen viel Zeit. Denn Zeit hatten sie und mußten sie haben. Während der Fahrt schoß Stephan noch eine streunende Katze, mit der Kugel vom Schlitten aus. Dabei war die Entfernung ganz schön weit. Da jubelte das Hannerl auf, hielt aber gleich wieder erschreckt inne, als es merkte, daß Stephan es dabei ganz seltsam anschaute. Er hopste vom Schlitten und holte sich den schweren Kater heran, der nicht weniger war als ein schwacher Fuchs. »Der zählt mehr als ein guter Bock«, sagte Jockele lakonisch, griff sich vom Schlitten aus einen Fichtenzweig und wünschte Waidmannsheil. Stephan dankte, und in seinem Gesicht stand wieder die Freude. Auch das Vertrauen war wieder zurückgekehrt, das einen — ach so schnell — verläßt nach einem schlechten Schuß. Dann griff er sich den Waldmann und setzte ihn auf seinen Schoß. Und wie alle Dackel ließ sich Waldmann diese Bevorzugung nur allzu gern gefallen, ja, sein Gesicht legte einen ganz pfiffigen Ausdruck auf, als wollte es damit sagen: »Seht nur, ich bin halt doch der Größte.« Aber Waldmann verstand es nicht nur, sich verwöhnen zu lassen. Er verstand auch, hart und mit Passion zu arbeiten. Das bewies er, als der Braune vor dem Anschuß hielt, und Jockel den Rauhbautz zur Fährte legte. Und was vorher niemand gefunden hatte, das fand der Hund jetzt, nämlich Schnitthaar. Aber Jockel meinte, daß es jetzt gar nicht mehr darauf ankäme, denn man wüßte ja, wo der erste Schweiß läge, und er ließ den Riemen lang und sprach dem eifrigen Hunderl zu, als unterhielte er sich mit einem verständigen Menschen. Dann ging es über Wildfährten und Menschenspuren bis zum ersten Schweiß. Den sah sich Waldmann lange und gründlich an, wedelte mit der Rute und tat mehrfach einen tiefen Schnaufer, wie es ihm eigen war, wenn er ein Mauseloch entdeckte. Dann zog er ab, daß der Jockel ihn zur Ruhe mahnen mußte, zeigte immer mal Schweiß, machte dabei seinen Schnaufer, und Jockel hielt nur noch den Riemen und sagte dann und wann: »So ist es recht, mein Guter.«

Noch standen die Fährten aller fortgeflüchteten Hirsche dicht beisammen. Irgendwann aber mußte es anders werden, wenn der Kranke nicht mehr Schritt zu halten vermochte und sich absetzte, um selbst das Tempo und den letzten Einstand zu bestimmen. Es wurde auch anders, aber erst als der Schweiß längst aufgehört hatte und ein Fichtenstangenholz erreicht war, in dem kaum noch der Schnee bis auf den Boden vorgedrungen war. Hier machte der Waldmann einen hastigen Hopser nach rechts, war aber gleich wieder mit der Nase am Boden, zeigte frische Trittsiegel, und die Menschen hinter ihm wünschten nur, daß es die richtigen sein möchten. Es waren dann auch die richtigen. Das zeigte sich, als der Hund aus den Fichten herausführte und vernünftiger Schnee eine Einzelfährte zeigte. Die konnte nur zu dem weidwunden Hirsch gehören! Dann gab es noch einmal Schweiß. Abgestreift an einem Ginsterbusch. Es war der letzte.

Der Hund folgte der Fährte. Sie führte zum See hinunter. Aber es war nur die Richtung. Was wollte der kranke Hirsch auch am See? Vor dem Wasser war ein Erlengestrüpp mit kusseligen Kiefern und einigen angeflogenen Fichten dabei. Da hinein führte die Fährte. Stephan hatte eine Ahnung. Die sagte er dem Jockel. Der nickte und sagte, daß es bald kommen müßte, das große Ereignis und nahm den Waldmann ganz kurz, daß dieser nicht weiter sein konnte, als der Menschen Augen hinreichten. Denn die Sicht in diesem Dickicht war schlecht, und alleweil gab es einen Graben, über den man stolperte. Darum waren Jockels Augen wie zwei Scheinwerfer stets vor dem Hunde. Das war gut. Denn plötzlich hatten diese Augen etwas erspäht, was eigentlich da nicht hingehörte. Es war der Hirsch! Er saß mit erhobenem Haupte zwischen den braunen Erlenstämmchen, achtete nicht auf den Krach, den die Menschen notwendigerweise verursachten und blieb reglos wie ein Steinwerk. Längst hatte Stephan die Büchse schußfertig gemacht, suchte nach einem geeigneten Durchblick und trug dem Sitzenden die Kugel an, daß dessen Haupt wie von einem Blitzstrahl getroffen zur Erde sank und Waldmann einen temperamentvollen Jiffer ausstieß. »Gut gemacht, Stephan«, rief das Jockele und strahlte übers ganze Gesicht. Nachher merkten die jungen Männer, daß das Hannerl auch noch da war, daß man es fast vergessen hatte über der Rotfährte, der Arbeit des Hundes und den quälenden Gedanken um den Hirsch.

Jockel überreichte Stephan den Bruch. Aber der behielt nur ein winziges Reislein, den größeren Teil steckte er dem Waldmann an die Halsung. Dann wurde begutachtet und erzählt. Der erste Schuß saß genau so, wie ihn Jockel gedeutet hatte. Das Alter des Hirsches schätzte Jockel auf vier bis fünf Jahre. Und Stephan umfaßte die Stangen seines ersten Geweihes, wie es halt nur bei einem »Ersten« möglich ist. Da fragt man noch nicht nach Endenzahl und Geweihgewicht, weil das Herz des jungen, glücklichen Jägers noch keine Eitelkeit kennt, und der Kopf es noch nicht gelernt hat, nur nach dem Maß und Gewicht den Wert einer Trophäe zu ermitteln. Dann bewahrheitet sich das Wort von der glücklichen Jugend in seiner ganzen Kraft und elementaren Wucht. Und alles, was sonst von den Alten gegen die Jugend vorgebracht wird, ist in Anbetracht dieses Glückes fadenscheinig und oft genug auch unredlich.

Für Stephan war das Paradies auf die Erde gekommen. Mit der roten Arbeit nahm er sich viel Zeit, aber nicht deshalb, weil es ihm noch nicht so glatt von den Händen ging, wie einem alten Jäger, der mehr Übung darin besaß. Stephan kostete jede Sekunde dieser jägerischen Tätigkeit in vollen Zügen aus. Jockele assistierte und gab dann und wann ein beratendes Wort. Und da das Hannerl nicht ganz untätig zuschauen wollte, griff es mit zu, wenn es nötig wurde, einen Lauf zu halten, damit das Wild in der Rückenlage blieb. Dabei geschah es dann auch zufällig, daß sich die Gesichter von Hannerl und Stephan so nahe kamen, daß sie sich leicht berührten. Und Stephan wurde dabei nicht einmal mehr rot, sondern lachte, daß seine Zähne weiß blitzten, und Hannerls Röte paßte sogar in das zärtliche Geschehen gut hinein, in das ganz große Bild vom weißen Wald, von Hirsch und Schweiß. Nur der Jockel tat sich dann einen Schritt ab, weil er gerade mit dem Waldmann etwas zu besprechen hatte und sich darum tief bücken mußte. Denn ein Dackel steht auf kurzen Läufen. So hatten die beiden anderen Zeit, sich gut anzuschauen und anzulächeln. Bis den Stephan der Übermut überkam und er sein Gegenüber mit dem schweißigen Finger auf die Nasenspitze tupfte, daß eine kleine, rote Kirsche zurückblieb. Aber das Mädel war nicht zimperlich und revanchierte sich, indem es den Stephan mit einer kleinen Handvoll Schnee abkurierte. Und es wäre gewiß noch einiges mehr geworden, wenn das Jockele nicht mittlerweile die Unterhaltung mit Waldmann beendet hätte und jetzt damit begann, dem Hirsch die Grandeln herauszulösen. Die waren zwar noch nichts Besonderes, ein wenig jung und unreif und ohne Schliff und Bräune, aber der Stephan nahm sie glückstrahlend in Empfang.

In der Hütte stand noch eine Flasche Rotwein. Den hatte Frau Mairegen mitgebracht und dagelassen, als Stephan das Rottier erlegt

hatte. »Den bringen wir jetzt um«, sagte Jockel wie einer, der so etwas täglich tut.
Um den Hirsch zu verladen, mußte aber erst einmal der Braune mit dem Schlitten her. Diesmal war der Jockel gar kein rechtschaffener Freund, denn mit biederster Unschuldsmiene meinte er, daß Stephan wohl den Schlitten holen würde, weil er sicher auch mal gern fahren würde. Er, der Jockel, wollte derweilen mit Johanna dem Hirsch Gesellschaft leisten. Da trabte Stephan los und wußte nicht, wie er den Jockel jetzt einschätzen sollte, der doch sonst immer so verständig war.
Aber vielleicht wußte es das Jockele sogar schon, daß man das Glück um einen erlegten Hirsch nicht dummerweise versuchen sollte.
Der dicke Braune hatte natürlich, entsprechend seiner Mentalität, unter dem breiten Woilach ein Schläfchen getan, denn er blinzelte aus schmalen Augenschlitzen, als Stephan den Strick löste, mit dem das Roß an einem Baumstamm befestigt war. Nachher ging es nur sehr träge voran, obwohl Stephan es eilig hatte, zu seinem Hirsch zu kommen.
In der Hütte am See gab es dann die verdiente Rast. Kalt war es da drinnen. Dem aber half Jockele schnell ab, indem er in dem eiseren Ofen bald ein prasselndes Holzfeuer entfachte. Das war immerhin notwendig, um den kalten Rotwein in einen heißen Glühwein zu verwandeln. Diese Aufgabe fiel dem Hannerl zu. Waldmann zog sich in eine der Hüttenecken zurück und rollte sich dort auf einer alten Sauschwarte zusammen. Für ihn war der Tag bereits vollbracht. Während des Aufbrechens des Hirsches hatte er sich kugelrund gefressen. Dafür war er ein Dackel. Ein ordentlicher Dackel legte sich zur Ruhe, wenn er den Bauch voll hat. Niemand konnte das Gegenteil behaupten.
Inzwischen hatte Stephan einen Platz an der Hüttenwand aufgesucht, der sein erstes Hirschgeweih aufnehmen sollte. Denn das Geweih sollte in der Hütte bleiben, solange er Soldat war und keine rechte Heimstatt hatte.
Der Gabelhirsch brachte daheim keine Ungelegenheiten. Wie sollte er auch. Ein Gabler kann gar nicht anders, als auch den gestrengen Augen eines alten Jägers standzuhalten. So fand Stephan, trotz schlechtem Schuß und Nachsuche, seinen Seelenfrieden wieder. Dabei hatten ihm alle mitgeholfen. Der Jockel zuoberst, dann der Onkel Mairegen, der alles so hübsch in Ordnung fand, auch die Nachsuche.

Denn die lehrt den Jäger – wie er sagte – das Warten und manchmal sogar wieder das Beten. Tante Mairegen war besonders reizend. Sie bemühte sich um Stephan wie dessen eigene Mutter. Nicht umsonst war sie eine Jägersfrau. Und das schon seit ihrer Jugend, denn sie hatte mit neunzehn geheiratet. Darum kannte sie das Jägerblut, das schlimme, mit dem man ganz behutsam umgehen mußte, damit es nicht überschäumte und in falsche Bahnen gelangte. Tante Mairegen war eine vernünftige Frau.

Wie sich das Hannerl um den Stephan bemühte, merkte dieser am allerwenigsten. Um so mehr aber merkten es die anderen. Nur ließen sie sich nichts anmerken. Und als der Stephan das Geweih anderntags zur Hütte bringen wollte, da hatte es der Jockel plötzlich mit einer dringenden Arbeit und konnte nicht mit. Dafür hatte Frau Mairegen um so weniger zu tun und konnte die Johanna gut entbehren. Das sagte sie dann auch und schubste das Mädel förmlich, den Stephan doch zu begleiten. Der Forstverwalter sah die Dinge ganz praktisch, denn nach seiner Überzeugung konnte eine Person allein ein Hirschgeweih niemals an die Wand bringen. Da lachte Stephan schalkhaft und Johanna stieg in ihre Kammer, um sich wald- und winterfest herzurichten.

So schritten Stephan und Johanna durch den zauberhaften weißen Wald. Stephan hatte an dem Geweihchen nicht viel zu tragen. Dafür genügte eine Hand. Aber die andere hatte gar nichts zu tun. So machte sie erst zaghafte, dann gezielte Tastversuche nach des Mädchens Arm. Und schließlich hielten sich dann die beiden jungen Leute an den Händen. Da wurde der Weg zur Hütte viel zu kurz. Aber da war noch der Rückweg! Zuvor wurde das Geweih zunftgerecht an die Wand genagelt. Es sah sehr gut aus. Hanna lief hinaus und brach einen Strauß duftendes Fichtengrün. Den steckte sie zwischen die Geweihstangen. Dabei legte der Stephan seinen Arm um des Mädchens Schulter und sagte, daß er sehr froh sei. Das meinte nachher das Hannerl auch. Damit war der Weg geebnet zu einem ersten Kuß.

Am Tage darauf reiste Stephan ab. Hannerl versuchte beim Abschied zu lächeln. Aber in ihren Augen schimmerte es doch verdächtig feucht. Dann fuhr das Mädel mit dem Jockel heimwärts. Der Braune schritt forsch aus, weil es in den Stall ging. Jockel sagte: »Der Stephan ist ein feiner Kerl, und im Sommer soll er auch wieder seinen Bock haben, und wenn ich keinen schießen sollte.« Das waren gute Worte, und das Hannerl schaute den Jockel mit frohen Augen an.

Der Sommer kam und mit ihm auch die großen Ferien. Für Stephan allerdings gab es keine großen Ferien mehr. Jetzt wartete er auf seinen kurzen Urlaub und wußte noch nicht einmal, ob er ihn überhaupt bekäme. Denn irgend etwas Schweres lag in der Luft, was selbst einen Soldatenurlaub beeinflussen konnte. Dafür reiste der Sebastian an, denn dem waren die großen Ferien noch geblieben. Sebastian hatte es mit dem Lachen. Wo er auch gerade war, es wurde gelacht und gekichert. Frau Mairegen liebte die Abwechslung wie alle Förstersfrauen, die ihr Leben in der Abgeschiedenheit eines Forsthauses verbringen. Darum mochte sie den lustigen Sebastian besonders gern. Auch Johanna fand den Jungen nett, aber eben nur nett, nicht mehr. Sebastian wollte auch nichts anderes. Längst war er dahintergekommen, was zwischen Stephan und Johanna bestand. So sagte er es auch einmal rund heraus, daß er sich keine liebere Verwandte wünschen könnte. Alles lachte, nur das Hannerl blieb still und sprang auf und rannte hinaus ... Später schwor Sebastian dem Mädel, daß er so etwas nie wieder sagen würde, setzte aber gleich dazu, daß er es vorhin ganz ehrlich gemeint habe. Hanna war ihm auch gar nicht böse gewesen. Liebende junge Leute können aber manchmal recht sonderlich sein.

Der Forstverwalter gab auch dem Sebastian einen Bock frei. Insgeheim hatte der Junge schon damit gerechnet. Aber nun, wo es Gewißheit geworden war, überkam ihn die ganz große Freude. Und im Überschwang der Gefühle faßte er die Johanna um die Taille und wirbelte sie ausgelassen im Zimmer herum, daß das arme Ding außer Atem kam und herzlich bat, daß er aufhören solle. Da ließ er aus, aber nun kam Frau Mairegen dran. Die war gar nicht hausbacken und machte den Wirbel mit, bis der Sebastian keine Luft mehr bekam. Und er mußte bekennen, daß die Tante sportlich noch ganz auf der Höhe war.

Am Nachmittag wanderten die jungen Leute hinaus zur Hütte. Sebastian besah sich Stephans Hirschgeweih und stellte fest, daß es sein Vetter schon ganz schön weit gebracht hatte. Zwischen den Stangen hing noch immer der Fichtenbuschen oder vielmehr das, was von ihm übriggeblieben war. Das sah auch Johanna und brach frisches Grün. Irgend jemand mußte sich ja um Stephans Dinge kümmern. Als sie den Sebastian von der Seite betrachtete, stellte sie fest, daß er dem Stephan doch sehr ähnlich sah. Das war eine gute Feststellung, weil alles gut war, was sie an Stephan erinnerte.

Es war sehr heiß, und der See lud zum Baden ein. Vorsorglich hatten alle drei ihr Badezeug mitgenommen. Das Wasser war kalt, auch in den heißesten Sommern. Johanna stürzte sich als erste in die kühlen Fluten. Ihr folgte Sebastian und lud sie zum Wettschwimmen ein. Jockel hatte es am wenigsten eilig. Er hielt es nicht sehr mit dem nassen Element. Sein Standplatz war die Erde. Dort fühlte er sich am besten und sichersten. Schon gar nicht hatte er den Ehrgeiz, den beiden nachzuschwimmen. Darum kraulte er nur eine kleine Ehrenrunde in der Nähe des Ufers, stieg dann an Land und wischte sich trocken. Währenddessen waren Johanna und Sebastian bis in die Mitte des Sees hinausgeschwommen, und Sebastian hatte Mühe, mit dem Mädel mitzuhalten. Natürlich ging das gegen seine männliche Eitelkeit. Deshalb bot er alle seine Kraft auf, um mit langausholenden Armbewegungen Johanna einzuholen. Mit Genugtuung stellte er fest, daß er schnell aufholte. Aber dann war auf einmal die rote Badekappe vor ihm verschwunden. Sebastian hielt das erst für ein übermütiges Untertauchen und schwamm langsam näher. Die rote Kappe blieb immer noch unsichtbar. Da bekam er es mit der Angst. Doch ehe er sich zum Tauchen und Suchen anschickte, leuchtete es wieder rot auf über dem Wasserspiegel. Aber nur für einen Augenblick, kaum lang genug, um Atem zu schöpfen. Jetzt erst wurde es Sebastian bewußt, daß dem Mädel etwas zugestoßen sein mußte. Mit ein paar kräftigen Armstößen war er heran, tauchte selbst unter, und dann, nach schnellem, nervösem Suchen, hielt er einen Arm Johannas in seinen Händen. Als er dann den Kopf des Mädchens mit beiden Händen übers Wasser hielt, ließ seine Angst nach. Johanna lächelte. Nur ein plötzlich eingetretener Wadenkrampf hatte sie zum Untertauchen gezwungen. Das Wasser war halt doch zu kalt. Sebastian war die Lust am weiteren Schwimmen vergangen. Als die beiden ans Ufer zurückgekehrt waren, saß Jockel schon angekleidet auf der Bank vor der Hütte. Sebastian erzählte von Johannas Mißgeschick. Da wurde der gemütliche Jockel sehr ernst. Nur sagte er nichts, denn ihm war der See immer ein wenig unheimlich gewesen. Als Kind hatte er sich sogar vor ihm gefürchtet. Das war damals, als ein junger Hilfsförster seines Vaters von einer Bootsfahrt, welche er der Enten wegen in den See unternommen hatte, nicht mehr zurückgekehrt war. Man fand zwar das Boot, in welchem winselnd der Hund des Försters saß. Der Mann selbst war nicht aufzufinden, auch nicht sein Gewehr. Erst am anderen Tag fand man ihn. Ihm war eine volle Schrotladung in die Brust eingedrungen. Natürlich war es ein Unfall. Im Dorf wollten es die Leute besser wissen und sprachen von Freitod, weil das Mädchen, mit dem der junge Mann eng befreundet war, kurz vorher einen anderen genommen hatte. Aber tot blieb tot, und der See hatte seine Geschichte. Mindestens für das Jockele. Und der war vernünftig genug, sein Wissen für sich zu behalten. Denn auch im Forsthaus wurde darüber nicht geredet.

Der kleine Unfall von Johanna beschäftigte ihn sehr. Er fühlte sich etwa so wie ein Wächter ohne Aufregung und war deshalb froh, als er seine Schützlinge wieder heil beisammen hatte.

Im Walde stand die Luft still. Es war heiß und drückend und es roch nach Harz. Auf dem Heimweg sagte Sebastian unvermittelt »Ich glaube, daß es Krieg geben wird. Dann melde ich mich freiwillig.« — »Du spinnst ja«, erwiderte Jockel. »Oder wünscht du dir Krieg?« — »Manchmal schon. Allein schon wegen der Penne. Die steht mir bis zum Hals.« — »Von der kannst du dich auch ohne Krieg trennen«, meinte Jockel trocken. — »Aber nicht so leicht«, beharrte Sebastian. »Dann müßte ich von zu Hause abhauen. Die meinen ja, daß man ohne Abitur nur ein halber Mensch ist.« — »Ein Krieg wäre schrecklich«, sagte Johanna. »Dann wäre der Stephan sofort mit dabei.« — »Ist ja ein Unsinn«, ärgerte sich Jockel. »Jetzt und Krieg. Den will doch überhaupt niemand, nicht wir und nicht die anderen. Deshalb braucht auch niemand mit, auch nicht der Stephan.« Zwar hatte der Sebastian noch einen Einwand bereit, aber aussprechen konnte er ihn nicht mehr. Denn da bog um die Waldecke vor ihnen eine Gestalt. Eine Gestalt in Soldatenuniform. Es war Stephan! Hannerl hielt in freudigem Schreck den Atem an. Dann rief sie jubelnd: »Stephan«, und rannte los. Zärtlichkeiten gab es keine. Die mochte jetzt der Stephan nicht und das Mädel auch nicht. So blieb die Begrüßung wie unter guten Freunden. Aber alle freuten sich. Und Jockel zitierte das Sprichwort von dem Esel, der da kommt, wenn man über ihn spricht. Da pufftte ihn Stephan derb in die Rippen, daß er schrie. »Trotzdem ist es nett, daß ihr von mir gesprochen habt«, sagte Stephan versöhnlich. »Hoffentlich Gutes«. — »Gar nichts Gutes«, schmollte Johanna. »Der Sebastian sagte, daß es Krieg geben würde.« — »Da wird der Sebastian wohl recht behalten«, erwiderte Stephan. »Die anderen wollen ihn doch.« — »Stephan«, stöhnte das Mädchen. — »Da ist doch nichts dabei«, lachte dieser. »Dann hört endlich das elende Kasernenleben auf und in ein paar Monaten ist alles vorbei.« — »Stephan«, rief das Mädel wieder,

»Stephan«, als könnte es durch eine Beschwörung das Gräßlichste verhindern. »Stephan, was für ein Unsinn! Da wünscht sich der eine einen Krieg, weil es ihm nicht mehr in der Schule gefällt und der andere gerade darum, weil er die Kaserne nicht mag.« — »Nicht schimpfen«, lachte Stephan wieder und ganz versöhnlich. »Wir haben doch keinen Einfluß auf die kommenden Ereignisse.« — »Ich schimpfe ja gar nicht«, erwiederte Hannerl. »Aber vom Krieg dürft ihr nicht wieder reden.« — »Einverstanden«, erklärte Stephan. »Ich schwöre es.« Und er sprach auch nicht mehr davon. Nur von seinem kurzen Urlaub sprach er, den er plötzlich bekam; warum, wisse er auch nicht. Alle hatten noch ein paar Tage Urlaub bekommen. Darum sei er auch gleich losgefahren und hierher gekommen, weil doch die großen Ferien sind und er den Sebastian mit Sicherheit hier vermutet habe, und weil Hannerls Jahr auch bald zu Ende ginge, und den Jockel wollte er halt auch gern wiedersehen, überhaupt alles, den Onkel, die Tante, den Wald und natürlich auch die Hütte. Vier Tage wollte er bleiben. Das wäre genau die halbe Urlaubszeit. Dann müßte er nach Haus zu den Eltern. Damit sie merkten, daß sie auch noch einen Jungen hatten. Und dann machte er den Vorschlag, daß Jockel und Sebastian schon ruhig zum Forsthaus gehen sollten. Er selbst wolle zur Hütte. Natürlich mit dem Hannerl. Für das Mädel hätte er den Urlaubsschein schon in der Tasche. Frisch unterschrieben von Frau Mairegen. Jockel begriff sofort, Sebastian etwas später. Und sie trollten sich, und nicht einmal der Sebastian machte eine vorlaute Bemerkung. Und als er schon ein paar Schritte fort war, drehte er sich noch einmal um und rief: »Stephan, ich hab' einen Bock frei. Den sollst du haben.« Da lachte der Stephan und nickte. Der Jockel schlug dem Sebastian mit der breiten Hand ins Kreuz und sagte freundschaftlich: »Das hast du eben ganz großartig gemacht!«

Hanna schwamm im Glück. Sie hätte die ganze Welt umarmen mögen. Da sie das nicht konnte, ließ sie sich entsprechend an Stephan aus. Natürlich erst dann, als die beiden anderen um dieselbe Waldecke verschwunden waren, um die zuvor Stephan erschienen war.

In der Hütte freute sich Stephan über den frischen Fichtenstrauß, der das Hirschgeweih zierte. »Du bist wunderbar«, sagte der zu Johanna und dann: »Hier möchte ich einen ganzen langen Sommer mit dir allein sein.« — »Später«, flüsterte das Mädchen, »später, Stephan.« Und dann mußte es die Augen schließen, und als es sie wieder öffnete, da stak da, wo gerade Stephans Finger herumgenestelt hatten, eine wunderbare Brosche. Die hatte Stephan aus den Grandeln seines ersten Hirsches anfertigen lassen. »Ach, Stephan«, jubelte das Mädel und warf seine Arme um den Hals des großen Jungen. – »Ach, Stephan.«

Am anderen Morgen begleitete Jockel den Vetter auf die Frühpirsch. Onkel Mairegen hatte auch dem Stephan einen Bock zugesprochen. Denn Sebastian sollte seinen ersten Bock behalten. Das gab dann leuchtende Gesichter bei beiden. »Bringt einen Guten mit«, hatte Mairegen den Jungen noch nachgerufen. Sicher wußte er, warum er das tat. Die Kriegswolken, welche sich über dem Lande zusammenbrauten, waren auch ihm nicht entgangen. Und Stephan war Soldat. Er würde bei den ersten sein, wenn es losgehen sollte. Außerdem war er bei den Jägern. Denen würde nichts erspart bleiben. So dachte der Forstverwalter und war froh, daß er dem Neffen zum Abschied noch eine Freude bereiten konnte.

Stephan und Jockel pirschten in den werdenden Morgen hinein. Sie taten es geschickt und hatten vielerlei Anblick, sahen mehrfach Rotwild, darunter auch einen beachtlichen Hirsch. Aber einen Rehbock fanden sie nirgends. Als es schon verhältnismäßig spät geworden, schlug Jockel vor, einen bestimmten Leitersitz zu ersteigen, der weiten Blick gab über eine ziemlich lückig geratene Buchenverjüngung. Als die beiden Jäger saßen, meinte Jockel, daß hier sicher etwas zu machen sein müsse. Und er behielt recht. Denn schon zeigte sich in dem saftigen Grün des Buchenlaubes ein roter Klecks. Ein Reh war es, das stand fest. War es Bock oder Ricke? Das Haupt war nicht zu erkennen. Dafür tat das Stück jetzt eines: Es äste sich, wenn auch langsam, immer näher an den Hochsitz heran. Doch dann – auf einer der breiten Lücken – gab es keinen Zweifel mehr. Es war ein Bock! Hoch reckten sich die dunklen Stangen zwischen den Lauschern. Stephan schlug das Herz im Halse. Er hatte Mühe, das Pirschglas ruhig vor den Augen zu halten. Aber dieser Bock konnte unmöglich für ihn bestimmt sein. Das war einer von den ganz guten! Doch da sagte Jockel, als wäre es die einfachste Sache der Welt: »Den nehmen wir uns. Der ist alt und reif und wird nicht mehr besser.« – »Mensch, Jockel«, flüsterte Stephan, »wenn das mal gut geht!« – »Das geht gut«, erwiderte das Jockele. Da machte sich Stephan zum Schuß fertig, und als der Bock nahe genug stand und mit der Breitseite prahlte, knallte es und da, wo es eben noch rot im Grün leuchtete, war eine leere Stelle. »Den haben wir«, rief Jockel und war gar nicht mehr

ruhig, sondern sprang von seinem Sitz hoch und rüttelte seinen Vetter, als müßte er ihn erst in die Wirklichkeit zurückrufen.
Andächtig betrachtete Stephan den braven Bock. Und die Andacht stand nicht allein da. Auch die Freude war da, die übergroße Freude, die in ganz besonderen Fällen den Jäger überkommt, und die deshalb so groß ist, weil sie einen Teil Wehmut in sich birgt. Aber das weiß nur der Jäger, der in sich hineinlauschte und dem das wilde Leben des Jagens höchstes Glück bedeutet. Jockel suchte nach einem Bruch für den Schützen. Lange mußte er suchen, denn die Buche, die überreichlich herumstand, durfte es ja nicht sein, weil sie nicht waidgerecht gewesen wäre. Weit ab brach er dann einen Kiefernzweig.
Zu Hause sagte der Forstverwalter, daß der Bock goldrichtig sei und gerade gut genug für einen Soldaten und setzte dabei ein Gesicht auf wie ein Pfarrer. Das ging dem Stephan seltsam zu Herzen, und er drückte dem Onkel dankbar die Hand. Das Hannerl drückte er dann auch, etwas später, als es keine Zuschauer mehr gab und der Bockschädel im Wasserkessel auf dem Küchenherd brodelte.
Am Abendansitz schoß dann auch der Sebastian unter der Obhut des Jockele seinen ersten Bock. Alles klappte planmäßig. Der Bock fiel ohne aufsehenerregende Nebenerscheinungen und war nicht besser und auch nicht schlechter als ein erster Bock nach altem, ungeschriebenen Jägergesetz zu sein hat. Nachher stiftete Frau Mairegen eine Bowle. Erst wollten die Jungen damit in die Hütte, sahen aber ein, daß es damit einige Umstände gegeben hätte. Jockel tröstete sich und die anderen: »Morgen bringe ich meinen Bock, und den feiern wir in der Hütte!« — »Übernehm dich nicht«, sagte Frau Mairegen. Aber das Jockele übernahm sich nicht. Am anderen Tag schoß es seinen Bock. Zwar brauchte es nachher noch den Waldmann, weil der Bock nach dem Schuß in einen Fichtenjungwuchs hineingeflüchtet war. Sonst war aber alles in Ordnung, der Schuß und auch der Bock, ein alter Spießer mit dicken Rosen und dolchigen Enden. — »Jockel, du bist ein Teufelskerl«, sagte anerkennend der Stephan, und Sebastian gab ihm nicht nach und nannte das Jockele einen Oberjägermeister. — »Danke«, sagte Jockel mit verstellt tiefer Stimme, »man tut was man kann, und ein tauber Bauer hat meistens die dicksten Kartoffel. Und nachher geht's zur Hütte, und die Bowle nehmen wir mit.«
Da setzte Frau Mairegen noch einmal eine Bowle auf und ließ die Jugend ziehen. Zuvor kratzten die Jungen noch ihr Taschengeld zu-

sammen und Sebastian radelte ins Dorf und holte für den Onkel eine Kiste Zigarren und für die Tante Konfekt, und weil die Hanna das Abkochen der Bockschädel besorgt hatte, kriegte sie auch eine Schachtel, wenn auch der Jockel meinte, daß so etwas für ein Mädchen wegen der schlanken Linie gar nicht gut sei. Aber das sollte Johanna nur mit dem Stephan ausmachen.

Die Bowle war ausgezeichnet, wie alles, was Frau Mairegen zubereitete. Besonders der Jockel wußte das zu schätzen, und er blieb dauernd am Schöpfen. Nachher kriegte er es mit dem Erzählen wie ein alter Rauschebart am Stammtisch. Das konnte er ganz ausgezeichnet, und alle hörten dem »Oberjägermeister« gern zu. Nur das Hannerl kicherte ab und an, wenn Jockel es in seinen Jagdgeschichten zu bunt trieb. Aber der Bub blieb eisern wie ein alter Schratt. Nur als ihm dann später der Stoff ausging, da stimmte er ein Jägerlied an, und die anderen sangen mit. In den Pausen verteilte Johanna das geschenkte Konfekt, wegen der schlanken Linie. Auch gab es immer noch Bowle, trotz Jockels reichlichem Zuspruch. Darum half jetzt auch verstärkt der Sebastian mit. Jockel sollte ja nicht immer alles allein machen müssen. Am Ende hatten es die beiden geschafft und der Jockel schaute trübselig in das leere Gefäß und sagte »Feierabend«.

Als letzter verließ Stephan die Hütte. Lange stand er in der offenen Tür und schaute in den Raum. Dann wandte er sich mit einem Ruck und ließ die Tür hart ins Schloß fallen. Jockel und Sebastian waren schon vorausgegangen und sangen das Lied von dem stolzen Reiter mit den drei Lilien. Johanna schmiegte sich ganz eng an Stephan und umfaßte ihn, als müßte sie ihn festhalten, um ihn nicht zu verlieren. »Du mußt immer an mich denken, Stephan«, sagte sie leise, »immer, hörst du? Wenn der Abendstern aufgeht, dann sollen sich unsere Gedanken treffen, immer, hörst du, Stephan!« Stephan hörte und gab ihr einen Kuß.

Als der Sommer seinen Höhepunkt überschritten hatte, brach der Krieg aus. Johanna hörte die ersten Nachrichten und in ihr war eine schlimme Angst. Dann kam ein Feldpostbrief. Stephan schrieb so froh, als befände er sich auf einer Urlaubsreise. Er hatte das Eiserne Kreuz erhalten, und zur Hirschbrunft wollte er wieder daheim sein. Das gab Johanna neuen Mut und ließ ihre Angst weichen.

Bis zur Hirschbrunft schaffte er es dann doch nicht mehr mit dem

Nachhausekommen. Er schaffte es überhaupt nicht mehr. Er starb, als der Feldzug schon fast beendet war. Das war in einem Waldgebiet, als feindliche Truppen zu einer Verzweiflungstat schritten und das Jägerbataillon in schwere Kämpfe verwickelten.

Das Sterben wurde Stephan nicht leicht gemacht, wie später ein Kamerad, der verwundet davongekommen war, berichtete. Trotz schwerer Verwundung blieb er an seinem Maschinengewehr, viele Stunden lang. Bis er den letzten, den tödlichen Schuß erhielt. Es war ein goldener Samstagabend im September. Daheim schrien die Hirsche. Vielleicht hatte Stephan in seiner letzten Stunde daran gedacht, und an die Hütte am See, in der sein Jagdglück aus frohen Tagen verwahrt blieb. Vielleicht hatte er an all das gedacht, falls er die Zeit dazu gehabt hatte. Und an das Hannerl. Vielleicht, denn bis zum Aufgehen des Abendsterns blieb ihm nicht mehr die Zeit.

Das Jockele war sehr ernst geworden, und seine Augen hatten meist einen feuchten Schimmer. Er wollte es nicht wahrhaben, daß Stephan nie mehr ins Forsthaus kommen sollte und in ihre gemeinsame Hütte am See. Das Hannerl war bleich und durchsichtig geworden wie eine Schwerkranke und verfiel von einem Tag auf den anderen mehr. Frau Mairegen wollte das Mädel nach Hause schicken, damit es auf andere Gedanken käme, aber es wollte nicht.

Dann war auch der Sebastian wieder da. Es waren die Herbstferien. Auch in ihm war die Trauer um den toten Vetter. Aber irgendwie schaffte er es doch, die Menschen im Forsthaus auf andere Gedanken zu bringen. Auch den Jockel und das Hannerl. Und eines Abends wurde am Tisch in der großen Stube wieder herzhaft gelacht, als Sebastian erzählte, wie er und Stephan, als sie noch richtige Halbwüchsige waren, dem Haumeister Pfeffer und Niespulver in die Schnupftabakdose geschmuggelt hatten, daß der arme Mann Rotz und Wasser heulte. Oder wie sie einen zur Fratze hergerichteten Kürbis, mit einer Kerze von innen beleuchtet, in der Dunkelheit auf die Friedhofsmauer stellten, daß Männlein und Weiblein das Laufen bekamen, und erst der Pfarrer und der Polizist in gemeinsamer Anstrengung den »Geist« besiegten. Sebastian hatte noch mehr auf Lager und kramte es auch heraus und gab es zum besten. Und immer war Stephan mit im Spiele gewesen. Nachher war es so, als ob Stephan mit am Tische säße und sich mitfreute an den Schnurren und Schwänken, die Sebastian in schneller Folge aufmarschieren ließ.

Anderntags sah Johanna nicht mehr so schrecklich schwindsüchtig aus, und auch der Jockel hatte klare Augen bekommen. Am Nachmittag marschierten die Jungen und das Mädchen zum See. Unterwegs wurde viel von Stephan gesprochen. Aber es war nicht mehr traurig und so, wie man über einen Toten spricht, denn überall war Stephan allgegenwärtig. In der Hütte hing sein Hirschgeweih, und die Rehkronen waren da mit weißen Schädelknochen, als wären sie eben erst vom Erleger aufgehängt worden. Unter dem Gablerhirsch befestigte Jockel ein Bild von Stephan. Es war einige Jahre alt. Stephan war darauf noch ein Junge. Aber was machte das schon! In Jockels Erinnerung würde Stephan immer ein Junge bleiben, weil es die Erinnerung an eine unvergeßliche Kindheit bleiben würde. Unter das Bild schnitzte er in das rohe Wandholz mit seinem Jagdmesser den Todestag und davor ein Kreuz. Dabei flossen dem Hannerl wieder die Tränen, und auch der Sebastian fuhr sich mit dem Handrücken mehrmals über die Augen. Und nachher wurde frisches Fichtengrün von draußen geholt. Ein grünes Zweiglein davon steckte Johanna hinter Stephans Bild und hauchte einen Kuß darauf, als die beiden Jungen gerade nicht zuschauten.
Auf dem Heimweg wurde es still. Jeder hatte mit seinen eigenen Gedanken zu tun. Später, im Forsthaus, setzte sich Jockel ans Klavier und spielte das Lied vom guten Kameraden. Er war allein im Raum. Dann öffnete sich die Tür und alle lauschten. Frau Mairegen schluchzte in ihre Schürze, und der Forstverwalter mußte mehrmals schlucken. Auch Sebastian gab sich keine Mühe und ließ zwei dicken Tränen freien Lauf. Nur Johanna stand da mit offenen, ernsten Augen. Sie weinte nicht. Vielleicht konnte sie es nicht mehr, weil ihre Tränen versiegt waren wie das Wasser eines Quells.
Der Herbst meinte es in diesem Jahr besonders gut und blieb wie Samt und Seide. Bis zuletzt. Täglich waren die beiden Vettern in der Hütte, und wenn es sich einrichten ließ, nahmen sie die Hanna mit. In diesen Tagen erlegte der Forstverwalter einen alten, reifen Eissprossenzehner. Mit Hilfe des Braunen ward der Hirsch vor die Hütte gebracht, wo ihm die Totenwacht gehalten wurde. Am selben Abend streckte Jockel in den Dienstlandkartoffeln eine zu Schaden gehende Sau. Das war ein guter Tag. Nur der Sebastian kam sich etwas verloren vor neben dem zwiefachen Glück. Da nahm sich der Forstverwalter die Jungens beiseite und hielt mit ihnen ein ernsthaftes Gespräch. Danach hatten beide ihren Abschußhirsch.

Schon am anderen Tag lag auf einem Fichtenteppich ein Spießer mit daumenlangen Zapfen auf dem Haupt, den der Sebastian gestreckt hatte. Das Geweih kam selbstredend an die Hüttenwand, neben den Gabler von Stephan. Als Jockel hierfür den Haken in die Bretter schlug, meinte er, daß man wohl noch anbauen müsse, wenn das so weiter ginge. Und es ging weiter. Jockel kannte einen Hirsch, der trug als einziges Zeichen seiner knöchernen Männlichkeit einen dünnen gedrehten Spieß auf dem Haupte. Er nannte den Hirsch das »Einhorn« und er ließ nicht mehr locker, bis er ihn hatte. Es geschah im milchigen Morgennebel, gerade, daß der Tag erstes Licht brachte. Um ein Haar wäre es noch danebengegangen, denn der Hirsch hatte zwei Tiere bei sich, als er über die Wiesen zu den Beständen zog. Die Tiere waren im Nebel versteckt, der Hirsch auch, aber sein Träger und das Haupt ragten über die ziehenden Schwaden hinweg. Jockel robbte durch das schwammnasse Gras, um näher an ihn heranzukommen. Irgendwie kam er dann aus der Richtung, und plötzlich hatte er nicht den Hirsch, sondern eines der Tiere vor sich und gleich darauf das zweite. Aber die Tiere hatten nicht vor, dem Jungen Gesellschaft zu leisten, polterten ab und schlugen Alarm. Plötzlich war auch das Haupt des Hirsches wieder da und dann, in einem Nebelloch, das ganze Wild. Und Jockel, der sonst so ruhige und überlegene Jockel, bekam vor Erregung und Jagdschüttelfrost das Gewehr nicht an die Backe. Danach war der Hirsch fort. Doch da, wo die Wiese steil in den Wald überging, tat der Hirsch dem Jockel den letzten und größten Gefallen. Er verhoffte und äugte zurück zu dem Störenfried. Da schoß Jockel, obwohl die Büchse nicht stillhalten wollte. Nachher war der Hirsch im Holz untergegangen, und der Jockel war dem Weinen nahe. Denn dieser Schuß aus dem wackelnden Gewehr konnte ja nicht getroffen haben. So sagte der Jockel dem »Einhorn« im Geiste ade und schlich gedemütigt und zerknirscht nach Hause. Zum Glück war der Vater schon fort. Darum brauchte er wenigstens nicht zu beichten. Am Kaffeetisch klagte er dem Sebastian dann doch seine ganze Not. Und das war nur gut, denn der Sebastian war ein Optimist. So kam es, daß zwei Stunden später, als der Nebel längst der Sonne gewichen war, sich zwei junge Jäger mit einem Dackel am Riemen aus dem Forsthaus schlichen. Der Anschuß war dem Jockel auf den Meter bekannt. Da gab es nicht viel zu suchen. Das andere besorgte der Waldmann und beschnüffelte fünfzig Schritt weiter den verendeten Hirsch, das »Einhorn« mit dem verdrehten Spieß. Da knutschte Jockel erst einmal den Dackel ab und fiel dann dem Sebastian um den Hals. Beim Hirsch tat er es danach auch noch. Daher rührten dann auch die unzähligen Hirschläuse, welche Frau Mairegen von Jockels Joppe entfernte. Und der Forstverwalter sagte dazu, daß es mit den Hirschläusen in diesem Jahr besonders schlimm wäre. Natürlich sagte Jockel nicht, daß er minutenlang über dem gestreckten Hirsch gelegen hatte. Auch sonst schwieg er über den dummen Schuß und dem guten Ende. Jeder Mensch braucht sein kleines Geheimnis, und es genügte, daß Sebastian und Waldmann davon wußten.

Darum fand auch das »Einhorn« seinen Platz in der Hütte, neben den anderen Trophäen von Stephan, Sebastian und Jockel und auch in der Nähe von Stephans Bild. Es wurden ein paar gute Stunden in dem Holzbau. Die Jugend philosophierte und sprach von ihren Wünschen und Hoffnungen. Der Jockel hatte die besten, wollte nichts anderes, als dazubleiben und später an des Vaters Stelle treten. Das Hannerl hatte beschlossen, Krankenschwester zu werden, und der Sebastian wollte mehr denn je von der Schule und Soldat werden. Später, als es draußen schon dunkelte, sagte der Jockel: »Der Stephan müßte noch da sein.« Und das war das Letzte, was für lange Zeit in der Hütte gesprochen wurde. Denn Johanna erhob sich und schritt langsam hinaus. Ihr folgte Sebastian, und zuletzt löschte der Jockel die beiden Petroleumlampen und schloß hinter sich die Hüttentür.

Ehe es noch einmal Ferien gab, wurde Sebastian Soldat. Zwar schimpfte er fürchterlich, daß es ihm nicht früher gelungen war. Denn mit dem Krieg würde es doch nichts mehr werden. Der war so gut wie vorüber. Aber sein Abitur hatte er geschenkt bekommen. Das war auch schon was wert.

Mit dem Krieg, da hatte sich der Sebastian verrechnet. Denn der war keinesfalls schon vorüber. Eines Sommertages ging es erst richtig los. Und Sebastian war dabei. Für ihn war es Glanz und Gloria. Mit einem Reiterregiment ritt er in die Weiten des östlichen Raumes. Er war Soldat mit Leib und Seele. Manchmal, des Nachts, wenn sich ein weiter Sternenhimmel über die dunkle Endlosigkeit spannte, dachte er zurück an zu Hause, manchmal sogar an die Schule, die ihm aber jetzt gar nicht mehr so widerlich erschien. Und er dachte auch an die Wälder und die Ferien und die Hütte am See und an Jockel und Onkel und Tante Mairegen. Auch an das Hannerl dachte er.

Was hatte Jockel einmal gesagt? Wenn man sich etwas ganz fest wünscht, dann bekommt man es auch. Sebastian wünschte es sich ganz fest. Darum bekam er es auch. Das Wiedersehen mit Johanna. Aber vorher war es Winter geworden, und die Front hatte sich festgefahren. Bei einem Patrouillenritt wurde er vom Pferd geschossen. Halbtot vor Schmerzen und Kälte wurde er nach Stunden geborgen. Dann ging es zurück. Aber davon merkte er nichts, weil ihm die Sinne geschwunden waren. Als er aufwachte, lag er in einem weichen Bett. Neben ihm stand ein anderes. Da lag auch jemand drin. Der schien schon tot zu sein. So war es auch. Denn nachher kam eine Schwester herein. Die stellte das auch fest. Erst später, als der Tote herausgeschafft worden war und die Schwester wiederkam, schaute Sebastian näher hin. Die Schwester war das Hannerl! Als er den Namen sagte, da schaute sie ihn streng und zurechtweisend an, weil sie wußte, daß sich Soldaten manchmal im Ton vergriffen. Aber noch rechtzeitig kam das Erkennen. »Sebastian!« — »Johanna!« Dann war alles gut, und die nächste Stunde gehörte der Erinnerung und damit allen, die an dieser Erinnerung teilhatten. Hannerl blieb auf der Bettkante sitzen, bis Sebastian eingeschlafen war. Dabei lächelte er. Da schlich sich Johanna hinaus und zog leise, ganz leise die Tür hinter sich zu. Draußen auf dem Flur summte sie das Lied von dem Jäger aus Kurpfalz. Das hatte sie seit Stephans Tod nicht mehr getan.

Es waren gute Wochen, in denen Sebastian der Genesung entgegenlebte. Längst war er in das Hannerl so verliebt, daß es keine Steigerung mehr gab. Und das Hannerl, so schien es, mochte ihn auch. Eines Abends gab es den ersten Kuß, bald auch den zweiten und den dritten. Aber da selbst die große Welt vergänglich sein soll, ist es alles andere Irdische schon lange. Das merkte Sebastian spätestens, als er seinen Marschbefehl in die Heimat erhielt und damit in den Genesungsurlaub. Beim Abschied sah Johanna sehr streng aus, wie eben eine Krankenschwester. Das war sicherlich nur äußerlich. Denn dem Sebastian gegenüber benahm sie sich gar nicht streng. Als der Zug mit den unzähligen Soldatengesichtern in den Fenstern aus dem Bahnhof fuhr, winkte Johanna immerzu, obwohl sie den Sebastian längst aus den Augen verloren hatte.

Sebastian verbrachte zu Hause geruhsame Urlaubstage. Noch war daheim alles wie im Frieden. Bis auf einige Dinge, die sich geändert hatten. Sonst war noch alles wie in früheren Zeiten. Nur die Freunde fehlten. Die waren inzwischen auch alle Soldaten geworden. Eines Tages saß Sebastian wieder im Zugabteil und fuhr in das Waldland, zu Onkel und Tante und natürlich zu Jockel. Aber als er ankam, blieb ihm gerade noch Zeit, dem Vetter »Ade« zu sagen. Auch er mußte zu den Soldaten. Tante Mairegen sah sehr mitgenommen aus und schien um Jahre gealtert. Das war damals nun einmal das Los aller Soldatenmütter.

Es wurde sehr stille im Forsthaus. Denn auch den Forstverwalter hatte das Scheiden des Sohnes still und besinnlich gemacht. So gut es ging, vertrieb sich Sebastian die Zeit, half beim Bestellen der Wildfütterungen, dem Onkel beim Holznumerieren und trieb sich auch sonst die meiste Zeit im Walde herum. Natürlich jagte er auch, schoß am See einige Enten und des Abends am Hasenpaß ein paar heimliche Waldhasen. Zwar gab es diesmal keinen Hirsch, denn der Hirschabschuß war erfüllt. Aber der Forstverwalter meinte, daß der Sebastian es ruhig einmal mit dem Kahlwildabschuß versuchen sollte. So etwas brauchte nicht zweimal gesagt zu werden. Das erste Tier war bald erlegt, und später gab es noch ein Kalb und zum Abschluß ein weiteres Rottier. Da wurde die Welt zu einem leuchtenden Haus, und in der Hütte ließ sich das Erlebte noch einmal gut überdenken und überträumen. Denn die Hütte war nicht nur Wetterschutz und Ruheplatz. Sie war auch Erinnerung. Dort hingen die Geweihe und Gehörne, da hing auch Stephans Bild. Es war mit der Zeit ausgeblichen, aber es war sein Bild geblieben. Und mit den Gedanken an Stephan kamen auch die Gedanken an das Hannerl, süß und schmerzlich zugleich. Denn schon jetzt hatte für Sebastian der Krieg seinen Glanz verloren, dem ihm ein ungestümes, nach Freiheit dürstendes Bubenherz einst gegeben. Nun, da er ihn hatte, diesen Krieg, wünschte er ihn sonstwohin. Was wäre das Leben für ein Paradies, wenn es den Krieg nicht gegeben hätte!

Aber Sebastians Leben war nicht für ein Paradies bestimmt. Denn es ging zurück an die Front. Die war alles andere als schön und ruhmreich. Der Rückurlauberzug dampfte durch das Feindesland. Seine Insassen waren schweigsam und in sich gekehrt. Auch Sebastian war mit dumpfen Gedanken beschäftigt. Gegen Mitternacht hielt der Zug. Irgendwo. Schlaftrunken schaute Sebastian aus dem Abteilfenster. Da las er den Ortsnamen auf dem Bahnhofsgebäude, rieb sich dabei wie verwirrt die Augen. Umsonst. Der Name blieb. Und die Hände griffen nach dem Türverschluß. Aber da setzte sich die Dampfbahn schon wieder zischend in Bewegung und Sebastian schlug ohnmächtig die Hände vor das Gesicht. Als er sie herunternahm, bemerkte er, daß ihm ein älterer Landsknecht zuschaute. Fragende Augen waren auf ihn gerichtet, und Sebastian versuchte zu erklären, daß er vor einigen Wochen hier im Lazarett gelegen. Obwohl ihn der andere gar nicht danach gefragt hatte. Was sollte er dem anderen auch noch erklären? Etwa, daß es dort eine Krankenschwester gab, welche Johanna hieß?

Langsam schritt Sebastian an seinen Platz zurück. Er versuchte zu schlafen. Es blieb beim Versuch. Denn das Hannerl ließ ihn nicht zur Ruhe kommen. Auch später nicht, in den nächsten Wochen. Bis er die Kugel erhielt, die so schnell in sein Herz drang, daß ihm keine Zeit blieb, dem Hannerl noch »Leb wohl« zu sagen und auch nicht denen daheim und nicht dem Onkel und der Tante und dem Jockel. Auch nicht der Hütte am See. So schnell ging das mit dem Sebastian.

Der nächste Sommer kam schwer und heiß. Das Forsthaus hatte das Jockele wieder, wenn auch nur für einen kurzen Urlaub. Denn der Krieg war weitergegangen. Grauenhaft und wahnsinnig. Jockel war nicht mehr der Jockel aus alten Tagen. Auch ihn hatte der Krieg gezeichnet. Zu Hause fand er sich nicht mehr zurecht. Und als der Vater ihn einlud, einen Rehbock zu erlegen, da winkte er nur ab und meinte, daß er es lieber später täte, wenn der Krieg erst einmal vorbei wäre. Dann nahm er sich den Waldmann, den die Jahre auch schon alt und langsam gemacht hatten und bummelte stundenlang durch den Wald. Die Hütte aber ließ er aus. Bis auf den letzten Tag, da er wieder Abschied nehmen mußte. In diesen letzten Stunden fuhr er hinunter zum See. Mit Pferd und Wagen, wie früher so oft. Es war nicht mehr der dicke Braune. Der war auch längst Soldat geworden und half jetzt irgendwo draußen mit, Kanonen zu ziehen oder Munition zu fahren. Der gute Dicke. An seine Stelle war ein anderer getreten. Ein kleiner, struppiger Rappe. Der tat es auch und schneller als früher der Dicke und brachte den Jockel zur Hütte. Kurz war der Besuch. Als Jockel den Raum verließ, hatte Stephans vergilbtes Bild Gesellschaft erhalten. Das glaubte Jockel dem Sebastian schuldig zu sein.

Lange stand Jockel in der Hüttentür. Dann schloß er zu und schritt langsam zum See hinunter. Den Hüttenschlüssel warf er ins Wasser. Vielleicht wußte er schon, daß er ihn nicht brauchen würde. Denn nur noch er war übriggeblieben von den drei Freunden, denen einstmals die Hütte gehörte.

Lange hörten die Mairegens nichts von ihrem Jungen. Dann kam die Nachricht von seinem Tode. Jockel starb so, wie er immer gelebt hatte. Hilfsbereit und im Einsatz für andere. Beim Bergen eines verwundeten Kameraden erwischte es ihn. Und es erwischte ihn ganz. Vielleicht darum, weil dem Jockel Halbheiten immer zuwider gewesen waren. Darum ließ der Volltreffer von dem Försterbuben nicht viel übrig. Nur die Erkennungsmarke war heil geblieben. Sonst hätte man vielleicht gar nicht gewußt, daß es das Jockele war und hätte es als vermißt erklärt. Und die Eltern hätten gewartet, ein Jahr um das andere und hätten gebangt und gehofft. Aber um das Jockele durfte so etwas nicht sein. Vielleicht war es die letzte Gnade, die ihm das Schicksal schenkte. Die Erkennungsmarke war heil geblieben. Sonst war eigentlich nichts Außergewöhnliches geschehen. Denn in dieser Zeit weinten unendlich viele Mütter um ihre Söhne und ebenso viele Väter beugten sich unter der Last des Schmerzes.

Als die Buchfinken wieder einmal den Frühling einläuteten, standen der Forstverwalter und der alte Haumeister vor der Hütte am See, oder, besser gesagt, vor dem, was ein Brand von der Hütte noch übriggelassen hatte. Es war nicht viel. Nicht viel mehr als das, was von den drei Jungen übriggeblieben war, die einst in ihren Sturm- und Drangjahren das Bauwerk geschaffen hatten.

Der Forstverwalter hatte sich vorgenommen, eine neue Hütte am alten Platz zu erstellen, gleichsam, um den drei Jungen damit einen Grabstein zu errichten. Aber dann blieb es doch nur bei der guten Absicht, weil der Tod nicht nur in Kriegszeiten ernten will. Davon stürzte die Welt nicht zusammen. Sie bleibt. Mit ihren Freuden und Schmerzen und mit der stetigen Wiederkehr von Frühling, Sommer, Herbst und Winter.

Eben auch mit dem Sommer, der die großen Ferien brachte und weiterhin bringt.

Es war Sommer. Etwa die Zeit, in der alle Leute von Ferien sprechen.

Da ging eine blonde Frau durch den Wald. Neben ihr schritten zwei Buben. Sie waren ebenso blond wie die Frau und hatten ebenso blaue Augen. Am See wurde Rast gemacht. Bald plätscherten die Buben im seichten Uferwasser. Die blonde Frau schaute ein wenig ratlos in die Runde. Sie suchte die Hütte, die nicht mehr da war. Aber das

wußte sie nicht. Als sie suchend weiterschritt, berührten ihre Füße auch den Platz, auf welchem einmal die Holzhütte gestanden hatte. Der Platz gab nichts mehr zu erkennen, denn längst sprossen auf ihm Gräser und Farne und anderes Waldgewächs. Weil nichts auf dieser Welt dem wachsenden Leben entweichen kann. Auch nicht der Tod und nicht das Verderben.
Lange wanderte die junge Frau am Seeufer entlang. So lange, bis die Buben im Wasser nach der Mutter riefen. Da verließ sie den erinnerungsschweren Ort. Langsam gingen die drei den Weg durch den Wald zurück, den sie gekommen waren. Unterwegs lud ein gestürzter Baumstamm zum Verweilen ein. Dort erzählte die Mutter den Buben eine sonderbare Geschichte. Von einer Hütte am See und von drei Jungen, die sie einst zusammengebastelt hatten, und wie fröhlich die Jungen waren. Bis der große Krieg kam und einen nach dem anderen wegnahm. Nur beim Ende, das die Hütte genommen, kam die Erzählung ein wenig ins Stocken. Aber das merkten die Buben nicht einmal. Woher die Mutter alles so genau wußte? Nun, sie wußte es halt. Weil nur noch das Hannerl übriggeblieben war, welches diese Geschichte erzählen konnte.

Cora, die rote Hündin

Die letzte Arbeit des alten Hirschmann brachte ihm zugleich auch sein Ende. Das war tragisch und erhebend zugleich. Tragisch deshalb, weil der bewährte und mehr als einmal von Sauen geschlagene und von Hirschen geforkelte Fährtenhund sich ein anständiges Gnadenbrot redlich verdient gehabt hätte. Erhebend, weil es letztlich, trotz unterschiedlicher Meinungen, etwas Besonderes ist, in den Sielen zu sterben. Denn ein solcher Tod ist meistens schnell. Und hätte man die Wahl, sich den entsprechenden Tod auszusuchen, dann wüßten wohl die meisten, wie sie sich zu verhalten hätten. Hatte Hirschmann keine Wahl? Wer hat sie schon? Für diesen Klassehund geziemte es sich einfach, im heißen Kampf den letzten Herzschlag zu tun. So war der rote Hund am Hirsch geblieben und bei einer Arbeit, welche ihm schon hundertmal gelungen. Hundertmal oder vielleicht auch mehr. Schrammen gab es schon manchmal, auch mal ein lahmes Kreuz. Aber immer war es gut gegangen. Doch immer nur einmal geschieht eine Sache zum ersten Mal. Und diesmal war die Sache der Tod.

Der hohe Gast war auf einen Hirsch zu Schuß gekommen, der im ersten Frühlicht hinter dem Kahlwild über die Blöße zog. Der Hirsch zeichnete mit weiter Vorwärtsflucht, daß der begleitende Jäger voller Freude und fast bedenklich früh sein »Waidmannsheil« flüsterte. Vielleicht hätte er das nicht tun sollen, einfach deshalb nicht, weil es erstens anders kommt und zweitens als man denkt. Der Hirsch jedenfalls schickte sich gar nicht an, nach diesem schulmäßig guten Zeichnen in wenigen taumelnden Nachfluchten sein Leben auszuhauchen, sondern umgab sich mit seinem schon kopflos gewordenen Rudel und flüchtete mit diesem in das angrenzende Holz hinein. Zwar meinte der Jäger zuversichtlich, daß sich der Hirsch nicht mehr weit tragen könnte. Aber als man dann den Anschuß untersucht hatte, gab es lange Gesichter. Denn die Pürschzeichen, welche dort lagen, waren viel weniger gut als das »gute« Zeichnen von vorhin. Man fand Knochensplitter vom Vorderlauf. Und das sind niemals gute Zeichen. Der Jäger kratzte seinen Hinterkopf. Weil Knochensplitter nach solcher Flucht einfach nicht hierher gehörten. Aber er erinnerte sich auch gehört zu haben, daß hohe Laufschüsse nicht selten ein gutes Zeichnen auslösten. Der Gast dachte sich überhaupt nichts. Dem waren solche Dinge fremd. Wie sollte er sie auch kennen! Er war ein hohes Tier mit hohen Aufgaben und ein beschlagener Mann auf vielen Gebieten. Die Jagd war nur ein Mäntelchen, das man sich gelegentlich umzuhängen hatte, weil ab und an bewiesen werden mußte, daß man auch dabei war. Mag man auch Männlichkeit haben, viel oder wenig. Ist man ein Jäger, hat man meistens viel davon. Einige wissen das und richten sich danach. Nur einige. Das tut deshalb der Sache keinen Abbruch und fällt insgesamt nicht besonders auf. Manche Leute haben allerdings Spitzbubenaugen und merken das auf ihre eigene Art. Aber da und dort sind es immer nur einige wenige.

Die Knochensplitter waren da. Die sah der Jäger und auch der Jagdgast. Doch Knochensplitter sind keine Trophäe, die man sich an die Wand hängen kann. Der Hirsch mußte her! Wie das zu schaffen war, wußte allein der Jäger. Denn den Hirschmann kannte er, und nur er konnte hier weiterhelfen. Nun ist es aber manchmal so, daß Jagdgäste es um so eiliger haben, je höher sie in ihrem gesellschaftlichen oder beruflichen Rang stehen und je weniger sie wirkliche Jäger sind. Auch dieser Jagdgast hatte es eilig. Und als der Jäger ihm erklärte, daß man den Hirsch auch mit gutem Schweißhund so schnell nicht bekommen würde, hatte er plötzlich überhaupt keine Zeit mehr. Das war dem Jäger nur recht, sagte es natürlich nicht. Denn nichts ist ekelhafter bei einer Nachsuche, als ein zappeliger Schütze, der möglichst noch vor dem gefundenen Wild die Trophäe besitzen möchte.

Darum tat der Jäger das einzig Richtige, was in einem solchen Falle zu tun war. Er verbrach den Anschuß mit einem Fichtenbruch. Der war so groß wie ein kleiner Weihnachtsbaum. Vielleicht sollte das die Besonderheit dieses Falles darstellen, vielleicht auch die Besonderheit des Wildes. Denn ein angeschweißter Hirsch wiegt mehr als ein angekröpelter Hase. Gott sei Dank und leider. Es kommt auch hier, wie bei allen Dingen, auf den Standpunkt an.

Dann ging es zum Gasthof, in welchem der Gast einquartiert war. Ein Frühstück braucht nicht unbedingt verdient zu werden. Zwischendurch telefonierte der Jäger mit dem alten Holznagel. Denn nur über den ließ sich der Hirschmann erreichen. Der Hund gehörte dem Holznagel.

Der Holznagel war so etwas wie ein Zwischending von gehobenem Waldarbeiter und abgestuftem Förster. In seiner Laufbahn befand sich nämlich ein dunkler Punkt, ein sehr dunkler Punkt. Eigentlich hätte der Holznagel ein reeller Förster sein können. Daß er es nicht war, blieb seine Schuld. Schließlich geht es nicht an, daß ein junger Dachs von Hilfsförster, der er damals war, seinem Vorgesetzten die Pistole auf die Hemdbrust hält. Auch dann nicht, wenn der Vorgesetzte dem jungen Hilfsförster das Mädel ausgespannt hat. Vielleicht war das Ausspannen noch nicht das Schlimmste, sondern das Zurückgeben. Das war nun lange her und sollte vergessen bleiben. Eines Tages jedoch hatte Holznagel keine Laufbahn mehr. Das war ein vollendeter Jammer. Dennoch wurde der Holznagel nicht auf die Straße gesetzt. Das ist eine eigene Geschichte. Weil der Hilfsförster einen ganz vortrefflichen Schweißhund besaß, den ihm sein Vater mitgegeben hatte und die Worte dazu, daß ein Schweißhund des Jägers kostbarster Schatz sei. Die Worte des Vaters hatte Holznagel längst vergessen, der Schatz war ihm geblieben. Da gab es noch einen Oberforstmeister, einen ganz vortrefflichen Jäger und braven Mann dazu. Der gab dem abgehalfterten Hilfsförster eine Chance wegen des unersetzlichen Schweißhundes. So blieb der Holznagel im Walde, zwar ohne Rang und Namen. Ein gehobener Waldarbeiter zur besonderen Verwendung.

Und das war gut. Nicht nur für den Holznagel, sondern vor allem für das zu Holze geschossene Wild. Denn Holznagel war ein Rüdemann von besonderem Format. Und seine Schweißhunde waren immer allerbeste Klasse. Das erkannte sogar der einstmals bedrohte Vorgesetzte an. Allerdings sehr spät, nämlich dann, als er seinen Jubiläumshirsch strecken durfte. Solche Hirsche bringen das Jagdfieber ja nicht erst unmittelbar vor und bei dem Schuß, sondern schon Wochen früher in Wallung. Und wenn der große Augenblick endlich da ist, dann ist der so ausgezeichnete Mensch ein armes, wirres Knäuel, kriegt den Tatterich und schießt wie ein Anfänger. So jedenfalls erging es dem besagten Vorgesetzten bei seinem Jubiläumshirsch. Die Kugel hatte der Hirsch. Das war aber auch alles. Einige Stunden später war Holznagel mit seinem Schweißhund da. Es gab eine lange, anstrengende Suche. Der Schütze hielt tapfer mit. Als am Abend der Hirsch endlich gefunden war, gab es viel Rührseligkeit. Holznagel freute sich über seinen Hund und der Schütze über den Hirsch. Jeder auf seine Weise. Dem Jäger standen die Tränen in den

Augen. Denn ein Hirsch, der zu einem Jubiläum geschenkt wird, ist meistens auch der Hirsch des Lebens. In diesem Falle war er es. Unter solchen Umständen zeigen sich die rauhesten Jäger manchmal von einer besonderen Seite und legen sich keinen Zwang auf. Jedenfalls kurierten sich der frühere Vorgesetzte und der Holznagel gegenseitig aus. Wenn auch letzterer seinen beruflichen Niedergang niemals verwunden hatte, so war er immerhin auf einem nicht unwichtigen Platz geblieben, stand immer zur besonderen Verwendung bereit, wurde da eingesetzt, wo gerade ein Mann gebraucht wurde und hielt und führte daneben seinen Schweißhund. Zeit zum Heiraten hatte er nie gefunden. Das hätte zu seinem unsteten Dasein auch gar nicht gepaßt.

Einige Stunden nach dem Schuß des »hohen Tieres« zeigte der Jäger dem Holznagel den Anschuß. Der ließ die Sache ruhig angehen, legte den Hirschmann ab und besah sich gründlich Pürschzeichen und Ausriß. Das tat er lange Zeit, murmelte dabei vor sich hin, sagte einmal »Schweinerei« und einmal »Sonntagsjäger«, blieb aber sonst recht friedlich. Später dockte er mit großer Ruhe den Schweißriemen ab und zeigte Hirschmann den Anschuß. Der Rüde holte sich eine Nase voll Wittrung, schüttelte dann den Kopf, daß die Behänge klatschten und legte sich stramm in den Riemen. Lange Zeit stand die kranke Fährte in dem Fährtengewirr des Rudels. Aber der weise Hirschmann ließ sich dadurch nicht kopflos machen, tat zwar einen Abstecher mal nach links und mal nach rechts, verlor dabei aber nicht seine Leitfährte. Irgendwann setzte sich die Rotfährte ab. Hirschmann folgte. An einem Waldstaudenbüschel haftete eingetrockneter Schweiß. Hirschmann zeigte ihn. »So ist es recht«, lobte Holznagel, und der Jäger steckte einen Bruch neben die Waldstaude. Später hatte der Hirsch einen schmalen Bachlauf angenommen und war darin weitergezogen. Doch das stellte für den erfahrenen Rüden keinen Fallstrick dar. Irgendwo fand sich der Ausstieg. Hier hatten die Schalen lange Rutscher hinterlassen. Danach gab es in einem Erlengehölz das erste Wundbett. Es war kalt. Dann aber wurde die Arbeit zur harten Plackerei. Ausgerechnet in eine ungeläuterte Fichtendickung war der Kranke hineingezogen. Rätselhaft, wie ein Hirsch mit gutausgelegtem Geweih zwischen den engstehenden Bäumchen hindurch konnte. Krankes Wild hat nunmal seine besonderen Eigenarten und weiß sich vortrefflich zu verstecken. Als Holznagel am Bauch rutschend dem Hunde folgen konnte, sah er durch den Vorhang aus dichtem, halbtrockenem Fichtengeäst einen Hirsch aufstehen. An sich gab es keinen Zweifel, daß es der Kranke war. Aber als alter, erfahrener Schweißhundmann tat er auch jetzt nichts Übereiltes, sondern ging auf Nummer sicher. Zwar läutete Hirschmann vor Jagdeifer hell auf, doch das Wundbett mußte erst als solches festgestellt werden. Natürlich war es dann auch eins! Die breite Halsung glitt über die Behänge und mit hellem Hals und tiefer Nase nahm der Rüde die warme Fährte auf. Äußerlich ruhig rappelte sich Holznagel hinter dem Hunde durch die Holzwirrnis und bahnte zugleich dem nachfolgenden Jäger den Weg.

Noch ehe die Männer aus dem Dickicht ganz heraus waren, vernahmen sie den Standlaut des Hundes. Den begleitenden Jäger erfaßte das Jagdfieber. Nur den alten Holznagel durfte er dabei nicht verlieren, denn der war schnell wie ein Junger, wenn es darauf ankam. Und jetzt kam es darauf an. Holznagel traute dem betagten Hirschmann eine gar zu lange Hetze nicht mehr zu. »Machen wir es kurz«, sagte er siegessicher zu seinem Begleiter und lief weiter. Zwischendurch hatte er die umgehängte Büchse über den Kopf gezogen. Dann war die Bühne frei für ein großartiges Schauspiel, das nicht von Menschenhirn erdacht und nicht von Menschenhand geschrieben wird, sondern welches allein ein urwüchsiges Leben prägt. Ein Schauspiel voller Erhabenheit und Schönheit, zugleich auch voller Pein und Qualen. Aber Freud und Leid stehen gern eng beisammen. Manchmal so eng, daß eine Unterscheidung schwer ist. Wenn ein krankes, gepeinigtes Wild vom berufenen Hunde gestellt wird, dann ist das für den jagdhungrigen Menschen wie ein wundervolles Gemälde, weil er nur noch die Augen gebraucht, um zu sehen und zu erfassen. Das Beiwerk ist die Leidenschaft. Sie schaltet den Geist aus und das Denken. Gerade das Denken. Vielleicht ist das gut so. Es läßt dem Menschen die wilde Freude an der Jagd und auch an seinem guten Hund. Rechtschaffen ist so etwas nicht. Ein geschundener Leib schmerzt, so oder so, ohne Rücksicht auf das schöne Bild, welches um ihn herum aufgebaut ist zum Ergötzen des Auges.

Für einen Schuß war die Entfernung zum Wilde noch viel zu weit. Aber wie sonst herankommen an Hirsch und Hund in einem weiträumigen Altholz, in dem die Bäume so weit stehen, daß man zwischen ihnen hindurchfahren könnte, ohne das Holz zu beschädigen. Und nichts ist da, was Deckung bieten könnte. Kein Strauch und kein Jungwuchs. Dabei hat krankes Wild noch längst keine kranken

Sinne. Mag man es auch annehmen. Es ist nicht so. Vielleicht sind dann die Sinne noch besonders gut, gerade in einem totwunden Körper. Das wäre der Ausgleich, den die Natur immer und überall bereit hält und täglich, ja stündlich beweist.

Holznagel wußte aus langer Erfahrung, daß ein krankes Wild doppelt wachsam ist, doppelt gut äugt und doppelt gut windet, weil es nicht nur einer Gefahr aus dem Wege zu gehen hat, wie alles Wild in einer freien Wildbahn, sondern weil es sich bereits mitten in einer Gefahrenzone befindet, wo es jetzt nur noch gilt, wieder herauszukommen. Darum ziehen angeschweißte und aufgemüdete Stücke meistens so lange und so weit, wie es die letzte körperliche Kraft noch zuläßt. Daraus hat der Jäger in Jahrhunderten gelernt, krankes Wild noch kränker werden zu lassen, in stiller Sicherheit und unter jeglichem Ausschluß der Einwirkung des Menschen. Aber was ist bisweilen das Wissen um diese Dinge, wenn das menschliche Hirn aussetzt und die Leidenschaft siegt.

Nun hatte Holznagel in seinem Leben vieles gelernt. Manchmal unter harten Opfern und auch, nachdem er die Stränge übertreten hatte. Aber doch recht früh hatte er gelernt, sich bei der Jagd den Zwang aufzuerlegen, den nur der echte Mann sich aufzuerlegen vermag. Immer führte er Schweißhunde. Die halfen ihm dabei ein gutes Stück weiter, weil sie ihm schon als jungem Heißsporn das rechte Verhalten beibrachten. Den Hunden hatte er vieles abgeguckt. Und das hatte sich ausgezahlt. Nicht nur für den Jäger, sondern auch für den Menschen Holznagel.

Der kranke Hirsch wurde von dem roten Hunde arg bedrängt. Immer und immer wieder versuchte Hirschmann zu fassen. Aber ein Hirsch trägt ein Geweih und versteht, dieses auch zu gebrauchen. Selbst dann noch, wenn er schwer krank ist. Vielleicht gerade dann besonders. Hirschmann kannte die Tücken eines knochenharten Geweihs. Oft genug hatte er es zu spüren bekommen. Manches lernte er daraus. Aber nicht alles. Manchmal wünschte sich Holznagel, daß sein Hund ein Quäntchen Feigheit besitzen möge. Denn die Schärfe des Rüden brachte ihm nicht nur den Erfolg, sondern ebensooft auch böse Verletzungen ein, besonders an Sauen und Hirschen.

Aufmerksam beobachtete Holznagel den um den Hirsch tanzenden Hund. Die Ausfälle des Wildes gegen seinen Peiniger wurden häufiger. Hirschmann war kein Jüngling mehr. Seine Bewegungen waren mit den Jahren langsamer geworden. Meterweise tastete sich Holznagel vor. Da warf der Hirsch auf. Die Bewegung des Menschen war ihm in dem deckungslosen Gelände nicht entgangen. Da flog Holznagels Büchse hoch. Der Schuß rutschte heraus. Aber das Abkommen war schlecht. Der Hirsch flüchtete, versank in einer Deckung aus rauhborkigen Stämmen. Das konnte auch der Hirschmann nicht mehr verhindern.

Später hörten Holznagel und sein Begleiter noch einmal den Ball des Hundes. Er klang seltsam müde. Wieder liefen die Männer, als ginge es um ihr Leben. Auf einem Wegkreuz fanden sie Hirsch und Hund wieder. Noch während des Laufes erlebten und sahen sie es: Der Hirsch stieß zweimal, dreimal zu, daß es zu hören war. Der gestürzte Hirschmann versuchte wieder auf die Läufe zu kommen. Es ging nicht mehr. Nur der Vorderkörper schaffte es noch. Da stießen die Geweihenden nochmals zu. Was nutzte es jetzt noch, daß das Abkommen gut war, und daß der Hirsch in der Fährte blieb! Dem Hirschmann konnte niemand mehr helfen. Er brauchte weder Tierarzt noch Gnadenschuß. In Holznagels Armen tat er den letzten Schnaufer. Danach hörte der Jäger das Schluchzen eines Mannes, der, Gott weiß, in seinem Leben keine Träne umsonst vergossen hatte.

Zum Glück ist es nicht nur eine schöne Redensart, daß die Zeit nicht nur Wunden schlägt, sondern auch heilen läßt. Ein paar Wochen lang war der alte Holznagel nicht ansprechbar. Er lief durch die Tage, als wäre er nicht mehr ganz beisammen. Und eines Tages hatte er wieder einen roten Hund. Es war eine blitzsaubere Hündin. Zum Verlieben schön war das hübsche Wesen. Es hieß »Cora« und hatte Hirschmanns Blut in den Adern. Jetzt lebte der Alte zusehends auf, sprach wieder mit Leuten, die er vordem noch unbesehen stehen gelassen hatte und war auch sonst wie verwandelt. Und bald wußte er es, daß Cora mit zu dem Besten gehörte, was er je um sich gehabt hatte.

Es begann damit, daß die brave Hündin einem Rottier mit ekelhaftem Äserschuß über einen halben Tag lang auf der Fährte blieb und nicht mehr ausließ, bis der erlösende Schuß fiel. Noch am selben Tag hetzte sie einen angeschweißten Spießer zu Stande, obwohl der Hirsch nur eine leichte Wildbretverletzung hatte. Jeder andere Hund wäre nach diesen Strapazen fix und fertig gewesen. Nicht so die Cora. Als es nach der Suche heimwärts ging, griff sie sich in der Feldmark noch flugs einen streunenden Kater und schlug sich den schweren

Brocken so lange um die Behänge, bis er sein Strauchdiebdasein ausgehaucht hatte. Im übrigen war sie auch sonst scharf und unbestechlich und ließ sich, wie man so sagt, die Butter nicht vom Brot nehmen.

Holznagel hatte mit dieser Hündin den Griff seines Lebens getan. Das wurde ihm von Tag zu Tag deutlicher. Gewiß hatte er in seinen langen Jägerjahren viele gute, ja sehr gute Hunde besessen, aber den »Hund des Lebens« erhält man nur einmal, wie ein ebensolches Pferd oder den Lebenshirsch. Holznagel war ein alter Mann. Jedenfalls alt genug, um zu wissen, daß Cora auch der letzte Hund seines Lebens sein würde. Falls das Schicksal ihm keinen besonderen Streich spielte.

Vorerst noch meinte es das Schicksal gut mit Holznagel – und auch mit Cora. Als der Hafer in die Reife und der Hirsch in die Feiste ging, gab es für Jäger und Hund bald neue Arbeiten. Ein Umstand, der sich so gar nicht mehr zu vereinbaren scheint mit fast vollkommener Waffentechnik, hervorragenden Zielgläsern und hochentwickelten Patronen. Aber das alles sieht nur auf dem Papier so hochtrabend und hervorragend aus. In der grünen Welt schwinden die Werte schnell, weil das Wichtigste, worauf es ankommt, der Mensch, noch nicht zur Maschine geworden ist. Weil er eben doch aus Herz und Blut besteht. Herz und Blut lassen sich nie ganz berechnen und spielen die tollsten Streiche, wann und wo sie es gerade wollen. Auch gerade bei einem Jäger, vielleicht bei ihm in besonderem Maße. Da nützt das gute Auge nichts und der sonst so sichere starke Arm, wenn das Herz zu Galoppsprüngen ansetzt und das Blut brodelt, saust und braust. Da nützt auch nichts die Hochgeschwindigkeitspatrone und nichts das vielfach vergrößernde Zielglas. Denn wenn der ganze Mensch wackelt und bebt, dann kann das gute Geschoß auch mit Hochgeschwindigkeit ins Leere gehen oder auch, was viel schlimmer ist, schlecht treffen und das Wild zu Holze bringen. Das ist schmerzlich, aber auch, wenn man es richtig sieht, wert, sich darüber Gedanken zu machen. Denn dann weiß man, daß die Jagd, trotz allem, noch nicht der Technik anheimgefallen ist, daß sie hauptsächlich bestimmt wird von der Unvollkommenheit des Menschen, aber auch von dem Wilde und seinem Verhalten und von Licht und Dunkel, von Schnee, Regen, Frost und Sonnenglut und all den anderen hundert prickelnden Dingen, welche als Ganzes die Natur verkörpern. So mag es halt schmerzlich sein, wenn das Wild nicht da liegt, wo man es gern hingehabt hätte; genauso schmerzlich wie die Qualen, die eine lange, durchwartete Nacht bescheren. Aber das Blatt kann sich auch wenden und zum großen Glück werden. Denn, wenn am folgenden Morgen ein gelernter, zuverlässiger Schweißhund den Anschuß untersucht und in erhabener Ruhe der Rotfährte folgt. So lange, bis er gefunden hat. Das kann so still und ruhig dahergehen, wie der zuverlässige Hund es selbst ist. Es kann aber auch zu Höhepunkten kommen, dramatisch und doch voller Jubel, wo der Mensch nicht mehr mitkommt, nicht mit seinem Hirn und auch nicht mit seinem Herzen. Wo es der Hund allein machen muß, bis in die letzte Phase, was dem Menschen reserviert geblieben ist. Aber der hat ja inzwischen Zeit gehabt, sich zu fangen und einzurichten. Und der letzte Schuß klingt wie ein Paukenschlag in einer Sinfonie. Darum ist es das erste und auch das letzte Glück der Jagd, daß zu ihr und für die Hunde vonnöten sind, gute Hunde, die es vermögen, den gequälten Menschen emporzuziehen aus einem tiefen Abgrund und ihm ein Glück zu bereiten, groß und gut, daß sich die Augen verschließen vor dieser Helligkeit und diesem funkelnden Glanz. Das ist die Welt des Jägers. Ein Jäger aber, der dies alles nicht erkennt, obwohl er an den Erlebnissen teilnehmen durfte, ist keiner oder bestensfalls ein armer Mensch.

Holznagel war ein Jäger. Alle Höhen und Tiefen des Jagens hatte er durchgestanden, bis zum Umfallen erlebt und bis zur Neige ausgekostet. Aber das, was er als Jäger wirklich wurde, war er durch seine Hunde geworden. Sie erst waren es, die ihm die letzte Pforte des jagdlichen Geheimnisses öffneten, zum Himmel, aber auch zum Feuerofen. Er kannte beides. Ungezählte Male hatte er beides kennengelernt. Das eine hatte ihm das jugendliche Feuer in seinen Augen erhalten, das andere ihm einen Teil seiner grauen Haare beschert und die Furchen in seinem Gesicht.

Jetzt befand er sich wieder auf der Rotfährte. Seit dem frühen Morgen. Ein Feisthirsch war beschossen worden, im allerletzten Licht des Abends, fast schon zur Nachtzeit. Denn in dem großen Haferschlag standen die Hirsche Nacht für Nacht und halfen den Sauen bei der Ernte. Diesmal war's eine Frau, eine Jägerin, welche die Kugel losgeschickt hatte, als der Hirsch gerade noch als Schattenbild vor dem Haferfeldrand zu erkennen war. Doch daß es eine Jägerin war, hatte nichts zu bedeuten für den Schuß, der nicht gut genug getroffen hatte. Bedeutungsvoller war schon die Tatsache, daß der alte Holznagel von Frauen, welche zur Jagd gingen, nichts hielt. Aber nun war es geschehen, und eine jagende Frau hatte ihm eine Nachsuche gebracht. Auf der Rotfährte wird nicht nach dem Schützen gefragt, der diese verursachte. Auch der Holznagel fragte nicht danach. Alle paar Schritte schielte er über die Schulter, ob das kleine schwarze Wesen in dem grünen Lodenzeug noch Schritt hielt. Es hielt Schritt. Und das ärgerte den alten Graukopf sogar ein wenig. Weil es seine feste Meinung über jagende Frauen schlechthin störte. Denn Schritt halten auf der Rotfährte, welche durch dick und dünn geht, hat mit einem Schreiten am allerwenigsten etwas zu tun. Und in dem Filz einer Dickung, mit peitschendem Geäst und Brombeerwällen, verliert sich gar schnell einmal der Begleiter, selbst wenn es ein Mann ist wie ein Baum. Doch das kleine Frauchen verlor sich nicht, sondern hielt sich verbissen hinter dem Hundeführer. Auch fragte es nicht alle nasenlang etwas Dummes, wie es Jäger bei solchen Folgen gern an sich haben, weil die Erwartung und die Spannung es heraustreiben. Dafür suchte das langhaarige Geschöpf tüchtig mit und brachte die Augen nicht mehr vom Boden und verbrach jeden Tropfen Schweiß, der in der Fährte lag. Natürlich merkte das der Holznagel auch und ärgerte sich nur noch mehr. Eben weil es seine Meinung über Jägerinnen störte.

Irgendwo gab es dann einmal ein Ende. Schwer stand der weidwunde Hirsch aus dem Wundbett auf. Doch er war viel zu krank geworden, um noch ernsthaft fortflüchten zu können. Auf einem Heidebuckel brachte er sich nicht weiter. Er stand und äugte zurück. »Schießen«, flüsterte Holznagel, weil er es selbst nicht konnte und mit beiden Händen den Schweißriemen hielt, an dem die stürmische Cora vorwärtsdrängte. Da sprang das flinke Frauenzimmer drei Schritte nach vorn, kniete nieder und schoß. Schoß so gut, daß es den Hirsch in die blühende Heide warf. Und daß sich Holznagel diesmal nicht ärgerte, war schon ein kleines Wunder. Denn bei seiner Einstellung zu den jagenden Frauen hätte er es eigentlich tun müssen. Am Ende gab es noch einen stürmischen Auftritt, denn zuerst wurde die Cora herzhaft abgedrückt von der übersprudelnden Jägersfrau, was auch wieder ein kleines Wunder war, weil die Hündin sonst gar nicht für solche Zudringlichkeiten zu haben war. Ausnahmsweise hielt sie diesmal still und ließ es rutewedelnd über sich ergehen. Darüber hätte sich der alte Holznagel natürlich auch wieder ärgern müssen, fand dann nicht mehr die rechte Zeit dazu, weil die stürmische Maid rechtzeitig von dem Hunderl abließ und nun dem Alten um den Hals fiel, daß ihm Hören und Sehen verging. Er hatte vorhin bei der Cora gut zugeschaut und hielt jetzt ebenso fein still. Aber nachher ärgerte er sich doch wieder. Weil er sich nämlich am Morgen nicht rasiert hatte. Das war letzten Endes der einzige schwarze Punkt und betraf seine Eitelkeit. Die hat auch ein alter, grauer Jäger zuweilen, noch dazu, wenn ihm ein herzklopfendes Frauchen am Halse hängt, daß man die Schläge durch das Tuchzeug hindurch spürt. Aber sonst gefiel dem Alten eigentlich alles sehr gut. Auch die junge Frau im grünen Loden. Und als Kavalier der alten Schule zog er das Waidmesser aus der Hosennaht, um die rote Arbeit zu tun. Aber damit kam er nicht an. Weil das Frauenzimmer auch ein Waidmesser am Gürtel hängen hatte und damit sogar umzugehen verstand wie ein gelernter Jäger. Da blieb dem Holznagel nichts anderes übrig, als Hilfestellung zu geben. Alles andere besorgte die schwarzhaarige Jägerin. Später saßen die drei, das Frauchen, Holznagel und Cora, in der roten Heide und strahlten sich gegenseitig an. Das heißt, das Strahlen blieb bei den Menschen. Denn die Cora hatte sich bald zusammengerollt und schlief. Holznagel rauchte sogar eine Zigarette, welche ihm die Jägerin angeboten hatte, obwohl er sonst nie eine Zigarette zwischen die Lippen nahm. Aber er tat's, weil ihm jetzt die Tabakspfeife nicht passend erschien. Die Hände der Frau waren vom Wildschweiß so rot wie die rote Heide. Lange betrachtete Holznagel diese Hände, die so zart und schmal waren und doch so gut zupacken konnten. Und längst hatte es in seinem Innern einen gewaltigen Knacks gegeben. Denn auf einmal waren ihm jagende Frauen gar kein Greuel mehr, mindestens diese eine Frau nicht. Erstaunt über sich selbst schüttelte er den Kopf. Das sah auch die Jägerin und fragte gleich, warum er das täte. Aber Holznagel war kein Heuchler und sagte es frei heraus. Da bekam das Frauchen ganz traurige Augen. Doch nur für einen kurzen Augenblick. Nachher lachte es los, daß die Cora aus dem Schlaf fuhr und mißbilligend den Kopf hob. Und Holznagel lachte auch, über sich selbst und so herzhaft, wie er es seit langem nicht mehr getan hatte. Das war eine eigenartige Totenwacht. Doch darum war sie nicht schlecht. Lachen ist immer gut, denn Lachen ist Leben. Und Leben war überall, in den Wipfeln der Bäume und in den Erikablüten. Das ließ sich nicht übersehen, auch nicht an einem gestreckten Hirsch.

Als dann Holznagel den gefundenen Hirsch am Forstamt meldete, feixte der Sekretär. Denn er kannte des Alten Abneigung gegen das jagende Weibervolk. Holznagel wechselte ganz schnell das Thema, fragte nach irgendeinem belanglosen Zeug und machte sich zwischendurch an den Schnürriemen seiner Jagdschuhe zu schaffen. Alte Leute zeigen es nicht gern, daß sie eine vorgefaßte Meinung geändert haben. Außerdem: Was wußte dieser Aktenmensch schon von den Regungen eines Mannes! Aber froh war der Holznagel doch, als er die Tür von draußen schließen konnte.

Übern Tag hing er mit seiner Cora wieder einer Rotfährte nach. Urheber dieser Aktion war ein wackerer Jägersmann. Den konnte die Cora schon am Anschuß nicht leiden und knurrte ihn giftig an. Er redete soviel und stapste dauernd mit seinen breiten Jagdstiefeln auf den wenigen Pirschzeichen, welche das Schmaltier hinterlassen hatte. Da hielt der Mann Abstand und auch, als die Folge losging. Schon in der ersten Bürstendickung war der Mensch abhanden gekommen. Er hatte es vorgezogen, außen um die Dickung herumzulaufen. Als das Stück gefunden worden war, hatte sich das Schmaltier dann zu einem Alttier verwandelt. Das sah man auch schon an dem prallen Gesäuge. Der Holznagel sagte nichts, weil ihm die Zähne nicht auseinandergingen. Beim Aufbrechen schaute der Schütze zu, weil er kein Messer einstecken hatte, und Holznagel bot ihm das seine nicht an und tat die rote Arbeit selbst. Die Cora lag daneben und schaute zu und schien ganz friedlich. So lange jedenfalls, bis sich die Hand des Schützen am Wilde zu schaffen machte. Holznagel sagte »Oh« und der Schütze »verdammt«. Dabei hatte die Cora nur ganz wenig zugebissen, sozusagen nur als Vorwarnung. Und »Köter« hätte der Mensch auch besser nicht sagen sollen. Denn das Wort verstand nicht nur der Holznagel, sondern scheinbar auch die Hündin. Beides war gleich schlimm. Da dachte der Holznagel an die reizende Jägerin vom Tage zuvor und wunderte sich nachher gleich wieder darüber, daß ihm eine jagende Frau nun nicht mehr Furcht und Schrecken verursachte.

Das Kalb von dem Rottier kriegte der Alte auch noch. Das ging gar nicht einmal so schwer, weil es sich zwischen den Stämmen rundherum bewegte und nicht abspringen wollte. Das freute sogar den Jäger, denn die Sache mit dem Alttier hatte ihm doch zugesetzt. Aber er freute sich dennoch über die feinen Haken, denn das Stück war alt. Bei einem Schmaltier hätte er von den Haken nichts gehabt. So kriegt man aus einem Unglück bisweilen noch einen Gewinn. So ungerecht geht es manchmal im Leben zu.

Lange brauchten Holznagel und Cora auf die nächste Arbeit nicht zu warten. Ein Nachbarjäger hatte von der Feldjagd eine angeschweißte Sau in den Forst geschickt. Das geschah in der Nacht, und das Licht war entsprechend schlecht. Dafür war die Dunkelheit um so besser. Der Mann, ein Bauer, bewachte seinen Kartoffelacker, in welchen die Sauen schon ganz hübsche Löcher hineingebrochen hatten. Das mußte man ihm nachsehen. Denn ein Bauer lebt nun mal von seiner Ernte und nur in ganz seltenen Fällen von dem verursachten Wildschaden. Wenn der Bauer noch dazu ein Jäger ist auf seinem Grund und Boden, dann kann es schon innere Konflikte geben, und es wird mitunter auch auf einen Schatten geschossen, der so aussieht, wie eine Sau aussehen müßte. Und nachher weiß man nicht einmal, ob man getroffen hat. Aber der Bauer wußte es, weil er am Morgen und bei Licht nachschaute und Schweiß fand. Hätte er noch besser gesucht, dann wäre ihm sicher noch ein Knochenstückchen in die Finger geraten. Denn die Sau hatte einen Laufschuß erhalten. Das wurde später auch festgestellt, als man den Anschuß noch gründlicher untersuchte. Aber der Mann hatte sich sehr ordentlich benommen und das kranke Stück am Forstamt gemeldet. Der Holznagel war mit seiner Cora nicht vorhanden, weil er sich schon irgendwo auf einer Rotfährte herumtrieb. Als er sich dann endlich um die kranke Sau kümmern konnte, waren über vierundzwanzig Stunden vergangen, ehe er sich den Anschuß zeigen lassen konnte. Holznagel, der alte Fuchs, fand tatsächlich auf dem Trampelplatz noch so ein Stückchen vom Laufknochen. Das war kein erfreuliches Relikt nach so langer Wartezeit. Aber Schweißhundleute sind ganz sonderbare Wesen. Sie denken immer das Beste. Auch wenn sie zehnmal, ja hundertmal enttäuscht worden sind. Sie bleiben Optimisten. Vielleicht ist das ein besonderes Geheimnis aller Rüdemänner. Denn Grund zum Verzweifeln hätten sie sonst genug. Der Holznagel jedenfalls tat sehr bestimmt, holte sich die Hündin, die er abseits abgelegt hatte und brachte sie zur Fährte. Das imponierte dem Bauern gewaltig. Denn er hatte die Sau längst abgeschrieben. Nicht nur, weil er von ihr nichts mehr gehabt hätte. Denn was krank in den Forst einwechselte, gehörte auch dem Forst. Das war Gesetz und ließ sich nicht ändern. Aber an einer verlorenen Sau geht ein Bauer nicht zu Grunde. Auch nicht an einer abgängigen Kuh. Dann schon eher an einem Kalb, welches er jeden Monat einmal am Kartentisch zurückläßt. Das lag nicht in des Bauern Natur. Da war alles im Lot. Darum hatte er auch die Zeit, sich hinter den Holznagel und seinen Fährtenhund zu hängen und dabeizubleiben. Und er störte auch nicht, weil er den Mund halten konnte.

Nach einigen Stunden wollte es Holznagel aufgeben, weil es keinen Schweiß mehr gab und auch kein anderes Zeichen. Nur die Cora wollte es anders, hielt die Nase am Boden und blieb fest im Riemen. Da gab Holznagel nach. Das machte er immer, wenn es der Hund so wollte. Meistens brauchte er es nicht zu bereuen.

Irgendwo in einem Binsenloch gab es dann ein Wundbett. Aber das war lange kalt. Jedoch gab es Auftrieb, weniger für den Hund als für die mitsuchenden Menschen. Eine Sau mit einem kaputten Lauf ist immer noch schneller und ausdauernder als ein Mensch mit einem lädierten Zeh und zieht weit, oft so weit, daß sie nicht mehr zu bekommen ist, auch nicht vom besten Hund. Besonders dann, wenn sie Zeit gehabt hatte, sich abzusetzen aus der Gegend, die ihr nur Ungemach bereitete. Später, viel später wird sie irgendwo erlegt, mit längst verheiltem, aber verkrüppeltem Lauf und mit Schrammen und Schmissen dazu, welche ihr zwischendurch noch in anderen Jagdgefilden beigebracht worden sind. Doch eine Sau geht nicht so leicht zugrunde. Sie nimmt alles hin, fast mit einer Selbstverständlichkeit, als wären Sauen nur zum Dulden und Leiden geschaffen. Denn kaum eine Wildart vermag mit so häßlichen Verletzungen fertig zu werden wie eben das Schwarzwild.

Seinem Hunde zuliebe blieb Holznagel auf der Fährte. Und der Bauer blieb auch dabei, weil ihn die Sache sehr interessierte. Denn eine Nachsuche hatte er noch nie erlebt. Wie sollte er auch. Sein Jagdhund daheim war zu allem anderen geschaffen als für die Arbeit auf einer Wundfährte. Da genügte es, wenn er die Kaninchen am Heidberg auf den Schwung und vor die Flinte brachte. Und bei den kleinen Stöckeljagden spielte er mit den Treiber und holte auch den kranken Hasen, falls der nicht zu weit gelaufen war. Er hatte schon seine Aufgaben, der Jagdhund. Für die Fährtenarbeit war er sicher unbrauchbar.

Um so mehr die Cora. Jetzt zog sie in eine bauchhohe Fichtenkultur hinein und nahm dabei die Nase hoch wie ein Vorstehhund. Das konnte bedeuten, daß die kranke Sau in den Fichten steckte. Denn mitten drin zwischen den Pflanzreihen stand plötzlich ein dunkler Klumpen auf. Das war die Sau. Vielleicht auch eine andere. Das war bald festgestellt. Ein warmes Wundbett war da. Darum zog Holznagel der Cora die Halsung über die Behänge und hetzte die Hündin an. Das war wie eine Erlösung. Denn im Innern hatte er die Sau schon längst abgeschrieben gehabt. Dann lief er los, und der Bauer hielt mit. Denn bei einer Hetze muß auch der Jäger laufen können. Die Sau tat es gut mit den Menschen. In dem Buchenaltholz, das sich an die Jungfichten anschloß, stellte sie sich bereits dem Hunde. Das ging alles ganz schulmäßig. Fast zur gleichen Zeit erblickten die beiden Jäger Hund und Sau. Bis sich Holznagel allerdings schußgerecht zurechtgerückt hatte, verging doch noch einige Zeit. Soviel Zeit jedenfalls, daß sein Begleiter selbst das Gewehr in Anschlag bringen konnte. Sau und Hund befanden sich in einem fortwährenden Ringen. Holznagel schoß sonst schnell und gut. Aber in diesem Falle war es reinweg zum Verzweifeln. Und so paßte er, die Büchse an der Backe auf die erstbeste Gelegenheit. Als es dann plötzlich krachte, wußte er im Augenblick nicht, ob der Schuß seinem oder dem Gewehr des Nachbarn entstammte. Diese Unklarheit aber dauerte nur einen Augenblick. Im nächsten Augenblick wußte er, daß er es nicht getan hatte. Dafür klagte die Cora und die Sau drehte ab, weil ihr der Schuß nichts getan hatte. Jetzt konnte Holznagel auch seinen Schuß loswerden. Er hielt mitten drauf und tat das ohne Zittern. Obwohl er längst ahnte, daß der Schuß von vorhin ein Unglück angerichtet haben mußte. Als die Sau im Feuer blieb, eilte er zu seinem Hunde. Der hatte einen bösen Keulentreffer und konnte nicht mehr von der Stelle. Nachher war auch der Unglücksschütze da. Holznagel sagte kein Wort. Jetzt wäre es auch nicht mehr notwendig gewesen, schon eher vorher und daß nur der Hundeführer zu schießen hat und kein anderer. Das schließlich hatte Holznagel vorausgesetzt. Es war sein Fehler, weil man nie etwas voraussetzen sollte. Sonst gibt es leicht einen Schock oder ein Unglück. Jetzt war es gleich, was mit der Sau geschah. Die hatte keine Beschwerden mehr, weil sie im Schuß verendete. Die Cora war schlechter dran. Und nun mußte der Bauer nochmals laufen. Ein Fahrzeug mußte her. Anders war die Hündin nicht fortzubekommen. Darum lief er los, als säße ihm der Satan im Nacken. Zwischendurch legte der Holznagel der Cora aus seinem Hemd einen Notverband an und sprach mit ihr wie mit einem kranken Kinde. Dabei lag die Hündin ganz still und hörte ihm zu. Dann ging Holznagel doch noch zu der Sau hinüber und brach sie auf, denn er mußte sich abreagieren. Auch war es ihm zuwider, ein erlegtes Wild unaufgebrochen liegenzulassen. Das Herz der Sau brachte er der Cora. Er schnippelte es in ganz kleine Stückchen und freute sich, daß es von der Hündin fast gierig aufgenommen wurde. Das war kein schlechtes Zeichen.

Der Bauer hatte es ganz gut angefangen. Denn er kam mit dem Trecker und hatte einen leichten Anhänger dahintergespannt. Anders wäre er auf den schlechten Waldwegen nicht vorwärtsgekommen. Auf dem Anhänger lag weiches, goldgelbes Stroh, und einen Haufen Pferdedecken hatte er dazugepackt. So konnte die Hündin weich gelagert werden. Dankbar klopfte Holznagel dem Mann auf die Schulter, trotz allem. Das schien aber auch nötig zu sein. Denn den Bauern hatte die ganze Sache doch schlimm mitgenommen, und sein Gesicht war weiß wie eine Kalkwand.

Später sind Holznagel und der Bauer noch gute Freunde geworden. Da war die Hündin aber schon wieder so weit, daß sie zum zweiten Male das Laufen lernte. Durch das lange Liegen hatte sie Kraft und Muskeln verloren. Das mußte erst nach und nach wieder in Ordnung kommen. Da half auch der Bauer beachtlich nach und kam nie mit leeren Händen, wenn er den Holznagel und seinen Hund besuchte. Die Cora aber fehlte im Jagdbetrieb an allen Ecken und Enden. Denn natürlich wurde gelegentlich auch weiterhin Wild krank geschossen, und es gab auch Hunde, welche man an den Anschuß brachte. Aber es gab keinen, der die rote Hündin zu ersetzen vermochte. So gab es mehr Fehlsuchen als Erfolge. Schlimm wurde es mit einem alten Achter, der mit Pansenschuß zu Holze ging. Der Hirsch wurde nicht gefunden. Dann kam das Gerede von einem leichten Schuß, der bald ausgeheilt sein würde. Beides traf nicht zu, weil der Hirsch acht Tage später von Pilzsammlern gemeldet wurde. Natürlich war er nicht ausgeheilt, dafür aber verludert. Da bekam der Holznagel seine Zustände und schwor, das nächste Mal wieder dabei zu sein. Zwar hinkte die Cora noch ganz beachtlich, war aber sonst wieder guter Dinge und hatte sogar, als Folge des Müßiggangs, ordentlich Fett angesetzt. Die nächste Gelegenheit zur Tat ließ gar nicht lange auf sich warten. Ein Forstlehrling hatte ein Rotkalb beschossen, das nicht am Platze blieb. Schweiß lag da und noch einiges andere dazu. Daraus konnte der Jüngling nicht schlau werden. Dafür aber tat er das einzige Vernünftige und radelte wie ein Rennfahrer zum alten Holznagel. Der sagte kein dummes Wort, wie es sonst nur zu leicht gesagt wird, wenn einem Jungen etwas passiert. Zwar war ihm die Fährte zum Arbeiten noch viel zu warm. Anschauen wollte er sie sich erst einmal, um sich darauf einrichten zu können. Das war ein Glück. Und ein Glück war auch, daß er die Cora nicht allein zu Hause lassen wollte und deshalb gleich mitnahm. Der Anschuß enthielt ein kleines

Drama. Weil da nicht nur Schweiß herumlag, sondern auch Teile vom Kieferknochen. Das war also ein ganz klassischer Äserschuß. Zwar sagte der Holznagel »verfluchte Schweinerei«, jedoch so leise, daß es der Lehrling nicht hören konnte. Doch daß es ein Äserschuß war, das sagte er ihm. Und den Jungen traf es wie ein Peitschenhieb. Denn was ein Äserschuß bedeutete, wußte er auch schon, von der jägerischen Seite her. Von der menschlichen Seite her war es genauso schlimm oder noch schlimmer. Jugend empfindet oft viel tiefer und gefühlvoller als das Alter. Komisch ist nur, daß beide es nicht wahrhaben wollen. Nicht die Jungen und auch nicht die Alten. Die einen deshalb nicht, weil sie zu stolz sind, so etwas zuzugeben, die andern nicht, weil sie alles, was in irgendeiner Weise positiv ist, nur zu gern für sich in Anspruch nehmen.

Hundert Meter hinkte sich die Cora auf der wunden Fährte voran und sog inbrünstig die so lange entbehrte Wildwitterung in sich auf. Dann war sie am Kalb, oder besser, am Kalb und am Alttier. Denn das Tier hatte sich nicht vom Nachwuchs getrennt, oder umgekehrt, wie man es nehmen will. Da ging Holznagel aufs Ganze und ließ die Hündin vom Riemen, daß sie hell aufjauchzte und mit glockenklarem Laut dem Wilde nachhetzte. Der Lehrling hielt sich ganz dicht bei dem alten Kollegen, denn er brauchte eine Stütze in diesem wahnsinnigen Auf und Ab seit dem Schuß. Dabei hätte Holznagel selbst einer Stütze bedurft. Denn in seinem Kopf befand sich eine trostlose Leere. Da war das Tier mit dem Kalb, und beide hatten brandheiße Fährten. Würde die Hündin die richtige halten? Würde sie es überhaupt können, bei ihrem Zustand? Denn ein Äserschuß schwächt nicht die Schnelligkeit der Läufe. Seine Gedanken beschäftigten ihn so sehr, daß er diesmal sogar das Laufen vergaß. Das wurde ihm erst bewußt, als er das Kalb klagen hörte. Da war die Hündin mit im Spiel! Und aus dem Klagen wurde ein Schreien. Ein Rotkalb ist kein Rehkitz, das sich so einfach vom Hunde abtun läßt. Da rannte Holznagel los und der Lehrling mit ihm. Denn die Schreie des Wildes konnte er nicht mehr ertragen. Und so ging alles durcheinander in ihm. Da war die Freude über die Hündin, die wieder dabei war und alles durchgestanden hatte. Aber da war auch das Wild, das ihn unendlich dauerte. Gewiß war er ein hartgesottener Jägersmann geworden in vielen, vielen Jahren. Nur sein Herz, das hatte er dabei nicht verloren. Und jetzt hatte dieses dumme Herz das Jagen und meldete sich, daß die Füße schneller und schneller wurden. Nur

vor dem Lehrling mußte er sich verschließen. Auch das Alter mag sich manchmal nicht gern weich geben.
Dann war alles nur noch Routinearbeit. Denn die Cora hatte das Kalb fest an der Drossel und ließ nicht mehr aus. Da schickte Holznagel den Lehrling los, denn er selbst mochte es nicht tun. Vielleicht auch hatte ihn die große Freude über den endgültig genesenen Hund tapperich gemacht. Vielleicht auch wollte er nur, daß der Lehrling sein Werk zu Ende bringen sollte, allein und ohne fremde Hilfe. Wer kennt schon die wilden Gedanken eines alten, grauköpfigen Jägers!
Da wurde der Junge zu einem Mann, legte die Büchse auf Moos und Nadelstreu und gab dem Kalb mit dem Weidblatt den Fang, daß es eine ganze, meisterhafte Arbeit war. Nur die Cora ließ aus und zeigte dem Jungen ihre blanken Zähne. Aber weniger deswegen, sondern weil der Schädel des Wildes so grausam verstümmelt aussah, wandte er sich ab. Nachher sah Holznagel, daß der Lehrling nasse Augen hatte. Aber darüber wird unter Männern nicht weiter gesprochen, weil so etwas nur ausnahmsweise einmal geschieht. Den Fichtenbruch wollte der Junge nicht haben. Dabei hatte es Holznagel ganz aufrecht gemeint. Darum bekam den ganzen Bruch die Cora, als sie wieder an der Halsung war und sich hechelnd neben das Wild gelegt hatte.
Die Totenwacht bekam allen recht gut. Der Cora, weil sie eine Ruhepause nötig hatte, dem Holznagel, weil er Zeit bekam, sich zu freuen über das große Glück, wieder einen brauchbaren Hund zu besitzen, und dem Lehrling, weil er seine Gedanken wieder einordnen konnte und nachdenken darüber durfte, was wohl ohne den roten Hund geworden wäre, aus ihm und aus dem zuschandengeschossenen Wild.
Aber Schweißhunde können bisweilen hinauswachsen aus ihrer angestammten und gelernten Arbeit und auch über sich selbst.
Dann sprach Holznagel über Schuß- und Pirschzeichen. Das war sein Gebiet, und er beherrschte es meisterhaft. Alles wußte er zu deuten, und der Lehrling hörte ihm mit leuchtenden Augen zu. Denn allzu viele gab es nicht, die darüber bis zum letzten Punkt berichten konnten. Und über Schweißhunde wußte der Alte zu erzählen, daß es eine Lust war, zuzuhören.
Auf dem Nachhauseweg hinkte die Cora wieder wie ein Kriegsveteran. Da verhielten die beiden Jäger im Schritt, damit sich das Tier nicht unnötig quälen mußte. Aber die Hündin war aus derbem Holz geschnitzt.

Das bewies sie auch, als es an einem stürmischen Novembertag zur Prüfung ging. Da waren die roten Hunde und die Schweißhundleute ganz unter sich. Die erste Arbeit, welche der Hündin zugewiesen worden war, endete schon nach hundert Schritt. Eben darum, weil das Tier, welchem die Folge galt, nicht weiter kam mit dem Lungenschuß und rasch verendete. Das war am Vormittag. Am Nachmittag wurde es ernst. Ein Rotspießer sollte nachgesucht werden, von dem niemand wußte, wo er den Schuß hatte. Nicht einmal der Schütze. Der Hirsch stand in einem Bachlauf, als er die Kugel angetragen bekam. Da brauchte nicht erst lang nach Pirschzeichen gesucht zu werden, denn die hatte das Wasser allesamt mitgenommen. Und in der Fluchtfährte lag nicht ein Tropfen Schweiß, aus dem man etwas hätte schließen können. Der erste Hund, welcher angesetzt wurde, ein breiter, schwerer Rüde, ein rechter Leithundtyp, brachte die Suche nicht voran, so daß sich der Führer und die Richter fast einig wurden, dem Hirsch könne wahrscheinlich überhaupt nichts fehlen. Doch dann hatte man den lichten Gedanken, es mit einem anderen Hunde nochmals zu versuchen. Und da die Cora gerade in der Nähe war und sich nach der ersten, kinderleichten Arbeit nochmals bewähren mußte, ließ man sie nachsuchen. Das schmeckte dem Holznagel gar nicht, denn eine angenaschte Fährte ist wie ein schales Glas Bier. Sie schmeckt einfach nicht mehr. Weder dem Hund noch dem Führer. Aber bei einer Schweißprüfung läßt sich der Stuhl nicht aussuchen, auf dem man gern sitzen möchte. Da wird man von anderen draufgesetzt. Auch wenn's nicht schmeckt. Nachher schmeckte es aber doch noch, und sogar besonders gut. Denn als Holznagel die Hündin an den Bachlauf brachte, da tat sie so, als wenn die Fährte krank sein müßte. Die anderen merkten das aber nicht, weil sie die Cora nicht kannten. Nur der Holznagel wußte Bescheid und gab der Hündin den ganzen Riemen, daß sie viel, viel Freiheit hatte, um sich von selbst einzufädeln. Nur Schweiß gab es keinen. Nicht einen Tropfen. Holznagel paßte auf wie ein Adler und hätte auch den winzigsten Spritzer nicht übersehen. Zwar verwies die Cora an einigen Stellen irgend etwas sehr bewußt, aber mit den Augen konnte Holznagel nie etwas entdecken. Trotzdem wußte er, daß die Hündin auf der richtigen Fährte war. Nur die Richter waren anderer Meinung. Denn Holznagel hörte zwischendurch, wie einer von ihnen sagte, daß man die Hündin abtragen lassen sollte, weil der Hirsch bestimmt gesund sei. Nun, Holznagel wußte es besser und tat, als hätte er nichts gehört und rief dann auch einmal »Schweiß«, obwohl gar keiner da lag. Anders wußte er sich und der Cora nicht zu helfen. Nur die Richter fanden dann keinen Schweiß, eben weil keiner da lag, und Holznagel flugs weitermarschiert war, um keine Fragen beantworten zu müssen. Und zurückholen wollte ihn und den Hund auch niemand mehr. Das war Holznagels und Coras großes Glück. Denn den Hirsch fanden sie, über Berg und Tal und nach langer Suche. Er war längst verendet und hatte einen Pansenschuß. Jetzt war alles eitel Freude und Sonnenschein. Und alle hatten es natürlich vorher gewußt, daß der Hirsch krank sein müsse. Das wußte auf einmal sogar derjenige Richter, der den Hund schon am Beginn der Fährte abtragen lassen wollte. Da setzte der alte Holznagel ein ganz freundliches Lächeln auf und sagte »Danke, meine Herren« und steckte sich die Pfeife unter die Nase. Nur die Cora revanchierte sich besser und faßte den einen der Herren, der vorhin mit dem Abtragen so schnell bei der Hand war, herzhaft in die Hose. Das war schlimm, denn die Hose war nagelneu. Die anderen lachten, weil der Mann dummerweise feststellen wollte, ob die Hündin am Wilde auch die nötige Schärfe besäße und ganz unnütz dem Spießer die Decke streichelte. Trotzdem erhielt die Cora von allen Seiten großes Lob, jetzt hinkte sie auch nicht mehr. Vielleicht wollte sie den Holznagel auch nur nicht blamieren, daß der mit einem kranken Hunde zur Prüfung erschienen war. Gute Hunde benehmen sich manchmal recht eigenwillig. Und die Cora war ein guter Hund. Das hatte sie wieder einmal bewiesen. Trotzdem hinkte sie spontan, als es aus dem Walde heraus und zur Preisverteilung ins Gasthaus ging. Der Holznagel merkte das rechtzeitig und hielt sich am Schluß, daß niemand etwas sehen und dumme Fragen stellen konnte.

Zu Hause beim Forstmeister gab es dann einen Umtrunk, der sich sehen lassen konnte. Alle Grünröcke waren gekommen, einschließlich des Lehrlings, um Coras bestandene Prüfung zu feiern. Und Holznagel erzählte alles haargenau und tat auch noch etwas dazu, um die Cora ins rechte Licht zu rücken. Den Stoffetzen von der höchstrichterlichen Hose hatte er fein im Notizbuch verwahrt, sozusagen als corpus delikti. Jetzt zeigte er ihn in die Runde, mit spitzen Fingern, als hielt er ein wichtiges Schußzeichen. Und alle lachten, sogar die Frau vom Forstmeister tat mit. Das war schon etwas Besonderes, denn sonst hielt sie sich immer sehr ernst und würdig. Darum zog sie sich auch zurück, als der Alkohol mehr und mehr die Zungen löste. Denn

Jägersleute sprechen dann meistens eine beredte Sprache und tun sich keinen Zwang an. Da sind Damenohren oft fehl am Platz. Dennoch blieb die Tippmamsell dabei und nahm auch kein Reißaus, als ein alter Oberförster diverse Walderinnerungen von sich gab, die alles andere als stubenrein waren. Nur der Lehrling bekam davon einen roten Kopf und wußte nicht, wohin er schauen sollte. Dabei war er schon einiges gewöhnt. Dafür hatten schon die Frauen auf den Pflanzflächen gesorgt. Die geben sich alle Mühe, einen jungen Grünrock in Verlegenheit zu bringen. Nur die Cora nahm keine Notiz von dem unehrwürdigen Treiben, welches sich um sie herum vollzog. Dafür befaßte sie sich eingehend mit den Resten der kalten Platte, welche das Hausmädchen hübsch zusammengestellt hatte.
Als der Forstmeister nach Mitternacht mit glasigen Augen um sich schaute, meinte er, daß er eines ganz bestimmt wisse, nämlich, daß es am nächsten Morgen keine Nachsuche geben würde. Mindestens nicht von seiten der Forstpartie. Aber der Oberförster schien anderer Meinung zu sein. »Man kann nie wissen«, lallte er. Und der Mann sollte recht behalten. Wenn auch im abgewandelten Sinn.
Denn zu Hause kam er nicht an. Weder des Nachts noch am Morgen. Da rief seine Frau in höchster Not beim Forstamt an. Aber der Forstsekretär wußte auch keine Erklärung. Obwohl ihm nach der durchzechten Nacht noch heftig der Schädel brummte, erinnerte er sich schließlich, mit dem Oberförster noch ein Stück des Weges gegangen zu sein. Das sagte er auch der verängstigten Frau, und er versprach, alles zu tun, um ihren Mann zu finden. Als erstes rief er beim alten Holznagel an. Der wußte auch keinen Rat, war aber sofort bereit, den Vermißten zu suchen. Ob denn kein Kleidungsstück oder etwas Ähnliches von dem Oberförster zurückgeblieben sei, fragte er den Sekretär. Zufällig war es so. Die Jagdtasche hatte der Verlorengegangene im Forstamt vergessen. Darauf baute Holznagel seinen Plan. Wenn schon gesucht werden mußte, dann konnte das auch mit der Cora geschehen. Gewiß war die rote Hündin kein Polizeihund. Aber sie hatte nicht nur die Suche auf der roten Fährte erlernt. Oft genug hatte Holznagel mit ihr Auto-, Fahrrad- und selbst Menschenspuren nachgearbeitet. Warum sollte es diesmal nicht auch gehen!
Kurze Zeit später war Holznagel am Forstamt und ließ sich vom Sesekretär die Jagdtasche geben. Der Hündin die Tasche zum Beriechen zu überlassen, hielt Holznagel jedoch für wenig zweckmäßig. Der Sekretär wollte ja noch genau die Stelle wissen, von welcher aus der

Oberförster allein weitergegangen war. Also wurde sofort dorthin marschiert. Es klappte alles wundervoll. Sogar die Schuhabdrücke mit den starken Profilsohlen standen fein aufgezeichnet auf dem weicherdigen Waldweg. Darauf baute Holznagel seinen Plan auf. Auf einen der Abdrücke legte er nun die Jagdtasche. Hier mußte der gleiche Menschengeruch schon die Verbindung für die Hundenase herstellen. Dann wurde die Cora genauso, als handele es sich um Wildanschuß und Rotfährte, angesetzt. Das war gar nicht so schwer. Jedenfalls beschnüffelte das brave Hunderl sehr eingehend und mit viel Verständnis das duftende Lederzeug. »Such verwundt«, sagte Holznagel. Zwar schaute die Hündin mit merkwürdigem Blick zu ihrem Herrn und Gebieter auf. Aber das tat sie wohl nur um zu zeigen, daß sie sehr wohl wisse, daß die ganze Angelegenheit mit Wild nichts zu tun hatte, daß man sich aber dennoch auf sie verlassen könne. Das bewies sie dann auch sofort und setzte sich in gelassener Ruhe in Bewegung, stupste ihre Nase in jeden der noch sichtbaren Schuhabdrücke, genauso, als läge darin ein Tröpfchen Schweiß, ein Stückchen Wildpret, ein Knöchelchen oder eine Büschel Wildhaar. Der Forstsekretär, der sonst immer ein passendes oder ein unpassendes Wort auf den Lippen hatte, brachte diesmal keine Silbe heraus, sondern kraulte sich nur den haarlosen Schädel, was soviel heißen sollte, als könnte dieser Überhund wirklich alles. Und da er von Natur aus neugierig war wie ein Kammerdiener, blieb er dabei und folgte dem Holznagel auf dem Fuße, der jetzt mit dem Schauen und Beobachten genug zu tun hatte. Denn noch war er gar nicht so ganz davon überzeugt, daß seine Cora auf der Menschenspur bleiben würde bis zu einem jetzt noch nicht auszudenkenden Ende. Aber die Hündin blieb auf der Spur, als wäre es die Wundfährte von einem Stück Hochwild. Dann dauerte es selbst dem Forstsekretär zu lange mit dem Sinnieren und dem Mundhalten und er stellte ganz überflüssigerweise fest, daß die Hündin ganz richtig sei. Zu dieser Feststellung verhalf ihm aber ganz und gar nicht sein »Hundeverstand«, denn den besaß er nicht und hatte auch noch nie in seinem Leben einen guten Hund am Riemen gehabt. Vielmehr gewahrten seine flinken Augen eine halb aufgerauchte Zigarre, die da auf dem Wege lag und die zu der Sorte von schwarzen Brasil gehörte, wie sie der Oberförster fast ununterbrochen genoß. Daß das Kraut nur kaum zur Hälfte aufgeraucht war, gab zu denken. Denn freiwillig warf der leidenschaftliche Raucher dieses nur unvollkommen inhalierte Genußmittel nicht fort

Hundert Schritte weiter fand man den Vermißten im Randgehölz des Weges. Er lag reglos da und hatte ein fahles Gesicht. Im ersten Schreck glaubten die Männer, daß der Kollege tot sei. Während der Forstsekretär wie ein Rennpferd zum Forstamt zurückhetzte, um über Telefon Arzt und Krankenwagen herbeizuholen, kümmerte sich derweilen Holznagel um den Reglosen. Der Rüdemann war weder medizinisch belastet noch sonstwie vorgebildet. Aber mit dem Instinkt des Menschen, der mit Tod und Leben in ununterbrochener Reihenfolge zu tun hatte, stellte er fest, daß der Liegende noch nicht im Jenseits angelangt war. Da es kalter Herbst war, hatte sich der Körper des Mannes mittlerweile schon stark unterkühlt. Holznagel legte ihm seinen Lodenmantel über und begann dann, die starren Hände zu reiben. Und selbst die Cora, zufrieden mit ihrem Erfolg, beleckte dem Liegenden das fahle Gesicht.

Später hatte sich niemand mehr die Mühe gemacht, festzustellen, ob die Hilfe von Hund und Mensch eine Lebenshilfe war. Es genügte ihm, daß es Holznagel glaubte. Einen Dank hätte er sowieso nicht gemocht. Der Oberförster blieb am Leben. Er hatte es schon immer mit dem Herzen gehabt. Und nur das war es, welches ihm diesen Streich verursacht hatte. Zwar behaupteten böse Zungen, daß auch der Alkohol seine Hand im Spiele gehabt habe, doch das war nur törichtes und unüberlegtes Gerede. Denn bekanntlich stirbt eher ein Fisch an zu hohem Wassergenuß als ein Jäger an den gleichen Mengen Alkohol.

Trotz böser Zungen war Cora, die schon so auch genügend geachtete rote Hündin, mit einem Schlage so etwas wie eine Berühmtheit geworden. Und Holznagel, der eherne Rüdemann und Hundenarr, nahm diesen Zustand mit besonderer Genugtuung hin. Er, der eigentlich immer auf der Schattenseite des Lebens gestanden hatte, dem beruflicher Erfolg versagt geblieben war, hatte nun das, was seinem Mannesstolz am ehesten gerecht werden konnte. Zwar schnappte er nicht über, wie es leicht bei Menschen geschieht, die überraschend schnell zum Erfolg kommen, er trug den kleinen Ruhm seines Hundes, an dem ja auch er teilhatte, mit äußerer, stiller Würde. Nur die Cora wußte von alledem, was sich um sie her tat, gar nichts. Sie tat ihren Dienst als Fährtenhund, knurrte gelegentlich einen Jäger, der sich zu eifrig ihrer Beute näherte, giftig an oder schnappte auch einmal zu, wenn ein gedankenloser Nimrod ihre Warnsignale nicht beachtete.

Das mußte sogar der gestrenge Landforstmeister erfahren, der, vertrauend auf den gewohnten Respekt, welcher ihm von jedermann entgegengebracht wurde, den schnellen Fang der Hündin ignorierte und seinem endlich gefundenem Hauptschwein ins blanke Gewaff greifen wollte. Das kostete den unteren Ärmelteil seines guten, grünen Rockes. Der Forstmeister, der den hohen Herrn begleitete, bekam eine Gänsehaut und richtete einen gestrengen Blick auf Holznagel, den dieser allerdings nicht bemerkte oder vielleicht auch absichtlich nicht mitbekommen wollte, weil er gerade anfing, den Schweißriemen aufzudocken. Und der Forstsekretär, der wiederum den Forstmeister begleitete, nahm angesichts Coras schnöden Ausfalls automatisch militärische Haltung an. Die Cora aber hatte sich längst wieder beruhigt, weil der Landforstmeister so vernünftig war, nach erfolgter Prozedur drei weite Schritte zurückzutreten. Er machte dabei ein ganz heiteres und zufriedenes Gesicht. Er war ein ordentlicher und vernünftiger Jäger und dem Hunde, welcher nach schwieriger Nachsuche ein angebleites Hauptschwein fand, die nötige Achtung entgegenzubringen wußte. Nach kurzer Pause wandte er sich an die umstehenden Herren und entschuldigte sich mit schelmenhaftem Lachen, daß er halb ausgezogen seinen jagdlichen Dienst verrichten müsse. Da wurden die anderen wieder zu richtigen Menschen und lachten mit dem hohen Vorgesetzten um die Wette. Der erzählte als Zugabe noch eine kleine Episode aus seiner Referendarzeit. Da war auch ein Landforstmeister, ein unnahbarer, gefürchteter und eitler Mann. Der hatte außerdem noch den Nachteil, daß er von häßlicher und unförmiger Statur war. Bebend vor Aufregung warteten die jungen Leute auf sein Erscheinen. Aber überall gibt es einen Schutzengel. Auch damals stand einer bereit. Das war ein junger, sprudelnder Forstmeister. Der fand den richtigen Ton. »Meine Herren«, sagte er, »meine Herren, auch ein Landforstmeister ist nur ein Mensch. Schauen Sie darum nicht auf die Schulterstücke. Ich rate Ihnen, stellen Sie sich den Mann nackend vor.« Das waren beruhigende Worte vor einem großen Augenblick. Die jungen Leute bekamen wieder Farbe. Später brauste der Gestrenge mit schwerem Wagen heran. Den Referendaren klangen noch die Worte des jungen Forstmeisters in den Ohren. Das spiegelte sich auch in ihren Gesichtern wieder. In solche Gesichter hatte der hohe Mann noch nie geschaut. Scheinbar hatte es aber auch noch nie zuvor einen so dreisten jungen Forstmeister gegeben. Jedenfalls strahlten die jungen Forstleute dem hohen Herrn entgegen, als käme eine Schönheitskönigin auf sie zu. In Wirklichkeit aber hatte ein jeder Mühe, seine vorgewärmten Lachwerkzeuge unter Kontrolle zu halten. Allen klang es noch in den Ohren: »Stellen Sie sich den Mann nackend vor!« Und nicht mehr als das taten jetzt die Referendare. Es ging gut. Keiner fiel aus der Rolle. Auch nicht der Landforstmeister, der in völlig neue, ungewohnte Gesichter blickte. Die machten ihn unsicher. Darum hielt er sich nur kurze Zeit auf, denn diese jungen Grünröcke schienen ganz ausgekochte Burschen zu sein.

Der Forstsekretär schaute auf seinen Forstmeister, weil er mit dem Lachen dem Vorgesetzten nicht zuvorkommen wollte. Später lachte er gröhlend, weil das der Forstmeister auch tat. Nur der alte Holznagel blieb still und tätschelte die Cora. Im Innern freute er sich doch über den prächtigen Landforstmeister, der nicht nur aus Uniform und Amtsmiene bestand, sondern ein vernünftiger Mensch geblieben war, trotz hoher Stellung und unterwürfiger Menschen. Und seinen Keiler brach der Mann sogar ganz allein auf. Allerdings mußte die Cora zuvor erst entfernt werden. Holznagel legte sie in sicherer Entfernung ab. Und wie er mit dem Weidmesser umzugehen wußte! Gerade so, als hätte er damit täglich zu tun und nicht nur ein paarmal in einem langen Jahre, wie es in der Tat der Fall war. Dann ließ er sich von Holznagel das Horn geben und verblies das Hauptschwein, daß es eine Lust war, zuzuhören. Dabei verkroch sich der Sekretär hinter dem breiten Rücken des Forstmeisters, weil er vom Hornblasen nichts verstand und nicht noch vom Landforstmeister zu musikalischen Ergüssen aufgefordert werden wollte. Denn diesem vitalen Manne war alles zuzutrauen. Soweit aber kam es dann doch nicht. Statt dessen wurde die ganze Korona zum Umtrunk eingeladen. Ein solcher Keiler und das gute Ende solch einer Suche verlangt auch Außergewöhnliches. Das gemütliche Dorfgasthaus war gerade richtig dafür. Es hatte eine gute Küche und dazu noch eine bildhübsche Wirtin, der die blanke Lebensfreude im Gesicht stand. Auch das war etwas für den Landforstmeister. Dennoch blieb er ein Herr, der sich zu benehmen wußte. Auch dann, als er für die Cora eine extra große Portion bestellte, von dem Besten, was die Wirtshausküche aufzuweisen hatte. Er war wirklich ein Herr, dieser Landforstmeister. Dem Holznagel schenkte er beim Abschied noch ein wertvolles Jagdmesser. »Weil Sie so viel Mühe mit mir hatten«, sagte er. Da kamen dem Alten fast die Tränen. Solche Haltung hatte er nur ganz selten

in seiner Dienstzeit erlebt. Da fuhr der hochgestellte Grünrock los und winkte, daß der zerrissene Ärmel wie ein Fähnchen flatterte.
Der Winter kam früh, mit Schneefall und Frost. Holznagel und Cora waren jetzt nur noch selten auf der roten Fährte. Nicht etwa deshalb, weil weniger gejagt wurde. Eher das Gegenteil war der Fall. Aber der Schnee ersetzt bisweilen einen guten Leithund. Denn wo sonst das Menschenauge absolut gar nichts findet, im Schnee findet es immer noch etwas, wenn ein Stück Wild durch Pulver und Blei zu Schaden gekommen ist. Da prahlt selbst ein einzelnes Schnitthaar großspurig auf dem weißen Untergrund, und ein stecknadelköpfchengroßes Tröpfchen Schweiß leuchtet dann wie ein Rubin. Darum ist es für den Jäger keine Kunst, eine kranke Fährte selbst auszugehen, oder mit einem nur halbwegs brauchbaren Hund nachzuarbeiten. Vom menschlichen Standpunkt ist dieses Verhalten nur zu leicht verständlich. Die Jäger sind nun mal nicht anders, als andere Zweibeiner auch. Das Eingeständnis eines Fehlers geht doch immer gegen die Eitelkeit, und das Bekenntnis eines schlechten Schusses ist auch zugleich das Eingeständnis eines Fehlers. Das mag natürlich niemand gern. Der Schnee jedoch ist ein guter Partner des Jägers. Nicht nur vor dem Schuß plaudert er gern, sondern auch danach, wenn es geknallt hat, und das Wild nicht im Feuer liegen geblieben ist. Das war in jedem Jahre dasselbe, und Holznagel kannte das schon. Denn wer jetzt nach ihm und nach seinem Hunde rief, dem brannte die Not unter den Nägeln, weil er es nämlich im Spurschnee schon selbst versucht hatte, allein oder mit seinem schweißuntüchtigen Hunde, und weil er so nicht zum Ziele kam. Denn das Wild war auf den Läufen geblieben. Dann mußte der alte Holznagel her mit seinem Hund und sah die Bescherung. Denn der Schnee verrät auch den Jäger, der es zu eilig hat und den Anschuß fast zum Tanzplatz macht und in der Fluchtfährte des Wildes steht die Suchspur des Menschen, breit und häßlich bis zum Wundbett, aus dem das Wild vor dem lauten Menschen aufgestanden war.
Wenn die Jäger doch nur warten könnten! Vieles in der grünen Welt wäre anders und besser! Aber je eiliger es die Jäger nach dem Schuß haben, um so besser müssen die Hunde sein, die solche Eile danach wieder zusammenflicken müssen. Ach, der Holznagel wußte Bescheid und glaubte keinem Jäger mehr, der ihm Vorträge hielt. Mindestens so lange glaubte er ihm nicht, bis er den Anschuß nicht nur angeschaut, sondern ganz gründlich untersucht und überprüft

hatte. Und gar nicht so selten fand sich da, wo von Rechts wegen ein Pürschzeichen hätte liegen müssen, ein Stiefelabdruck oder eine Hundespur. Dabei war noch vorhin am Telefon ein heiliger Eid geschworen worden, daß der Anschuß nicht berührt worden war. Und den Hund, ach den, den hätte man erst gar nicht herangelassen. Weil der von Schweißarbeit doch überhaupt nichts verstünde und doch nur Schaden anrichten würde. Dabei war man vorhin gar nicht bange, den eigenen Hund freiweg am Anschuß von der Leine zu lassen. Da war er noch gut genug und dann, als nichts gefunden wurde, schalt man ihn einen Dummkopf und Nichtsnutz und überflüssigen Fresser. Ganz zu Unrecht natürlich, denn der Hund verstand schon etwas, nur leider nichts von der Schweißarbeit. Das hatte er auch gar nicht nötig, weil er andere Dinge um so besser konnte, das Vorstehen und das Apportieren und die Arbeit im Wasser und im schneidenden Schilf und das Stöbern hinter Hase und Fuchs. Oh, der Hund war schon ein ganzer Kerl und enorm brauchbar. Nur auf die Rotfährte hätte er nicht hingedurft. Dann wären ihm Schelte erspart geblieben und vielleicht auch ein derber Jagdhieb. Dennoch sind solche Hunde die Sprossen, auf denen ausgewählte und auserwählte Schweißhunde in schwindelnde Höhen hinaufklettern können. Denn gäbe es nicht Hunde, die es nicht können, wie sollte ein Schweißhund seine Herkunft und Bildung beweisen?

Und der Holznagel stapste durch den Schnee, und neben ihm schritt, leicht wie eine Feder, die Cora. Hatte sie schon keine Arbeit, so sollte sie den Alten wenigstens auf seinen Gängen begleiten, die jetzt besonders den Fütterungen galten. An den Fütterungen war jetzt Hochbetrieb, und irgendwann kriegte man alles Wild zu Gesicht, auch solches, welches sonst sehr heimlich tat und von dem man stets mehr ahnte als wußte. Und Holznagel hatte das Schauen und das Sichfreuen über einen guten Anblick wie alle Jäger gelernt, die wenig schießen, die immer nur dem Wilde und der Jagd Opfer bringen und im Schatten der Großen leben, denen allein die starke Trophäe Jagd und Erleben bedeutet und bei denen die Jagd ohne Schuß und Dampf nicht denkbar wäre. Aber es muß sie wohl beide geben, die einen wie die anderen, zwei Pole, die erst das Ganze zu dem machen, was es bedeutet. Zwei unterschiedliche und doch gleichwertige Pole, über deren Notwendigkeit es keinen Streit geben sollte, auch nicht darüber, wer der bessere und nützlichere sei. Der Holznagel war als Jäger, so wie er es sein durfte, zufrieden. Mit seinem Leben, allgemein gesehen, war er es nicht. Aber das berühte schon nicht mehr die Jagd. Höhepunkte hatte sein Leben dennoch genug. Höhepunkte, die ihm das Leben gab hinter dem langen Riemen, bei der Hatz und während der Bail. Und je älter er wurde, um so mehr Freunde bekam er auch. Er brauchte sie nicht erst zu suchen. Sie kamen von selbst. Da war der Bauer, der einst die Cora in einem gedankenlosen Augenblick zusammengeschossen hatte, und der heute noch daran schwerer trug als andere an einem von ihnen verursachten menschlichen Drama. Dieser Mann ließ den Holznagel nicht mehr aus, und wie es schien, nicht nur aus einem Schuldgefühl heraus der roten Hündin gegenüber. Ein wahrer Freund wurde auch der Oberförster mit dem kranken Herzen, dem das Leben vielleicht gerade deshalb so wertvoll erschien. Diese Freundschaft hatte einen besonderen Klang. Sie war entstanden wie ein Blitz vom wolkenlosen Himmel. Denn gerade dieser Oberförster war es, der den Holznagel immer nur als halben Grünrock betrachtet hatte, eher wie einen Ausgestoßenen, der keinen festen Grund mehr unter die Füße bekam. Titel und Rangabzeichen überspringen nur zu leicht menschlichen Geist und menschliches Empfinden und nisten sich ein als stinkende Brut im Körper der menschlichen Gesellschaft. Nun, ganz so hartgesotten empfand das der alte Holznagel nicht, weil er sich in der sogenannten menschlichen Gesellschaft nicht so zu Hause fühlte wie in den weiten Wäldern. Ab und an hatte auch er seine Regungen, dann überfielen auch ihn Depressionen, und er grübelte darüber nach, ob die Schöpfung am Menschen wohl alles so gestaltet hatte, wie es dem Ebenbild Gottes wohl zustünde. Viel weiter allerdings brachte ihn sein Grübeln nie. Das war auch kein Unglück und hätte dem Holznagel auch zuviel Denkzeit gekostet, weil er sich dann hätte geistig mit zu vielen Menschen abrackern müssen. Denn viele waren es, die ihm in all den Jahren begegneten. Fast alle trugen sie den Jägerrock. Und doch waren sie alle grundverschieden, äußerlich und innerlich. Und darum, daß es Jäger waren, und er sie bei der Jagd oder danach betrachten konnte, lernte er sie fast vollständig kennen. Die Passion, die Leidenschaft, lassen gern Schranken und Hüllen fallen. Dann gibt sich der Mensch so, wie er wirklich ist. Und alle gaben sich so, wie sie wohl in Wirklichkeit waren. Weit schlug das Pendel aus. Nach oben und nach unten. Da gab es Prachtmenschen, von denen man vorher nicht wußte, wie prächtig sie waren. Aber bei der Jagd, da offenbarten sie sich und zeigten sich im gleißenden Licht, daß man den Hut ziehen mochte vor diesen braven Leuten. Die anderen waren auch vorhanden, die sich auch erst beim Jagen offenbarten, nur nicht so, daß man innerlich strammstehen mochte. Manche benahmen sich wie ausgehungerte Wölfe und hatten weder Halt noch Grenzen und oftmals nicht einmal ein Herz in der Brust. Holznagel hatte sie alle genossen, sich gefreut oder auch gegrämt, je nachdem, mit wem er es gerade zu tun gehabt hatte.

Der Februar kam. Er war naß und kalt wie ein Spätherbstmonat. Die Cora war etwas rundlicher geworden, wie es bei allen Wesen zu sein pflegt, welche zu wenig Beschäftigung, aber dennoch einen gesegneten Appetit haben. Beides hatte die Hundedame. Doch das Schlimmste war, daß sich der Holznagel gar wenig um sie kümmern konnte. Denn jetzt, wo der Holzeinschlag in allen Revieren auf dem Höhepunkt angelangt war, brauchte man auch den Holznagel in Schlägen und Hiebsorten. Dem Alten machte das nichts, aber der Cora bekam's gar nicht gut.

An einem Tag, der nur noch aus Matsch, Nässe und Kälte zu bestehen schien, daß selbst die wetterharten Forstarbeiter ihre Gerätschaften zusammenpackten und nach Hause liefen, gab es im Dorf viel Aufregung. Dem Häusling Merten war eines seiner fünf Kinder abhanden gekommen. Der Merten war ein kleiner, stiller Mann, hatte zum Sterben etwas zu viel, zum Leben ein bißchen zu wenig. Fünf Kinder zu haben mag an sich eine gute Sache sein, aber wenn die Not unterm gleichen Dache mitwohnt, dann ist diese Sache gar nicht mehr ganz gut. Im Winter war's besonders schlimm. Da fehlte es an allen Seiten im Mertenhaus. Wenn noch eine Frau dagewesen wäre! Aber die fehlte auch. Sie hatte sich vor einem Jahr hingelegt und war nicht mehr aufgestanden. Und die fünf Kinder waren noch gar nicht flügge und das älteste, ein blasses Mädchen, gerade aus der Schule entlassen. Da ging manches drunter und drüber. Der Merten war viel außer Haus, sich ein paar Mark zusätzlich zu verdienen. Wer wollte dem armen Mann schon helfen? Ein Fremder tat's nicht, und die Nachbarn trugen an ihren eigenen Lasten. Und jetzt auch noch dieses Unglück mit dem Kind. Es war das jüngste, auch ein Mädchen, und blaß und still wie die anderen. Dabei wußte niemand genau, wann das Kind abhanden gekommen war und wie es geschah. Die Älteste hatte mit der Hausarbeit mehr als genug zu tun und war froh, wenn sich die Jüngeren draußen tummelten und ihr nicht an der Schürze klebten. Jedenfalls war die Kleine nicht mehr da, als der Merten am Abend nach Hause kam. Richtig gemerkt aber hatte er es noch später. Erst suchte der schwerfällige Mann in Haus und Garten nach der Kleinen und die anderen Kinder halfen ihm dabei. Jedoch das brachte nichts ein, und das Mädel blieb verschwunden. Es wurde Nacht. Der Wald reichte bis an das baufällige kleine Häuschen. Auch der Waldrand wurde abgesucht, mit einer halbblinden Laterne und unter Weinen und Rufen. Denn die anderen Kinder bekamen es mit der Angst. Da erst lief der Mann zum Dorfpolizisten. Aber der fand auch keinen Rat, schickte den Mann zum Forstamt, weil sich das Kind sicher im Walde verlaufen hatte und versprach, am Morgen Weiteres zu tun. Erst war der Forstmeister böse, daß der Polizist ihm den Merten auf den Hals schickte, jetzt in der Nacht. Plötzlich kam ihm die Erleuchtung und er dachte an den alten Holznagel und die rote Hündin. Die beiden hatten doch damals auch den Oberförster gefunden. Er nahm den zitternden Merten ins Haus, gab ihm einen Schnaps und eine Zigarre und rief beim Holznagel an. Ob er nicht gleich morgen in der Früh kommen könne, fragte er, und erzählte die ganze Geschichte. Natürlich war der Holznagel bereit. Aber nicht erst morgen in der Früh, sondern gleich jetzt. Denn schließlich handelte es sich nicht um ein krankes Wild, sondern um ein Kind, einen Menschen. Den durfte man nicht warten lassen, bis es vielleicht zu spät war. Da sagte der Forstmeister »danke« und legte auf. Anschließend rief er die anderen Forstleute in der Runde an. Alle sagten sie zu, sogar der herzkranke Oberförster. Auch beim Polizisten klingelte das Telefon. Der Forstmeister brauchte jetzt jeden Mann.

Fast zur gleichen Zeit trafen die Männer auf dem Forstamt ein. Auch die Cora mit dem Holznagel. Sie bekamen alle einen Schnaps und eine Zigarre, als Marschverpflegung sozusagen. Sogar der Lehrling bekam seinen Anteil.

Zuerst ging der Holznagel mit der Cora los. An Mertens Haus begann er die Suche. Ein Mäntelchen von dem verschwundenen Mädchen wurde der Hündin vor die Nase gesetzt. Die schnüffelte auch daran herum, aber Holznagel wußte nicht, ob das genügte. Doch da war noch eine Puppe, leicht lädiert und stark verschmutzt, weil Kinderhände nicht immer sauber sind, schon gar nicht bei den Mertens. Die Puppe schien gerade richtig zu sein. Auch mit ihr mußte sich Cora beschäftigen. Holznagel warf das Spielzeug voraus und die Hündin sprang hinterdrein, immer und immer wieder. Holznagel wußte

sicher, was er tat. »Such verwundt«, sagte er, »such verwundt, mein Hund« und schwenkte die Puppe vor Coras Fang und zog dabei einen Halbkreis um das Haus. Mit einem Male war die Hundenase am Boden. Die Puppe steckte Holznagel in die Manteltasche. Und Cora zog ab, daß es eine Lust war. Der Merten wollte mit dran bleiben, aber den schickte Holznagel zu den Kindern ins Haus. Da war er jetzt nötiger. Zwischendurch kam der Forstlehrling an. Den hatte der Forstmeister dem Alten nachgeschickt, falls er Hilfe brauchte. So blieb der junge Mann zur besonderen Verwendung dabei und hielt die Taschenlampe.
Dann ging es langsam zwischen den Stämmen hindurch, als wären Mann und Hund auf einer Rotfährte. Holznagel hielt den Riemen ganz kurz, als hätte er Angst, die Hündin könnte sonst etwas falsch machen oder die Spur verlieren. Angst hatte er. Es war eine sonderbare Angst, die in dem Manne hochkam, vielleicht noch eher ein Bangen. Holznagel kannte keine Sorgen um eigene Kinder, weil er keine hatte. Aber er war ein Mensch mit Gefühl und mit Herz und mit Gemüt. Und das Bangen um das kleine Mädchen kam ganz von selbst. Ununterbrochen sprach er auf die Hündin ein. Es war ein beschwichtigendes Sprechen, daß es dem Lehrling ganz seltsam in den Ohren klang. So hatte er den alten Holznagel noch nie erlebt.
Die anderen Männer suchten derweil irgendwo den Wald ab. Sie suchten aufs Geratewohl. Etwas anderes war auch gar nicht möglich. Beim Holznagel ging es nicht aufs Geratewohl. Da lag System drin. Dank der roten Hündin, zwar eines Tieres nur, aber gerade das war wohl das Besondere, Entscheidende. Denn irgendwo hört der menschliche Geist auf, letzte Verheißung und letzte Zuflucht zu sein. Irgendwann hat er seine Bedeutung verloren. Dann spricht die »primitive« Schöpfung das erste Wort und vielleicht auch das letzte. Holznagel war zwar alles andere als ein Philosoph. Aber gerade Menschen der Natur und des Waldes haben oft ergötzlich einfache und deshalb so große Gedanken. Jedenfalls setzte der alte Jäger alle seine Hoffnungen in seinen vierläufigen Gefährten. Was konnte er jetzt auch Besseres tun? Häufig wird dieses Vertrauen zum wahrhaft großen Erfolg, nicht nur für einen Jäger.
Auch diesmal kam der Erfolg, oder nur ein Teil davon. Vorerst. Die Cora verhielt und tat so, als würde sie etwas verweisen. Holznagel kannte dieses Verhalten. Daher war er auch sogleich mit langen Schritten bei seinem Hunde und der Lehrling tat die Sprünge

mit, nicht nur als Sekundant, sondern weil er im Schein der Taschenlampe alles beobachtet hatte. Da knieten sie nun, und zwischen ihnen war der Kopf des Hundes. Dieser Kopf mit seinem unergründlichen Ausdrucksvermögen, der jetzt die ganze Hoffnung bedeutete. Zumindest für den Holznagel und den Forstlehrling. Langsam tasteten sich des Alten Finger an der Hundenase vorbei auf den Waldboden. Nachher zitterten sie wie Espenlaub. Sie hielten ein Band, ein verschmuddeltes, schmales Band, wie man es kleinen Mädchen in die Zöpfe flicht. Zu dieser Feststellung kam der Lehrling. Da fiel der Holznagel seinem Hunde um den Hals und flüsterte ihm seltsame, leise Worte ins Ohr. Das war eine rührende Szene. Der Alte hatte ja keine Zuschauer, bis auf den Lehrling. Und der gehörte zur Runde. Aber es ging dem jungen Manne in seinem Innersten nicht besser als dem alten Rüdemann.
Das Band kam zu der Puppe in die Manteltasche. Jetzt mußte es gelingen. Nur noch wenige hundert Meter und es gelang. An der Wildscheune kam das Ende. Bis hierher hatte es die Cora gebracht. Im Heu lag das Kind, zusammengekuschelt wie in einem Bettchen, und schlief. Hier war Holznagel mit seiner Kunst am Ende. Aber nicht mit seinem Glück. Der Lehrling nahm das kleine Mädchen auf. Wie fein er das konnte. Zu Hause hatte er ja auch eine kleine Schwester. Da lernt sich manches von selbst. Das Kind schlug nicht einmal die Augen auf. Später nahm es Holznagel in seine Arme. Da wachte es auf und frage schlaftrunken, wo es denn wäre. Dabei hätte es sich fürchten müssen. Denn die Nacht war schwarz, und die Stimme welche zu ihm redete, unbekannt. »Bist Du der liebe Gott?« fragte das Kind. »Vielleicht bin ich es«, sagte der Alte und ließ sich vom Lehrling die Puppe aus der Tasche kramen, der sie dem Kind in die Hände drückte. Mit der Puppe schlief das Mädchen gleich wieder ein, weil es sich geborgen fühlte und bestimmt glaubte, es läge in den Armen des lieben Gottes.
Die Mertenkinder hopsten wie muntere Zicklein um den Holznagel herum. Wohl darum, weil er ihnen die kleine Schwester zurückgebracht hatte. Merten selbst heulte vor Freude, und auch der Lehrling wurde in dieser Umgebung ganz weich. Dann waren auch die anderen zurückgekehrt und klopften dem Alten auf die Schulter, als wäre er ihr bester Freund. Nur bei der Cora versuchte es niemand mit Klopfen. Aber tausend anerkennende Worte bekam sie. Doch mit den Kindern stand sie gleich auf gutem Fuß und ließ sich zerren und

zausen, als wäre sie ein Eselein und kein ernstzunehmender Schweißhund.
Herausgebracht hat es niemand, warum das Kind fortgelaufen war. Das war ja jetzt auch gleichgültig, und einen Grund wird es sicher gehabt haben. Der Forstmeister zeigte sich von der besten Seite, als er dem Merten gute Arbeit anbot, die dieser freudig annahm. Manchmal muß erst etwas Ungewöhnliches eintreten, damit Gewöhnliches ausgeführt wird.
Über Nacht wurde Holznagel richtig berühmt. Auch die Zeitungen schrieben über ihn und seinen Hund. Und manche Gaudi schloß sich an. Sogar einen Heiratsantrag erhielt der Alte, einen, der sehr ernst zu nehmen war. Nur nicht für den Holznagel. Auch Post gab es viel. Ein Altdamenstift drückte sich in einem Riesenpaket mit Wollsachen aus. Darin war so ziemlich alles, was sich aus Wolle herstellen läßt, vom Pulswärmer bis zum Ohrenschützer, Strickweste und Leibbinde und für die Cora ein Wollpullover. Aber der paßte gerade über Holznagels Faust. Was wissen alte Damen auch über die Größe eines Schweißhundes und darüber, daß ein echter Schweißhund keine Strickwaren braucht, weil er immer den zweckmäßigen Anzug dabei hat und sich auch nicht lächerlich machen möchte, wie das genug schon bei anderen Hundchen und deren Herrchen und Frauchen geschieht. Dennoch freute sich der Alte über die Anteilnahme, welche ihm von allen Seiten entgegengebracht wurde. Zwar sprach er nicht darüber, aber das tat nichts zur Sache. Jeder Mensch braucht wenigstens einmal im Leben eine besondere Bestätigung. Auch ein rauher Wald- und Rüdemann.
Noch besser aber wurde es, als er im Sommer einen jagdbaren Hirsch zum Abschuß freibekam. Die Nachricht brachte ihm der Landforstmeister höchstpersönlich. Vielleicht wollte er teilhaben an der Freude des Alten und an der Überraschung. Beides erlebte er, die Freude und die Überraschung. Und darauf lud der Alte den Landforstmeister zu einem Schnaps ein bei der hübschen Wirtin. Natürlich machte der hohe Vorgesetzte mit, denn er wollte den Holznagel nicht kränken und tat auch ganz gerne mal etwas Außergewöhnliches. Darum wurde es auch nicht nur ein Schnaps, sondern eine ganze Anzahl. Die allerdings spendierte der Landforstmeister. Jedenfalls war die richtige Unterlage gegeben für ein echtes jagdliches Gespräch über Hirsche, Sauen und gute Böcke. Und über gute Hunde.
Zwar mußte der Forstmeister mit dem Abendessen ziemlich lange

auf den hohen Gast warten. Aber da der Holznagel mit im Spiele war, konnte er nicht einmal böse sein. Denn der Name Holznagel entschuldigte alles, sogar den Landforstmeister.

Mit dem Hirsch hatte es noch seine Zeit. Denn es sollte ein Brunfthirsch sein und ein jagdbarer noch dazu. So war schon die Vorfreude darauf ein Erlebnis von hoher Bedeutung. Zwischendurch mußte sich Holznagel mit seiner Cora noch auf andere Hirsche versuchen. Auch dem Forstmeister malheurte es eines frühen Morgens. Das war sonst noch nie vorgekommen, weil der Mann Nerven hatte wie Drahtseile und auch eine blitzsaubere Kugel verschoß. Also war es das erste Mal, daß Holznagel seinem Chef assistieren mußte. Am liebsten hätte der Forstmeister gleich losgelegt. Aber Holznagel ließ sich nicht aus der Ruhe bringen und wartete seine obligatorischen Pflichtstunden ab, ehe er zum Schweißriemen griff. Denn für ihn ging es jetzt nicht mehr um seinen Forstmeister, sondern um dessen Hirsch. Dem Wild mußte man Zeit lassen zum Krankwerden. Daß es der Forstmeister in den langen Wartestunden beinahe auch wurde, war nicht zu ändern.

Der Hirsch war auf einer großen Kahlschlagfläche beschossen worden. Überall lagen noch die Ast- und Reisighaufen herum. Zuvor ging erst einmal das Rätselraten um den Anschuß los. Aber je mehr man suchte, um so weniger fand man, und nach zehn Minuten wußte der Forstmeister überhaupt nichts mehr. Das war nicht einmal zu belächeln. Denn er befand sich auf der Pürsch, als der Hirsch eiligen Schrittes über die Fläche zog. Die Entfernung zu ihm hin war auch nicht gerade gering. Nach solchen Vorgängen vergißt dann der Jäger nur zu leicht seinen Standplatz und auch den des beschossenen Wildes. Der Holznagel aber war ein Mann der alten Schule. Da wurde der Hund nicht eher zur Fährte gelegt, ehe nicht der Anschuß vom Menschen gefunden und bis zum letzten Körnchen untersucht worden war. Falls es nicht einmal so verrückt kam, daß von dieser Regel abgewichen werden mußte. Und darum hatte der Alte die Cora sittsam abgelegt und kroch jetzt selbst auf Händen und Füßen durch das Dürrholz, weil der Forstmeister meinte, daß es hier ungefähr gewesen sein müßte. Aber auch nach einer halben Stunde des Kriechens und Suchens war immer noch nichts gefunden. Der Forstmeister hatte es auch noch eilig, weil er einen wichtigen Termin vor sich hatte, den er nicht aufschieben konnte. Da stellte sich der Holznagel wieder gerade auf die Beine und holte sich den Hund! Und der machte es dann im Handumdrehen, zeigte Schnitthaar, welches von den Dünnungen stammen mußte und verwies auch ein Bröckchen Feist. Nur von Schweiß war weit und breit keine Spur. Aber wozu noch Schweiß, wenn das Wild einwandfrei den Schuß hat und die Krankwittrung in jedem Tritt steht. »Den kriegen wir«, sagte Holznagel zum Forstmeister und nahm den Riemen auseinander. Nachher dauerte es doch noch zwei Stunden, ehe der Hirsch gefunden wurde. Er war längst verendet und hätte sich mit diesem Schuß schon nach zweihundert Schritt ins Wundbett setzen müssen und daraus nicht mehr aufstehen können. Das war die Sünde des Schützen, die dieser auch eingestand, während Holznagel den Hirsch aufbrach. Sie bestand darin, daß er dem Hirsch, der nach dem Schuß ins Holz flüchtete, nachgegangen war und ihn dabei hochgehoben hatte wie einen Hasen aus der Sasse. Der Holznagel hörte genau hin. Er hatte so etwas schon geahnt. Nun kam die Beichte von selbst, im Angesicht der starken Trophäe eines ungeraden Zwölfenders. Er wußte es längst, der Holznagel, daß sich die Jäger im allgemeinen in nichts nachstehen, auch nicht in ihrer dummen Art, krankem Wild gedankenlos nachzulaufen. Er wußte es genau. Warum sollte es ein Forstmeister nicht auch einmal tun? Dieser war doch auch nur ein Jäger wie die anderen.

Nun hatte der Chef seinen Hirsch und damit zugleich den Reichtum einer kleinen, kostbaren Welt eingefangen. Er hatte es hinter sich gebracht. Sollte man ihn darum beneiden oder bedauern? Man konnte beides tun. Es war in jedem Falle richtig. Vor Holznagel lag noch diese Welt. Auch für ihn galt das gleiche. Sollte man ihn beneiden oder bedauern? Wieder konnte man beides tun.

Die Zeit läuft wie ein flüchtiger Hase. Eines Abends meldete der erste Hirsch. Ein paar Tage später waren es mehr. In Holznagel war eine Unruhe wie bei einem Kinde um Advent. Seine große Stunde rückte immer näher. Ein Revierförster meldete dem Forstamt einen außergewöhnlich starken Hirsch, den er am Morgen beim Einwechseln mit seinem Rudel beobachtet hatte. Der Forstmeister entschied, daß sich Holznagel um diesen Hirsch kümmern sollte. Das war allerdings leichter gesagt als getan. Ein alter Hirsch ist kein Spießböckchen und kennt alle Gefahren und Tücken des Lebens.

So war es auch bei dem Außergewöhnlichen. Darum mied er das Licht und ließ mit dem ersten Grau des Tages sein Rudel stehen und zog in seinen Einstand. Was half's, daß sich der Revierförster ehrlich bemühte, Holznagel zu Schuß zu bringen. Zuletzt bekam der arme Forstmann auch noch einen Hexenschuß, daß er sich kaum mehr rühren konnte und den Holznagel sich selbst und seinem Schicksal überlassen mußte. Da ging der Alte alleine los. Er saß am Abend an, er saß am Morgen. Er sah Kahlwild und Hirsche, in allen Schattierungen. Nur den, der ihm bestimmt war, den sah er nicht. Doch er kannte den Brunftplatz. Das war immerhin etwas. Darum ließ er das Sitzen sein und pirschte dem Hirsch entgegen. Als es grau wurde, hatte er das erste Wild vor sich, bestehend aus einem starken Kahlwildrudel. Nur der Hirsch fehlte. Jeden Baum als Deckung ausnutzend, schob sich der Alte näher und näher an das Wild heran. Aber so sehr er sich mit seinem Doppelglas auch abrackerte, einen Hirsch konnte er nirgends erspähen. Weit auseinandergezogen äste das Kahlwild wie eine Rinderherde. Wohl wußte Holznagel, daß er nicht mehr schleichen konnte wie ein Junger. Dennoch mußte er weiter. Noch zu groß war die Entfernung zum Wilde. Und es ging besser als er dachte. Seine Füße tasteten sich über den Boden, daß nur kein trockenes Zweiglein und kein Blättchen gerührt wurde. Denn der Waldboden hat seine Tücken für den schleichenden Jäger. Und dann geschah es auch! Mit einem Krach, daß selbst der Jäger zusammenfuhr, barst unter seinen Füßen ein trockenes Holz. Das Wild machte lange Hälse und äugte dahin, wo Holznagel stand. Aber das war noch nicht alles. Denn auf einmal stand hinter den Wildleibern ein Geweih. Es mußte wie ein Spuk aus der Erde herausgewachsen sein. Vorher war es bestimmt nicht dagewesen. Da war es, nur ein Geweih und schaukelte ein paar Mal hin und her, daß es dem Alten ganz schummerig wurde vor den Augen. Denn so etwas gab es nur einmal. Das war nicht mehr zu übertreffen. Holznagels Hände waren klarer geblieben als sein Kopf und tasteten sich die Büchse von der Schulter. Noch stand das Kahlwild reglos, mit hochgerecktem Wildfang und spitzen Lauschern. Den Hirsch gab es jedoch nicht frei. Langsam, ganz langsam ließ sich Holznagel zur Erde niedergleiten. So könnte er sicher schießen, wenn sich der Vorhang aus Wildleibern öffnen würde. So weit öffnen würde, daß der Hirsch die sichere Deckung verlor. Ein Alttier tat einige Schritte. Die anderen machten es nach. Jetzt war Bewegung in der grauen Versammlung. Und das Geweih stand noch immer an der alten Stelle, wiegte sich mal nach links, mal nach rechts. Holznagel schloß die Augen, weil sie feucht geworden waren vom anstrengenden Schauen und wohl auch von der Erregung. Als er sie wieder öffnete, hatte sich die Welt von Grund auf verändert. Holznagel schaute ins Paradies, in die Verheißung. Breit und massig stand der Hirsch da und schlug mit den Läufen den Boden, daß Moos und Walderde in der Luft herumflogen. Das war ein Bild! Fast hätte es Holznagel vergessen, daß er ein Gewehr in den Händen hielt. Als der Hirsch vorwärts zog, spürte der Jäger den harten Schaft in seinen Fäusten. Dann ging alles ganz schnell, denn gleich würde der Hirsch hinter den nächststehenden Tieren verschwunden sein.

Als der Zielstachel des Glases über den massigen Vorschlag hüpfte, war auch schon der Schuß heraus. Und der Hirsch war fort. Überall sah Holznagel flüchendes Wild. Nur der Hirsch war nicht dabei. Also mußte er liegen. Was tat es jetzt noch, daß es den Alten schüttelte und rüttelte. Den Hirsch hatte er. Einen Hirsch, wie ihn nur wenige Auserwählte jemals bekommen. Der gehörte jetzt ihm, und darum rauchte sich der Holznagel seine Pfeife an und blieb am Boden hocken, bis der Tabak zu Asche geworden war.

Der Hirsch aber lag nicht. Weder am Platz noch fünfzig oder hundert Schritt weiter. Der Hirsch lag überhaupt nicht. Jedenfalls nicht da, wo er vom Menschen hätte gefunden werden können. Was der Mensch fand, waren Eingriffe der Schalen und ein Tröpferl Schweiß. Ein Tröpferl Schweiß, ganz winzig nur, das hätte auch vom Lauscher oder vom Wedel stammen können. Aber nicht vom Vorschlag, wo das ganze Leben zusammensitzt.

Der Holznagel war mit einem Mal ein armer, geschlagener Mann. So kam er auch beim Revierförster an. Der lag noch immer im menschlichen Wundbett und konnte es nicht fassen, daß man einen solchen Hirsch nicht ins volle Leben traf. Das konnte zwar der Holznagel auch nicht, aber Tatsache war nun einmal, daß der Hirsch nicht lag. Nun war der Revierförster auch ein erfahrener Jäger und wußte, daß es manchmal auf der Jagd ganz krumm herging. Darum wurde erst einmal ein Schnaps getrunken, damit der Geist wieder in Ordnung kam und ein zweiter, damit der Mensch sich aufrichten konnte nach all dem Ungemach und den Tücken einer Jagd.

Und wieder war es die Cora. Die sollte jetzt alle menschlichen Hoffnungen erfüllen. Für sich selbst hatte sie Holznagel noch nie nötig gehabt. Immer waren es andere gewesen, denen geholfen werden mußte. Dann ging es zur Sache. Redlich mühte sich die Hundenase, die kranke Fährte durch das Gewirr von Kahlwildfährten hindurchzubringen. Man sah es dem braven Tier an, wie schwer das war. Holznagel standen die Schweißperlen auf der Stirn und sein Mund war fest zusammengepreßt. Was sollte er auch reden. Helfen konnte er der Hündin jetzt doch nicht. Die Arbeit wollte manchmal nicht vorangehen. Cora buchstabierte auf der Stelle. Die Fährte schien verloren. Aber die erfahrene Hündin wußte dann von selbst Rat und zog zurück zum Anschuß. Hier hieß es nochmals ernstes Versammeln, intensives Studieren und sorgfältiges Prüfen. Die Perlen auf Holznagels Stirn wurden zu kleinen Rinnsälen. Über dem Schweißriemen faltete er die Hände. Das hatte er schon lange nicht mehr getan. In der Not ändert auch ein Jäger manchmal seine Gewohnheiten. Und dann schien es, als hätte die rote Hündin den Faden wieder gefunden. Schritt für Schritt schob sie sich voran, langsam, aber doch stetig und selbstbewußt. Jetzt würde doch noch alles gut gehen. Und die Sonne war plötzlich da, eine richtige, wärmende, goldene Herbstsonne. Bunt loderte der Wald. Es war ein Feiertag. Nur die kranke Fährte verdüsterte noch des alten Jägers Sinne. So hatte er es nicht erwartet. Und dann war doch ein bißchen Glück da, wie die brave Hündin so zuverlässig vor ihm im Riemen lag, anständig und vertrauenerweckend wie ein schlichter, braver Mensch. Ein Sprung Rehe flüchtete durch den Wald, schnitt die rote Fährte und tauchte im Dickicht unter. Die rote Hündin aber nahm keine Notiz von dem Wild. Ein Eichhorn gluckerte im Kiefernwipfel. Cora hörte nicht hin. Über einen Sandkopf ging es, mit einem Gewirr von Kaninchenröhren. Auch das konnte einen Schweißhund nicht aus der Fassung bringen. Zwar hob das Hundel selbstbewußt die Nase etwas höher, weil ihm der Karnickelduft zu ordinär und auch sonst nicht gut war. Aber die Fährte verlor es dabei nicht. Dann ging es durch Holzschlag, in dem Fuhrleute mit ihren Pferden schweres Bauholz rückten. Das war nun gar nicht gut für Hund und Jäger, aber zu ändern war es auch nicht. Dennoch ging es weiter. Cora wuchs über sich selbst hinaus, weil es bald keine Wundfährte mehr zu finden gab. Die geschleiften Stämme hatten den Waldboden zerfurcht und zerpflügt. Und nochmals falteten sich die Hände des Alten über dem weichen Leder. Doch nachher gab es eine Belohnung. Für den Menschen und für den Hund. In einer Farninsel gab es ein Wundbett. Ein richtiges, breites Wundbett, wie es nur ein starker Hirsch hinterlassen kann. Es roch nach Brunft und war noch halb warm. Dem Hirsch konnte es gar nicht mehr gut gehen. Sonst hätte er sich nicht hier niedergetan, wo kein Einstand war und kein deckendes Holz. Und wie der Holznagel nochmals überdachte und nachher seinen Blick wieder nach vorn richtete, weil es für einen Fährtenmann immer gut ist, wenn seine Augen vor dem Hunde sind, da zog da vorn auch der Hirsch. Im gleichen Augenblick wurde die Cora heftig, weil sie auf der warmen Fährte war. Aber dann waren da Fichten, in die zog der Hirsch hinein, und Holznagel bekam Zweifel, ob es auch der richtige sei und kein anderer. Denn sein Kopf war längst nicht mehr klar genug, um alles richtig zu sehen und zu erfassen. Aber die Cora zeigte es doch an! Darauf mußte man sich verlassen. Natürlich war es der Kranke! Und bei diesem Gedanken griffen die zitternden Hände am Riemen vor, faßten die Halsung. Das andere besorgte die Hündin selbst, weil sie es am besten wußte, wie ein forscher Hund schnell aus einer losen Schweißhalsung heraus kann. Ein Jubelschrei, ein quicklebendiger Lustsprung. Dann war das rote Mädchen in den Fichten, juchzte vor Eifer und Lust hell auf, daß es im Walde vielmals widerhalte und jagte dann zufrieden und mit klingendem Laut dem Wild nach, daß der Alte erst einmal wie benommen dastand und nur noch Ohren hatte. Bis er sich daran erinnerte, daß ein Jäger bei einer Hetze seines Hundes nicht herumzustehen hat und sich nicht vom Geläut gefangennehmen darf, sondern daß auch ihm die Beine weiterhelfen können. Da ordnete er schnell den Schweißriemen und trabte los. Weil jetzt alles doch noch richtig geworden war, und unterwegs hatte er wieder gute Gedanken, die ihn daran erinnerten, daß es so, wie es jetzt lief, erst richtig schön geworden war, weil die Cora teilhaben konnte an seinem Lebenshirsch. Auch das war eine große Freude wert. Und so lief, ja rannte er wie ein Junger. Alles war so gut, der Wald, die Sonne und das Geläut von seiner Cora. Noch besser wurde es, als aus dem Hetzgeläut eine Bail wurde, eine glockenklare, rufende, frohlockende Bail, ein Oratorium, das nochmals die Hände zum Falten brachte, aber anders, dankbarer, als vorhin.

Das letzte Stück des Weges lief er nicht mehr. Einmal darum, weil ihm die Luft ausgegangen war, zum anderen, da er wußte, daß man mit schlagenden Pulsen keinen guten Schuß anbringen kann. Auf einem breiten Holzabfuhrweg stand der Hirsch. Und die rote Cora machte ihm zu schaffen, daß er nicht mehr von der Stelle kam. Jetzt wurde die Sonne erst richtig hell und der Wald erst richtig bunt. Wie eine züngelnde Flamme war die Hündin, wie ein Standbild der Hirsch. Nur das Geweih war in Bewegung und zur Abwehr gesenkt.

Jetzt konnte nichts mehr schlecht werden. Und der Alte faßte sich in Ruhe, als er den Sicherungsflügel der Büchse herumschob.
Er war sich seiner Sache so sicher gewesen, vielleicht zu sicher. Die Büchse brachte er auch noch hoch, aber den Schuß wurde er nicht mehr los. Dabei ging es nur um den Hauch einer Sekunde. Um ein ganz kleines, ganz winziges bißchen Zeit. Um dieses winzige Körnchen Zeit war der Hirsch schneller als er.
Fichten sind großartige Bäume, in allem. Nur sind sie es dann nicht mehr, wenn sich ein kranker Hirsch in ihren Schutz begibt, daß ihm Pulver und Blei nichts mehr anhaben können. Dort in den Fichten tobte die Hatz jetzt weiter. Und sie blieb schnell, zu schnell, um einem alten Manne das Dabeibleiben zu gestatten. Und selbst wenn er es gewollt hätte, zum Laufen brachte es der Holznagel nicht mehr. Ihm fehlte einfach die Kraft dazu. So blieb er nur mit den Ohren bei seinem Hunde, lange, lange Zeit. Bis ihm auch das Gehör nicht mehr half. Weil sich das Geläut verloren hatte in den weiten schweigenden Wäldern. Nur noch einmal war es ihm, als dränge ein Flöckchen von Coras Lied zu ihm. Und es war nicht mehr als eben nur ein Flöckchen, in seinem Anfang und seinem Ende eins. Lange wartete der Alte und fühlte sich sehr allein, elend und verlassen. Bis ihn die Angst überfiel, eine nackte, grausame Angst. Und er lief durch den Wald, als könnte er dadurch noch etwas einfangen. Dabei war es eher ein planloses Umherirren, das gar nichts mehr einbrachte. Dann kam die Müdigkeit und legte sich wie Blei auf Glieder und Geist. Und wo der Hirsch zuletzt gestanden hatte, da legte er seinen Loden aus, wie eine Flagge als Signal. Weil die Cora doch hierher zurückkommen mußte. Wie sie es so oft schon getan hatte, wenn das Wild nicht zu fangen oder zu stellen war. Er hockte sich auf einen Baumstumpf. Er mußte warten. Treue um Treue, so hatte er es immer gehalten mit seinen Hunden. Nur dieses eine Mal, da nutzte die Treue nichts. Am Nachmittag war die Cora noch immer nicht zurück.
Alle Menschen des Forstamtes halfen bei der Suche. Auch der herzkranke Oberförster war dabei und der Forstmeister. Alle wußten um die Not des alten Holznagel. Der Lehrling hatte seinen Teckel mitgebracht. Das war überhaupt das Beste, was er tun konnte. Denn der Teckel war es, der die kranke Fährte des Hirsches fand und darauf blieb, wie es sich für einen angehenden Schweißhund geziemte. Und dann war es auch gut so, daß der Lehrling als erster am verendeten Hirsch stand und nicht der alte Holznagel. Denn neben dem

Hirsch lag die Hündin, auch verendet. Dem Teckel sträubten sich die Rückenhaare, und er wußte nicht, wohin er zuerst mit seiner Nase hintasten sollte, zum Wilde oder zu der roten Hündin. Der Lehrling wußte, wohin er zuerst zu gehen hatte und blieb bei der roten Hündin, bis er die Stimme des Forstmeisters hinter sich hörte. Da hatte er gerade noch Zeit, sich mit dem Taschentuch übers Gesicht zu fahren und tat nachher so, als müßte er sich schneuzen. Das gelang ihm auch ganz echt.

Den Holznagel ließ man dann allein bei seinem Hunde und seinem Hirsch, seinem Lebenshirsch. Es war der beste, der je im Forstamt seine Fährte gezogen hatte. Nur der Holznagel merkte nichts, weil er von seiner Cora nicht fortkam.

Nach dem Fertigmachen kam das Geweih ins Forstamtsbüro. Der Holznagel hatte es nicht gemocht. Vielleicht wollte er dadurch nicht immer an den bösen Tag erinnert werden, vielleicht wußte er aber auch, daß er es sowieso nicht mehr gar zu lange würde anschauen können. Denn es ging dann schnell bergab mit ihm.

Als er starb, war er ganz allein. Nicht einmal einen Hund hatte er um sich gehabt. Auch das war ein kleines Schicksal. Aber wer merkt das schon! Mitmenschen müssen immer erst auf alles aufmerksam gemacht werden. Nur ganz selten merken sie mal etwas von selbst.

Grenznachbarn

Der Bauer Klausen hatte nicht nur einen prächtigen Hof, er hatte auch eine vortreffliche Jagd. Keinen Schrebergarten, sondern eine richtige, fabelhafte Jagd. Weiträumig und ausgedehnt, wie es der Hof selbst war. Wer eine Jagd hat, der hat auch Jagdnachbarn. Klausen hatte davon vier Stück. Das war nicht einmal zuviel. Denn Jagden stoßen überall an ihren Ecken und Kanten mit anderen Jagden zusammen, ebenso an ihren langen und kurzen Seiten. Das kann mitunter eine stattliche Anzahl von Nachbarn ergeben. Zu allen hatte er ein gutes Verhältnis. Sie waren auch nur Menschen wie alle anderen und hatten nicht nur ihre guten Seiten, genau wie Klausen, der ebenfalls nicht nur gute Seiten hatte. Aber eines hatten sie alle gemeinsam: Sie mühten sich um gute Nachbarschaft und taten das letztlich sich selbst zu Gefallen. Denn dumm waren sie alle Vier nicht. Sonst aber waren sie voneinander grundverschieden.

Der Klausen hatte es von allen am besten, weil er die Jagd vor der Haustür hatte, also gleichsam in ihr wohnte. Auch sonst hatte er es am besten. Denn er war auch der eigene Bauer in seiner eigenen Jagd. Das war mehr wert als ein Sack voll Geld. Denn wenn er auch ein guter Bauer war, so war er halt dennoch ein Jäger. Und auch bei einem guten Bauern spricht der Jäger in ihm stets ein gewichtiges Wort mit. Das ist gut für den Jäger und meistens auch gut für das Wild. Denn über Wildschäden, die nicht von anderen Leuten bezahlt werden müssen, gibt es wenig Aufhebens und schon gar kein Geschrei. Das würde nämlich gar nichts nützen. So bleibt die ganze Feldmark ein einziger, großer Wildacker. Den man zwar nicht so ganz wörtlich nehmen darf. Aber Äsung hat das Wild das ganze Jahr hindurch. Das stört manchmal den Bauern und freut den Jäger. Wenn aber beide in einer Person vereinigt sind, dann ist leicht ein Kompromiß geschlossen und in neun von zehn Fällen zugunsten des Jägers. Das ist für den Jäger eine großartige Angelegenheit, und dem Bauern tut's gar nicht so sehr weh. Aber der Klausen hatte den anderen noch etwas voraus. Vom Kaninchen bis zum Rotwild konnte er fast auf jede Wildart jagen. Denn einer seiner Nachbarn war der Staatsforst.

Staatswälder aber haben in punkto Jagd ihren eigenen Nimbus. Das ist an sich kein Kunststück bei der üblichen Ausdehnung und der damit meist verbundenen Ruhe dieser Wälder. Das Kunststück liegt allein darin, daß sich der Staatswald in jagdlichen Dingen immer etwas einfallen läßt, auch dann noch, wenn die Holzpreise zusammenschrumpfen und die Unkosten wachsen. Darüber sollte man nicht zetern. Schon gar nicht sollten das die Jäger tun. Denn von einem reich gedeckten Tisch fällt für jeden genügend ab. Das ist dann für die kleinen Leute, die sich daran laben können und es auch tun. Dumm ist es nur, daß sie dabei nicht stille bleiben, sondern nach mehr und mehr schreien und den gedeckten Tisch mit gierigen Augen betrachten. Das könnte manchmal leicht ins Auge gehen. Denn ein leerer Tisch wirft nichts mehr ab. Das wußte der Bauer Klausen und schrie darum auch nicht, sondern hielt eine gute Nachbarschaft zu den Leuten der grünen Farbe. Und die waren ihrerseits wiederum froh, so einen Nachbarn zu haben. Denn das Wild kann sich selbst im riesigen Staatsforst allein nicht den Pansen und den Weidsack füllen, sondern muß austreten können auf Felder und Wiesen, die wiederum andere Leute besitzen. Dann wird die Eule zur Nachtigall. Und beide Seiten können sich freuen über den gelungenen Scherz. Nur müssen sie als Jäger die gleichen Interessen haben.

So hatte der Staatswald mit dem Klausenbauern keinen schlechten Fang getan. Und umgekehrt war's auch nicht der Fall. Das Schönste aber war, daß beide Seiten es wußten und sich gegenseitig respektierten.

Die anderen Angrenzer hatten keinen Staatswald zum Nachbarn, aber den Klausenbauern. Und das war auch etwas wert. Da war erst mal der Schneidermeister Hinze, ein langer, dünner Mann und immer tipp topp angezogen, wie es eines Schneidermeisters würdig ist. Schneidermeister durfte man eigentlich nicht sagen, obwohl er es war. Aber ein normaler Schneidermeister pachtet sich nur selten eine Jagd. Das beginnt erst dann, wenn daraus ein Kleiderfabrikant wird. Ein solcher war der Hinze. Das war ihm zwar nicht zu Kopf gestiegen, im Gegenteil. Sein Meisterbrief hing wie ein Ausweis und allen sichtbar in der Diele seines Hauses. Dafür brauchte er sich nicht zu schämen. Der Fabrikant war doch die lukrativere Seite und hatte ihm letztlich das Jagen und eine Jagd eingebracht. Hinze war auch ein korrekter Mann. Das sind wohl alle Schneider und es hängt mit dem Beruf zusammen. Er war auch ein korrekter Jäger. Darum führte er auch einen Jagdhund. Der hatte ein Gesicht wie sein Herr, nur trug er keine Brille. Auch sonst glich er seinem Halter. Er war dürr und stand auf langen Läufen. Das gab ihm etwas Spinnenhaftes. Der Jüngste war er auch nicht mehr. Das sah man an seinen Zähnen, wenn er den Fang zum Gähnen aufsperrte und auch an seinem stacksigen Gang. Aber sonst war er noch gut zu gebrauchen, besonders für einen älteren Herren, wie es der Hinze war. Da brauchte nicht mehr alles so schnell zu sein. Auch nicht der Jagdhund. Nur beim Karnickelstöbern wurde der alte Kurzhaar wieder richtig jung. Dann merkte man ihm die Jahre nicht an. Aber danach mußte er sich immer erst eine Woche erholen, ehe er wieder richtig auf den Läufen stand. Dem Hinze erging es dabei fast ebenso, weil er sich bei den Karnickeln immer so fürchterlich erregte, wenn er vorbeischoß. Das tat er ausgiebig, und seine Würde verließ ihn auch beim Karnickelschießen nicht. Hier war sie aber fehl am Platze. Denn ein Karnickelschütze braucht nicht Würde, sondern Schnelligkeit. Diese beiden Dinge treffen aber nur selten gut aufeinander. Mit der Kugel konnte es Hinze besser. Hier stand ihm die Würde nicht im Wege. Darum lagen auch fast alle Rehböcke, die er sich ins Visier nahm, im Feuer und die paar Ricken auch. Von letzteren aber waren es in jedem Jahr immer nur wenige, manchmal auch keine. Weil Hinze die Dinge ganz kommerziell sah. Ein Biologe war er nicht, nur insofern, als er wußte, daß allein die Ricken die Kitze bringen. Nur aufklären durfte man ihn nicht. Dann konnte er sogar seine Würde verlieren. Wenn er dann sagte, daß so ein feister Rehbock doch mit vier oder fünf Ricken fertig werden müßte. Er nahm das ganz menschlich und fand den Rickenabschuß als sinnlosen Mord. Überhaupt alles nahm er sehr menschlich, was in seinem Jagdrevier geschah. Darum hatte er auch alle nasenlang Futterstellen stehen. Die waren immer gut beschickt, sogar im Sommer. Das kostete ihn zwar eine Unmenge an Geld, aber es beruhigte auch sein Gemüt. Sonst war er ein Nachbar, der nicht weiter auffiel, den Grenzbock am Leben ließ und einmal im Jahr seine Angrenzer zu einer kleinen Jagd in sein Revier lud. Dann sagte er schon bei der Begrüßung, wieviel Stück Wild geschossen werden durften. Und wenn das Soll erfüllt war, dann wurde Schluß gemacht mit dem Jagen. Auch wenn es erst Mittagszeit war. Dennoch kamen seine Gäste immer gern, weil das anschließende Schüsseltreiben große Klasse war. Dazu ging man auch nicht in die Kneipe, sondern feierte in Hinzes Haus, wo der Schneidermeisterbrief in der Diele hing, gleich neben der Garderobe, daß jeder sehen konnte, welch goldenen Boden ehrbares Handwerk noch immer hat. Auch hatte er eine reizende Frau. Die war nicht mitgewachsen, als der Schneidermeister zum Fabrikanten aufstieg. Darum war sie auch so reizend geblieben und lief nicht in Pfauenfedern herum, wie das in ähnlichen Fällen manchmal geschieht. Dennoch oder gerade deswegen war sie charmant. Von der Jagd verstand sie nichts. Aber zuhören konnte sie, wenn die Männer von der Jagd sprachen. Das war auch etwas. Nur der Hinze, der wollte es anders, und er hatte sein Frauchen auch einmal in einen Jungjägerlehrgang geschickt, daß es mitreden könnte und gesellschaftsfähiger würde. Damit hatte er allerdings Pech gehabt. Denn das Frauchen wollte keine Büchse von der Flinte unterscheiden lernen und wollte auch nicht wissen, wie sich ein Brunfthirsch benimmt und auch nicht, wie ein balzender Auerhahn. Und die Größe eines Eigenjagdbezirks und die Rasanz einer Hochgeschwindigkeitspatrone waren ihr schnuppe. So war es Hinzes stiller Kummer, daß ihn seine Frau in diesem Punkt im Stich gelassen hatte. Aber das war wohl sein einziger ehelicher Kummer. Seine Kinderlosigkeit störte ihn nicht. Er hätte mit Kindern wohl auch nichts anzufangen gewußt.

Anders war das bei dem dritten Angrenzer, dem Apotheker Labsam. Der hatte sechs Kinder, eines gesünder als das andere. Er war noch jung, seine Frau noch jünger. Dabei ließ sich noch einiges erhoffen. Labsam war ein lustiges Haus und ein ebenso lustiger Jäger. Seine Jagdpassion ging ihm über alles. Am liebsten wäre er Förster geworden. Aber seine Familie wollte es anders. Denn der Vater war Apotheker gewesen und der Großvater und der Urgroßvater auch. Darum durfte die Kette nicht abreißen. Außerdem konnte sich ein tüchtiger Apotheker nach Auffassung der Familie alles erlauben, ein tüchtiger Förster aber höchstens die Hälfte davon, meist noch weniger. Das sah der junge Labsam auch ein, als er älter und vernünftiger geworden war. Den entgangenen Förster konnte er aber trotzdem nie ganz verwinden. Darum lief er auch dann im grünen Loden herum, wenn es nicht zur Jagd ging, und einen Hund hatte er auch meistens um sich. Irgendeinen, denn er besaß mehrere. Am besten machte sich ein robuster Drahthaarrüde mit verwegenem Bart und blutunterlaufenen Augen. Der begleitete den Apotheker stets, wenn dieser in der Stadt zu tun hatte oder bei den Behörden. Dabei war der Rüde ein gutmütiges Schaf und tat keiner Maus etwas zuleide. Aber das wußten die meisten Leute nicht und sahen sich vor. Nur eine dumme Untugend hatte der Hund. Er hob an jedem Gegenstand, der größer war als er selbst, das Bein und tat dabei etwas. Das war ihm nicht abzugewöhnen. Aber der Labsam gab sich wohl auch nicht die rechte Mühe, und was die anderen ärgerte, grämte ihn noch längst nicht. Denn er war, wie gesagt, ein lustiges Haus. Und bei dem Betriebsprüfer, der sich unlängst einfand und sich gar nicht gut aufführte, spielte der Rüde den hinterhältigen Rächer, indem er das Bein hob und das Hosentuch des unliebsamen Mannes tüchtig einweichte. Weniger schön war es, daß genau das gleiche beim Herrn Pastor passierte. Aber das konnte auch damit zusammenhängen, daß der Pastor Hunde nicht leiden konnte, sondern nur Katzen. Ein Dutzend davon schlichen im Pfarrhaus umher, und der schwarze Anzug des geistlichen Herrn war stets mit weichen Katzenhaaren garniert. Der Drahthaar war ein kluges Tier und merkte so etwas sicher. Denn wenn er auch keiner Maus etwas zuleide tat, mit Katzen hatte er nichts im Sinn.

Hund Nummero zwei im Hause Labsam war eine kleine, niedliche Münsterländerhündin. Die war besser geartet als der große Rüde. Auch lag ihr das Laufhochheben nicht im Blut. Sie war halt eine Hündin. Sonst war sie lustig wie ihr Herr. Nur beim Briefträger benahm sie sich stets daneben. Daran hatte der Mann in der blauen Uniform selbst Schuld, weil er der Kleinen einmal auf die Zehen getreten war, als sie ihn nicht gleich an den Hausbriefkasten heranlassen wollte. Hunde und Elefanten aber vergessen nichts. Nicht das Gute, auch nicht das Böse, das ihnen geboten oder zugefügt wird. Bei der Jagd war die hübsche Langhaarige ganz groß und hatte eine Passion, welche mitunter selbst die von Labsam noch übertraf. Und das wollte etwas heißen!

Dann war noch ein Dackel im Hause Labsam. Der kam aus dem Rüpelalter nie heraus, obwohl er schon fünf Jahre alt war. Daran waren die Labsams selbst schuld, denn sie hatten es versäumt, den schlauen Patron rechtzeitig als ganzen Hund zu betrachten. Statt dessen blieb er immer der Kleine, obwohl er vital war wie ein Playboy und abgebrüht wie ein Altwarenhändler. Nur die Menschen merkten das nicht und ließen sich von dem Kurzbein an der Nase herumführen. Manchmal durfte er auch mit ins Revier. Das kostete leider immer etliche Nerven. Denn schon in den ersten fünf Minuten verschwand er in Busch und Dorn. Dann hörte man ihn stundenlang laut jagen, weil er jede Fährte fand und jede Spur. Erst am Abend stellte er sich wieder ein, gerade noch rechtzeitig, um nach Hause mitgenommen zu werden.

Zwar schimpfte man mit ihm, aber das nahm er nicht ernst, denn er wußte aus Erfahrung, daß die ganze Familie froh war, ihn wieder zu haben. Dennoch hatte er dem Apotheker bei der jagdlichen Arbeit auch schon gute Dienste geleistet. Wenn ein Bock oder eine Geiß nach dem Schuß nicht gefunden werden konnte, der Teckel blieb auf der Fährte und fand. Aber das mußte am Riemen geschehen, sonst wäre er vielleicht noch ausgebrochen und hätte sich an gesunden Rehen verjagt oder an einem Waldhasen. Er war halt unberechenbar.

Die anderen Jäger mochten den Apotheker gern, weil er keine Grillen kannte und auch sonst ein angenehmer Nachbar war. Er vertrug sich mit allen und half allen auch dann, wenn es nicht nur um jagdliche Dinge ging.

Dann war da noch ein Bauunternehmer. Der hatte auch eine Angrenzerjagd. Er hieß Forsch und war so etwas wie ein Mittelding zwischen dem Schneidermeister Hinze und dem Apotheker Labsam. Forsch war als Jäger sehr ehrgeizig. Im Beruf ebenfalls, und er hatte es damit ziemlich weit gebracht. Bei der Jagd war sein Ehrgeiz manchmal zu weitgehend. Das gab dann Streit zwischen ihm und den anderen Schützen. Zum Beispiel bei gemeinsam erlegtem Niederwild. Er mochte immer gern der erste sein und am Abend mit der größten Strecke glänzen. Das glückte ihm oft, weil er eine gute Flinte schoß und auch nicht zimperlich war beim Schießen. Wenn dem Standnachbarn ein Stück Wild kam, dann machte Forsch zuerst Dampf und auf jede Entfernung. Der Schneidermeister nannte ihn sogar einmal einen Schießer. Das war wohl zu hart. Denn es ging nur um einen Hasen, den Forsch dem Kleidermann vor der Flinte wegschoß, daß die Schrote dem Hinze um die Stiefel prasselten. Die anderen lachten, weil der Schneider einen akrobatischen Luftsprung machte. Aber gefährlich war's immerhin. Zwar meinte der Apotheker, daß ein ordentlicher Jäger bei nur drei Millimeter-Schrot nicht gleich springen müßte. Das wäre erst bei Grobhagel nötig. Aber als Hinze ihm Schrote anbot, machte er einen Rückzieher, obwohl der Klausenbauer der Auffassung war, daß des Apothekers dickes Fell solchen Kügelchen bestimmt standhalten würde.

Als der Forsch dann seine kleine Jagd gab, waren sich die anderen drei einig und taten das, was ihnen der Bauunternehmer oftmals vorpraktiziert hatte und schossen ihm das anlaufende Wild, so es möglich war, vor der Nase weg. Das war eine böse Lektion. Aber Forsch sagte nichts dazu, sondern trug die Schmach, für ihn war es eine, mit verbissenen Zähnen. Gegen drei Mann konnte er allein nicht ankommen. Den Gedanken für eine Revanche hatte er allerdings längst gefaßt. Sonst war gegen Forsch nicht allzuviel einzuwenden, denn es gab anderswo schlechtere Nachbarn, als den Bauunternehmer. Auch tat er viel, um als guter Jäger zu gelten, ließ keine jagdliche Versammlung aus und kein jagdliches Schießen. Darum hing der Haussegen zwar ein wenig schief, aber Forsch vertrat die Auffassung, daß der, welcher A sagt, auch B sagen müsse, und ein Jäger hatte auch in der Gemeinschaft mitzuwirken. Ja, der Forsch tat schon etwas für sein Jägerdasein.

Hunde hatte er auch. Einen Setter und einen Jagdterrier. Der Setter war ehrgeizig wie der Herr, was sich besonders beim Apportieren zeigte. Er griff sich jeden Hasen, auch wenn er aus dem Fang eines anderen Hundes war. Meistens ging das sogar gut. Nur bei der Münsterländerin vom Apotheker traute er sich nicht mehr zu solchem Mundraub. Denn die Kleine hatte ihn einmal ganz schön abblitzen lassen, als er ihr einen schweren Hasen stibitzte und ihn dabei übel zugerichtet. Denn mit dem Hasen im Fang konnte er sich nicht einmal verteidigen und zurückbeißen, und auslassen wollte er ihn auch nicht mehr. Das ist ihm gar nicht gut bekommen, und der Forsch gab dem Rüden danach noch saftige Hiebe, weil er sich von der kleinen Hündin so derb hatte massakrieren lassen. Denn Hundeehre war hier auch Menschenehre. Aber aus diesem Vorfall hatte der Rüde seine Lehre gezogen, und fortan zog er um die gefährliche Hündin einen großen Bogen und ließ ihr das Wild, welches sie gerade im Fang trug.

Der Jagdterrier hatte von Ehrgeiz keine Spur. Der lag ihm nicht. Darum mußte er auch meistens zu Hause bleiben, wenn es zur Jagd ging. Aber auch deshalb, weil er seinen Gebieter nicht respektierte. Nur im Winter, wenn Sauen fest waren, durfte er mit. Ohne ihn ging es einfach nicht. Fehlte er, dann gab es eine verkorkste Jagd. Sonst machte er die ganze Arbeit allein und kümmerte sich nicht um die anderen Hunde. Denn ehe die begriffen hatten, worum es ging, hatte er die Sauen längst gefunden und in Marsch gesetzt. Dann aber legte er erst richtig los und wirbelte die wilden Gesellen so durcheinander, daß sie jeden Halt zu ihresgleichen verloren und nach allen Richtungen auseinanderstoben. Das kriegte er immer wunderschön hin. Nur wehe, wenn die Sauen gesund aus dem Treiben herauskamen! Dann hielt er mit ihnen und begleitete sie stundenlang. Das war weniger schön, denn die Jäger hatten das Nachsehen, weil sie ohne diesen Sauhund nicht weitermachen konnten. Verloren ging der Terrier nie. Irgendwann fand er immer zurück. Und wenn die Menschen den Sammelplatz längst verlassen hatten, weil sie böse waren auf den Terri und nicht Wurzeln schlagen wollten, fand der pfiffige Stromer auch leicht in die Stadt zurück. Er war schon etwas Besonderes, der Terri, von welcher Seite man ihn auch betrachtete.

Natürlich hatte auch der Klausen einen Hund. Eine blitzsaubere, kaffeebraune Langhaarhündin. Sie war in allen Sätteln gerecht und mit allen Wassern gewaschen. Das lag aber weniger an der Rasse als daran, daß Klausen seinen Hund immer um sich hatte und ihn dabei mit allerhand jagdlichen Arbeiten stets beschäftigen konnte. Darum hielt sich der Bauer auch nur einen Hund und nicht zwei oder gar drei. Denn das hatte er auch schon erfahren: Von einem Hund, da hatte man etwas, der wurde auch etwas, von zweien dagegen hatte man nur je die Hälfte und von dreien überhaupt nichts. Und eben darum, weil er sich nur einen Hund hielt, war dieser in jeder Beziehung brauchbar. Das erkannten sogar die Nachbarjäger respektvoll an. Der Klausen mit einem schlechten Hund wäre auch nicht denkbar gewesen. Denn ein rechter Jäger besaß noch immer einen rechten Hund. Und der Klausen war ein rechter Jäger und benahm sich danach. Er tat nichts Unanständiges und schon gar nichts des Geldes wegen. Bei den Sauen fing es an. Die hatte er im Sommer und im Herbst haufenweise in seinen Feldfrüchten. Die Nähe zum Staatswald war in dieser Beziehung ein gewisser Nachteil. Klausen hätte sich in jedem Jahr einen Wagen voll von den Schwarzkitteln zusammenschießen können. Er schoß sich aber nicht einmal eine Karre davon voll. »Sauen kann man nicht wie Kaninchen schießen«, sagte er einmal zu einem Gast, dem er einen Gefallen erweisen wollte und am reifen Hafer ansetzte. Dieser Gast wollte es besonders gut tun und erlegte an einem Abend gleich drei Sauen. Es seien zwanzig oder noch mehr dagewesen. Das hätte er beim Klausen lieber bleiben lassen sollen. Dann wäre er vielleicht noch weiter Gast geblieben. So war dieser schöne Zustand mit einem Schlag beendet. Ebensowenig verstand es der Klausen, daß ein Jäger hintereinander zwei oder noch mehr Rehböcke schießen konnte. Das ging ihm nicht in den Kopf, weil er selbst jeden erlegten Rehbock genoß wie eine köstliche Seltenheit und damit immer ein paar Tage zu tun hatte. Aber ein Jagdpapst war der Klausen auch wieder nicht. Einmal genehmigte er einem Jungjäger einen Bock. Es war der erste für den jungen Mann. Klausen hatte gerade keine Zeit, den jungen Mann zu begleiten. Denn es war am Ausgang der Blattzeit, wo Bauern weiß Gott anderes im Schädel haben als die Jagd. Aber der junge Mann konnte auch ohne Begleitung nichts verkehrt machen. Denn der alte Spießbock, der allabendlich in den Wiesen austrat, war nicht zu verwechseln. Und nur der sollte erlegt werden. Die Beschreibung war vollkommen. Nur ist selbst vollkommene Theorie bei der Jagd immer noch unvollkommene Praxis. Das mußte dann auch der Bauer Klausen nach wenigen Stunden feststellen. Wider Erwarten früh erschien der Jungjäger auf dem Hof. An seinem Hut wippte ein riesiger Fichtenbruch. Das sah Klausen zuerst. Später sah er auch den Rucksack, in dem der Spießer steckte. Der Bock hatte nur einen Schönheitsfehler. Er war verkehrt, weil er nicht den alten Spießbock darstellte, sondern einen Jährling mit selten hohen Stangen. Der Klausen aber hatte Herz und Verstand und wußte, daß eine große Freude nicht wegen eines Irrtums zerschlagen werden durfte. Darum wurde in der gemütlichen Wohnstube die Erlegung des ersten Jungjägerbockes gebührend gefeiert, so, als wäre alles in bester Ordnung. Der junge Jäger war in einer Rosenstimmung. Als es auf die zwölfte Stunde zuging, lüftete Klausen sein bis dahin so wohlgehütetes Geheimnis. Das tat er so beiläufig, daß der Jungjäger gar nichts von einem total verkehrt geschossenen Bocke, sondern eben nur von einem anderen als dem auserwählten Rehbock erfuhr. Darum wurde auch seine Freude nicht weniger. Erst später, als der große Eindruck des jagdlichen Erlebens schon etwas kleiner geworden war, weil die Zeit auch das Schöne verblassen läßt, wurde Klausen deutlich und erklärte dem jungen Manne, daß man gut daran getan hätte, einen solch braven Jährling auch älter werden zu lassen. Damit konnte die Freude über den ersten Bock nachträglich nicht mehr zerstört werden. So war der Klausen! Den richtigen Bock aber erlegte der Jungjäger als seinen zweiten, ein Jahr später. Das wurde dann zu einem richtigen kleinen Fest. Spießer war der Bock geblieben, nur eben ein Jahr älter. Bei der Gehörnschau des Hegeringes bekam die Trophäe den silbernen Bruch, denn richtiger konnte ein Rehbock nicht mehr erlegt werden. Aber fragwürdig ist diese Auszeichnung geblieben. Weil alle Auszeichnungen in der Welt Fragwürdigkeiten sind. Darum lachte auch der Klausenbauer zweideutig, und der Schütze hatte ein ungutes Gefühl, weil er an den Jährling denken mußte, der ihm keinen Ruhm eingebracht hatte und keine Auszeichnung, aber auch keinen Tadel. Aber davon wußten die anderen nichts. Sondern eben nur der Klausenbauer und der ausgezeichnete Schütze. Und beide verstanden es, vernünftigerweise den Mund zu halten.

So war der Klausen schon ein besonderer Bauer und ein besonderer Jäger. Und die Nähe seines Revieres zum Staatswald war auch etwas Besonderes, schon allein deshalb, weil er dadurch das Rotwild im eigenen Revier hatte, nicht nur bei Nacht und als Wechselwild, sondern immer. Die anderen, der Apotheker, der Schneider und der Bauunternehmer waren damit viel weniger gut dran. Bei denen war das Rotwild seltener Gast und tat seine Besuche nur zur Nachtzeit.

Nun ist die Nacht zwar für viele Dinge gut, aber am schlechtesten ist es, wenn man sich anschickt, im guten Glauben und voller Hoffnung, in ihrer Gesellschaft Rotwild zu bejagen. Das wird auch nicht besser, wenn der Mond scheint. Bald konnte der Forsch ein entsprechendes Lied darüber singen. Zuerst wußte er das auch nicht und trug sich mit ganz ausgezeichneten Gedanken. Denn seinen genehmigten Hirsch wollte er haben. Das ist immer so, daß ein Jäger das haben will, was ihm von der Behörde genehmigt worden ist. Sonst wären alle Richtlinien umsonst. Und wenn der Forsch am Morgen über die Felder schritt, dann standen die Rotwildfährten taufrisch in dem weichen Boden. Ganz sicher war auch das Trittsiegel eines Hirsches dabei. Denn ein Hirschgeweih an der Wand, das fehlte dem Forsch gerade noch!

Darum ließ er es in einer klaren Mondnacht auch angehen und bezog seinen Leitersitz. Erst kam ein Rudel Kahlwild. Es mußte jedenfalls solches sein, denn ein Geweih konnte er nirgends erkennen. Der Mond war gut und leuchtend. Lange äste das Rudel vor dem Jäger, daß er schon Appetit bekam, einem der Tiere die Kugel anzutragen und sogar auf den Hirsch zu verzichten. Aber sein Ehrgeiz und der Wunsch nach einem Hirschgeweih für die Wand rettete ihn vor voreiligem Entschluß. Darum beschäftigte er sich nur mit Schauen und dachte dabei an die Dinge, welche noch kommen konnten. Auch in den nächsten Stunden gab es weder ein Geweih noch einen Hirsch. In der zweiten Nacht das gleiche Bild. Das Kahlwildrudel kam pünktlich, sonst geschah nichts Aufregendes. Später brach es rückwärts im Holze. Sofort dachte Forsch an den Hirsch. Aber auch diesmal wollte es nicht stimmen. Denn als das Rudel lange Hälse bekam und zum Holz hinäugte, stand dort ein schwarzer Klumpen, der blies wie eine Sau und wurde dann auch zu einer solchen, als er ins Mondlicht rückte. Da wurde der Forsch ganz schwach und schob sein Gewehr über die Ziellatte. Den Hirsch hatte er vergessen. Das war an sich nichts Ungewöhnliches bei solchem Anblick. Ungewöhnlich allein war, daß die Sau nicht stille hielt, sondern an dem sichernden Kahlwild geschwind vorbeirutschte und in der Weite der Felder und Wiesen unterging. Danach war der Forsch gar nicht mehr mit sich zufrieden, sondern schalt sich einen ausgewachsenen Dummkopf, daß er nicht schneller zur Hand war mit seinem Gewehr und mit einem Schuß. Mit dem Nachhausegehen ließ er sich Zeit. Denn den Spruch, daß ein Jäger, der sitzen kann, immer noch manches bekommt, kannte auch er. In der zweiten Nachthälfte wurde des Bauunternehmers Sitzfestigkeit belohnt. Es trat ein Hirsch aus. Sogar ein Geweih ließ sich im guten Mondlicht erkennen. Der Jäger nahm alles gegen sich selbst zurück und war sogar sehr stolz, daß er alles so gut hingekriegt hatte. Der Schuß saß gut im Leben, und der Hirsch blieb fast in der Fährte. Oh, schießen konnte der Forsch! Jetzt war die Erfüllung da für einen Jäger, der an die Wand unbedingt ein Geweih haben wollte. Jetzt hatte er es und bald auch an der Wand. Nun mag Mondlicht zum Jagen und Schießen schlecht genug sein, gut genug aber ist es in jedem Falle, um Fehler und Sünden am gestreckten Wild zu zeigen. Man muß nur genau hinschauen und sich dabei etwas Zeit lassen. Doch so genau schaute der stolze Schütze wiederum auch nicht hin, und Zeit ließ er sich ebenfalls keine. Das läßt sich verstehen, wenn man weiß, wie es in einem Jäger ausschaut, der soeben seinen ersten Hirsch mit sauberem Schuß gestreckt hat. Erst später lernt er wieder das richtige Schauen, wenn sich die aus den Fugen geratenen Lebensgeister nicht mehr wie ausgelassene, durcheinanderpurzelnde Kobolde benehmen. Dazu benötigt der eine mehr, der andere weniger Zeit. Bei Forsch dauerte es nicht gar zu lange. Schon am Morgen machte das Kronengeweihchen auf ihn einen ganz vertrackten Eindruck. Denn ein Kronengeweih stellt doch schon immer etwas dar oder sollte es mindestens tun. Dieses hier aber sah noch verteufelt gering und unterentwickelt aus. Doch hat jeder Hirsch außer dem Geweih auch noch einen Unterkiefer. Der ist so etwas Ähnliches wie eine Geburtsurkunde. Diesen hatte zwar der Forsch jetzt in den Händen, aber mit dem Lesen und Deuten kam er gar nicht zurecht. Dennoch hatte er das ungute Gefühl, mit diesem Hirsch etwas ganz Verkehrtes erlegt zu haben. Als sich dieses Gefühl trotz eines ausgiebigen Frühstücks nicht vertreiben ließ,

packte er alles, Geweih und Unterkiefer, in den Kofferraum seines Wagens und fuhr zum Klausenbauern hin. Der mußte es bestimmt wissen. Und der Klausenbauer wußte es auch, nur konnte er mit seinem Wissen dem Forsch und seinen unguten Gefühlen nicht aus der Klemme helfen, denn der Hirsch war blutjung, ein unreifer Jüngling noch, wenn man das bei einem Hirsch so sagen kann. Natürlich verschwieg der Forsch die Mondnacht und hatte selbstredend den Hirsch erlegt, als dieser am Morgen ins Holz zurückwollte. Sogar dabei behielt der Klausen sein ernstes Gesicht, obwohl er genau wußte, daß es ein Mondscheinhirsch war. Denn den Schuß hatte er gehört, weil er ebenfalls draußen war, um den Schwarzwildschaden in den Kartoffeln nicht größer werden zu lassen. Trotzdem sagte er nichts, weil er dem Forsch nicht wehe tun wollte. Der Mann hatte so schon seine Last mit dem verkehrten Hirsch, da brauchte nichts mehr dazugetan zu werden. So jedenfalls empfand es der Klausen. Aber dieses Empfinden war trügerisch, wie sich gleich zeigte. Denn der Forsch druckste noch eine Weile herum, kam aber dann mit der ganzen Sprache heraus und bat den Klausenbauern, ihm doch einen seiner vielen Hirschunterkiefer zu überlassen. Wegen eines besseren Alters und so und auch wegen der Trophäenschau. Da aber bekam der Klausen ganz seltsame Augen, und die Sprache blieb ihm weg. Nur zum Kopfschütteln reichte es gerade noch. Das war auch eine Antwort. Die verstand der Forsch. Nicht verstehen konnte er, daß Mitmenschen so wenig hilfsbereit waren, wenn es um einen so ernsthaften Fall wie einen richtigeren Hirschunterkiefer ging. Das wußte der Klausen natürlich besser, weil er mehr von den Dingen verstand als der Forsch und besonders davon, daß man vielleicht einmal bei einem Rehbock mit dem Alter mogeln könne, niemals aber bei diesem Hirsch mit den kindlich langen und stacksig dünnen Rosenstöcken. Einen solchen Betrug würde selbst eine nur mittelmäßig hirschgebildete Bewertungskommission ganz leicht bemerken.
Der Forsch blieb böse. Auf sich selbst und auf den Klausenbauern. Letzterer aber dachte darüber nach, wie künftig solches Mondscheinmißgeschick zu vermeiden wäre. Dann hatte er einen guten Gedanken. Mit den Leuten vom Staatswald konnte er über alle jagdlichen Dinge offen reden. Auch darüber, ob es nicht besser für alle Beteiligten wäre, die Angrenzer mit den Nachbarrevieren bei gutem Licht an den Hirsch zu bringen. Das wäre im Staatswald doch ein leichtes.
Das hatte der Klausenbauer dann auch mit den Leuten vom Staats-

wald fertigbekommen. Übers Jahr erlegte der Apotheker seinen ersten Hirsch im Staatlichen. Der junge Förster, welcher ihn dabei führte, war ein sympathischer Mann mit guten Umgangsformen und einem offenen Blick. Er und Labsam verstanden sich von Anfang an ganz ausgezeichnet. Mit dem Hirsch wollte es zuerst gar nicht klappen. Aber daran trug der Förster keine Schuld, sondern Wind und Wetter. Darum benahm sich das Wild auch gegen alle Regel und stand überall, nur nicht da, wo es hätte sein sollen. Der Förster war verzweifelt, weil ihn der Gast dauerte, im Gegensatz zu demselben, der gar nicht so empfand, sondern jede Stunde genoß, die er in dem guten Hochwildrevier verbringen durfte. Als sich dann das Wetter besserte, schoß der Apotheker sehr schnell seinen ersten Hirsch. Das war am Morgen, und alles war sehr feierlich. Für den Abend hatte er seine Jagdnachbarn zu sich eingeladen. Natürlich durfte auch der nette Förster aus dem Staatswald nicht fehlen. Das Geweih hatte Labsam mit Fichtengrün geschmückt, daß der ganze Raum nach Wald roch. Der Forsch sah sich das Geweih mit gespielter Kennermiene an, dachte dabei an seinen eigenen Hirsch und schwieg sich aus. Der Schneidermeister Hinze dachte auch an den seinen, den er zwar noch nicht hatte, aber als nächster im Staatswald erlegen sollte. Darum tat er sehr fachgerecht und stieß mehr als nötig mit dem Grünrock an. Denn mit diesem Förster wollte er sich gutstehen. Das beobachtete der Klausenbauer von der hintersten Zimmerecke aus, in die er sich zurückgezogen hatte, und fand alles so, wie es bis jetzt gekommen war, in bester Ordnung.
Vorläufig jedenfalls stimmte noch alles. Unstimmigkeiten kommen ganz von selbst, größere und kleinere, auch zwischen Jägern, besonders wenn jene dazu noch Grenznachbarn sind. Als nämlich die Bockjagd endlich aufgegangen war, hatte der Apotheker an einem lauen Maienabend einen besonderen Anblick. Gegenstand war ein Rehbock, ein wirklich kapitaler Rehbock, der mit so starken und dabei so hohen Stangen prahlte, daß es dem Labsam dabei ganz weich in den Knien wurde. Die weichen Knie vermochten es dann wohl auch, daß der Schuß im Laufe blieb. Anschließend wechselte der Bock ohne Hast und vor den Augen des Apothekers in die Jagd des Klausenbauern. Der aber hatte diesen Bock schon viel früher gesehen und auch beobachtet, wie dieser über den Grenzgraben in des Bauunternehmers Jagd hinüberwechselte. So konnte es nicht ausbleiben, daß der Forsch zu einer guten Stunde ebenfalls mit dem Paradebock zusammenstieß.

Und so, wie es sich zutrug, war es in der Tat ein Zusammenstoßen. Das ging zwar blitzschnell, aber der wachsame Forsch erkannte sofort, daß der Bock, der jetzt mit lautem Geschimpfe das Weite suchte, einer von den ganz Besonderen war, die man, wenn's gut geht, nur einmal im Leben bekommt. Darum tat er das nach seiner Auffassung einzig Vernünftige, er schwieg sich aus und behielt sein Wissen für sich. Der Apotheker machte es nicht anders. Nur der Klausenbauer sprach gelegentlich von einem sagenhaften Rehbock. Er sagte es sowohl zu Forsch als auch zu Labsam. Weil nur die beiden für diesen Bock zuständig waren. Und dann meinte er, daß man diesen Bock doch mindestens die Blattzeit über stehen lassen sollte. Das war schon ein empfindliches Anliegen, und es gefiel weder dem Forsch noch dem Labsam. Aber Jäger sind, wie gesagt, auch nur Menschen. Menschen aber mögen gern als gut und edel, als einsichtig, verständig, enthaltsam und sonst noch wie erscheinen. Auch wenn's schwerfällt und gar nicht in den eigenen Kram hineinpaßt. So ist das nun. Darüber hinaus haben Jäger auch noch einen besonderen und zu ihrer Zunft gehörenden Komplex. Dieser Komplex heißt Waidgerechtigkeit, und er ist bei allen vorhanden, ohne Ausnahme. Alle Jäger haben ihn. Die Schießer wie die Enthaltsamen, die Schnellen wie die Langsamen und die Ehrwürdigen wie die Unehrwürdigen. Diesen Komplex tragen sie alle ein langes oder weniger langes Jägerleben hindurch mit sich herum, von der Stunde an, wo die ersten Jagdstiefel anprobiert worden sind. Manche tragen dran schwer, andere tun sich damit leichter. Gemeinhin hat dieser Komplex einen ausgezeichneten Ruf. Er ist wie ein Verdienstorden, auch bei denen, die sich noch gar nichts verdient haben. Darum möchte auch ein jeder immer und überall als waidgerecht erscheinen, wenn auch der einzelne manchmal schwer daran zu tragen hat. Darum kann es schon einmal vorkommen, natürlich nur ausnahmsweise und unter ganz besonderen Umständen, daß das ausgesprochene Wort nicht mehr ganz übereinstimmt mit den Gedanken, die in des einzelnen, des seltenen einzelnen Kopf festsitzen. So war es auch bei Forsch und Labsam, als sie mit klarem Augenaufschlag dem Klausenbauern versicherten, daß man den Klotzbock, den gewaltigen, nie und nimmer vor der Blattzeit strecken dürfe. Vielleicht sollte man ihn auch danach noch nicht strecken, denn so einen Zuchtbock müßte man hüten und im Revier zu halten versuchen. So wurden sich die Drei also schnell einig. Zwar bereute es der Apotheker gleich darauf, daß er sich hatte breitschlagen lassen, denn einen solchen Bock mußte man sich nehmen, wann und wie man ihn bekommen konnte. Außerdem traute er dem Bauunternehmer nicht vom Hemd bis zum Rock. Und das war das Schlimmste an der Geschichte. Zum Glück aber wurde das Mißtrauen des Apothekers bald gegenstandslos, als sich nämlich der Bauunternehmer wenig später auf einer seiner Baustellen den Arm brach. Nun war der Apotheker von Haus aus alles andere als mißgünstig oder gar schadenfroh. Aber in diesem besonderen Falle konnte man ihm eine gewisse Genugtuung nicht absprechen. Besonders deshalb schon nicht, weil es der rechte Arm war, der wie bei den meisten auch Forschens Schießarm war.

Damit war also die Rehbockangelegenheit nochmals gut gegangen. Der Bock zog weiterhin seine Fährte, stand mal in diesem, mal in jenem Revier, eben ein richtiger Grenzbock, wie er im Buche steht. Eigentlich sind eine große Anzahl der besonderen, der begehrenswürdigen Rehböcke gerade an den Grenzen zu Hause. Daher mag wohl auch die Fama von den Grenzböcken herrühren. Jedenfalls sind alle Grenzböcke besonders interessant. Darum sind auch stets mehrere Rohre auf sie gerichtet. Meistens geht das nicht gut für sie, und irgendwann sind sie dann plötzlich nicht mehr vorhanden. Die Jäger wissen schon um das Schicksal der Grenzböcke. Alle wissen es, oder fast alle. Nur in diesem Falle ging es dem Klotzbock gut, weil die in Frage kommenden Jäger nicht weniger brav waren als der Bock selbst. Das war sein Glück und auch, daß der Forsch einen kaputten Arm hatte. Denn mit dem Ehrgeiz allein konnte er nicht schießen.

Aber dann kam es doch so, daß der Bock auf einmal verschwunden war. Darüber sprach der Apotheker mit dem Klausenbauern. Doch der hatte dabei noch keine schrägen Gedanken, weil um diese Zeit viele Böcke urplötzlich verschwinden, nicht durch Knall und Blei, sondern einfach deshalb, weil sie sich für ein paar Wochen, gleichsam zur Erholung, in die wogenden Getreidefelder eingeschoben haben, als wüßten sie, daß solche Ruhe vor der bevorstehenden aufregenden Blattzeit ganz nützlich sei. Das machen sie ähnlich wie die Hirsche und tun sich auch wie diese eine erholsame Feistzeit an. Nur spricht niemand davon. Wahr ist es trotzdem.

Dem Apotheker jedenfalls leuchtete das ein, und er schlief fortan viel ruhiger, und redlicher Friede war wieder in seiner Jägerseele. Bis zur Blattzeit. Jetzt hätte der Urbock auftauchen müssen. Denn solche wie er waren immer am ersten dabei. Aber der Bock tauchte nicht auf, weder beim Apotheker Labsam, noch beim Bauern Klausen. Und den

Forsch brauchte man erst gar nicht zu fragen, weil der um den Bock schon gar nichts wußte. Denn seit Wochen schon war er jedweder jagdlichen Tätigkeit enthoben. Der Bock war wie fortgeblasen. Das war schlimm. Denn jetzt kamen die Zweifel, beim Klausen und beim Labsam, denn der Forsch hatte es gut, der trug ja einen Heiligenschein, für den er noch nicht einmal etwas konnte. So gesehen war der Forsch zu beneiden, trotz seines Armbruches und des Jagdverzichts, weil er über alle schnöden Verdachtsmomente erhaben sein konnte. Dann kam die Zeit, da des Klausenbauern Gruß gar nicht mehr freundlich klang, als er mit dem Apotheker zusammentraf, und der Apotheker sagte es zu seiner Frau frei heraus, daß er eine solche Unanständigkeit dem Klausen nicht zugetraut hätte. Das bezog sich aber auf den abhanden gekommenen Bock und nicht auf den unfreundlichen Gruß. Es ist ein Kreuz mit den Jägern, daß sie immer von ihren Gefühlen gelenkt werden und von ihrer Passion, wohl auch manchmal von ihrer vermeintlichen Waidgerechtigkeit. Nur wie's wirklich ist, das sagt niemand, weil er nicht auffallen möchte und seinen guten Ruf ganz gern behält. So steckten der Klausen und der Labsam jetzt mitten drin. Allein wären sie auch nicht mehr herausgekommen aus dem Sumpf des Argwohns und der Verdächtigungen. Aber da gibt es noch immer etwas, was dann, wenn es nottut, mithilft, zu leimen und zu flicken. Man mag es Zufall nennen oder auch Schicksal. Vielleicht aber ist es auch nur der ganz simple Ablauf des täglichen Lebens. Wenn der Erfolg da ist, dann fragt niemand mehr danach, wer ihn brachte oder wie er zustande kam. Das taten dann auch nicht mehr der Klausen und nicht der Labsam. Aber eines Tages wußten beide Bescheid.

Das hing mit dem Terri vom Forsch zusammen, der sonst gar keinen Ehrgeiz hatte. Nur einmal, da hatte er ihn, und das noch dazu am falschen Platz. Das war, als die Krone von einem Klotzbock auf der Bank in Forschens Garten zum Bleichen lag. Die griff sich der Terri und rannte damit auf die Straße. So nahm das Unglück seinen Lauf. In einer Kleinstadt sind die Wege kurz. Da lief auch ein Terri leicht von einem Ende zum anderen. Aber so weit brauchte er diesmal gar nicht. Denn an der Apotheke gab es schon das Ende. Da lag nämlich der Drahthaar auf den Zementplatten und sonnte sich. Jener Drahthaar, der keiner Maus etwas zuleide tat. Ein Jagdhund war er dennoch. Darum interessierte ihn auch die Rehkrone, welche der Terri selbstbewußt durch die Gegend schleppte. Deshalb verließ der Draht-

haar das Sonnenbad und stürzte sich mit Übereifer auf den kleinen Hund. Das war gar nicht gut für den Großen. Denn der Terri hatte zwar keinen Ehrgeiz, aber er war auch ein Jagdhund und noch obendrein ein Terrier. Der ließ sich nichts abjagen, mindestens so lange nicht, als er noch ein pochendes Hundeherz in seiner Brust verspürte. Und die Rehkrone war sein alleiniges Beutestück. Damit hatte niemand anderes etwas zu tun. So dumm wie Forschens Setter war er auch wiederum nicht. Darum ließ er auch die Krone gerade im richtigen Augenblick fallen, als es ans Beißen ging. Denn beißen konnte er. Das war er allein schon seiner Rasse schuldig. Dann waren zwei Hunde zu einem knurrenden, schreienden Knäuel vereinigt, das von niemandem zu übersehen war. Die Leute blieben stehen, und der Milchmann, der gerade aus dem Apothekerhaus kam, rief, daß man helfen müsse, weil sonst der große Hund den kleinen noch totbeißen würde. Natürlich half der Milchmann nicht, weil Leute, die viel schreien, nur selten helfen. Er hätte auch kaum mit Erfolg den Kampf beenden können. Zu wild rangen die Wütenden miteinander. Dennoch war seine Angst um den Terri unbegründet. Denn totbeißen ließ der sich nicht und hatte sich sicherheitshalber und für alle Fälle am Behang des Drahthaar festgeklemmt. Das Hausmädchen der Apothekersleute sah die Dinge schon klarer und erkannte, daß der Große erste Hilfe brauchte, nahm einen Eimer Wasser, mit dem sie gerade im Haus zu tun hatte, rannte auf die Straße und weichte die Kampfhähne gründlich ein. Das half! Einen weiteren Kampf konnte der inzwischen alarmierte Labsam gerade noch rechtzeitig verhindern, indem er seinen Hund in den Laden bugsierte und hinter diesem schnell die Türe schloß. Die Rehkrone lag mit blankem Schädel auf dem Gehweg. Die sah der Apotheker auch und machte sich sogleich seinen Reim. Und ehe sich der Terri seine vorübergehend abgestellte Beute wieder aneignen konnte, hatte sie der wackere Labsam längst in den Händen. Jetzt hätte von Rechts wegen der Terri erst richtig kämpfen müssen. Aber das ließ er bleiben, bellte nur wütend die Leute an und trollte sich dann. Ihm fehlte halt doch der nötige Ehrgeiz.
Am Abend besuchte der Labsam den Forsch. Er kam mit der Krone und einem scheinheiligen Gesicht. Das scheinheilige Gesicht zeigte er gleich, die Krone vorerst noch nicht. Die ließ er in seiner Aktentasche. Dem Forsch schien der Besuch gar nicht zu schmecken. Er hatte ein schlechtes Gewissen. Denn das verlorengegangene Gehörn machte ihm schwer zu schaffen. Und der Apotheker ließ ihn zappeln, bis die

zweite Flasche Wein leergetrunken war und beide Männer schon einen Schwips hatten. Darum wurde die Fundübergabe kein toternstes Zeremoniell mehr, sondern eher eine teils listige, teils lustige Handlung. Und dann hatte der Forsch eine ganz gelöste Zunge und erzählte dem Apotheker alles, was der vorher gar nicht gewußt hatte. Natürlich wollte der Forsch nur dem Klausenbauern eins auswischen, der ihm und dem Labsam den guten Bock nicht gönnen wollte. Und hätte er, Forsch, es nicht getan, der Klausenbauer hätte es gewiß getan, und Labsam und Forsch hätten hinterher geschaut. Bei der dritten Flasche hatte Forsch den Apotheker soweit, daß dieser sein Ehrenwort gab, niemandem etwas von dem Bock zu erzählen. Aber ein Teufelskerl war der Forsch doch, mit einem gebrochenen Arm so einen Bock zu schießen!

Daß der Klausenbauer längst von dem stattgefundenen Hundekampf und der damit zusammenhängenden Rehkrone Wind bekommen hatte, wußten allerdings weder Forsch noch Labsam. Aus einer Kleinstadt gelangen nun mal alle außerordentlichen Begebenheiten schnell nach draußen.

Nur wußten das weder Labsam noch Forsch und gingen beide in den nächsten Wochen dem Klausenbauern aus dem Wege. Der eine, weil er ein ganz windiges Ehrenwort gegeben hatte, der andere, weil ihn das schlechte Gewissen plagte. Das währte so lange, bis Labsam seine Jagdeinladung gab. Er hatte sie gründlich durchdacht. Auch im Hinblick auf den Forsch. Denn der sollte diesmal seine Lektion haben. Schon am Morgen bei der Begrüßung wurde den Gästen mitgeteilt, daß mit Sicherheit Sauen vorkommen würden. Worauf diese Sicherheit fußte, wurde allerdings nicht gesagt. Selbstverständlich sollten die mit Sicherheit vorkommenden Sauen auch erlegt werden.

Natürlich waren keine Sauen da. Aber wegen dem Forsch mußten welche da sein. Dafür hatten zwei Treiber zu sorgen, die von Labsam für diese Aufgabe gründlich vorbereitet worden waren. Darum hatten die beiden Hilfsleute aus zwei Sauschwarten und einem Ballen Stroh ein ganz stattliches Wesen zusammengebastelt, welches auf die entsprechende Entfernung und noch dazu im Schatten des Waldes leicht als Sau angesprochen werden konnte. Diese Attrappe war allein für den Forsch bestimmt. Daran sollte er sich austoben nach Herzenslust. Denn diese Kunstsau hatte einer leibhaftigen Sau gegenüber den bedeutenden Vorteil, daß sie kugelfest war.

Der Vormittag verlief ohne besondere Zwischenfälle, wenn man davon absah, daß der Forsch manchen weiten und manchmal auch gefährlichen Schuß wagte, der ihm eigentlich gar nicht zugestanden hätte. Gleich im ersten Treiben hatten seine Standnachbarn das Nachsehen, besonders der Apotheker, der sich immer hübsch in Forschens Nähe aufhielt. Aber es gab nicht einmal einen bösen Blick, geschweige denn ein böses Wort. Sollte sich der Forsch nur gut einschießen, dachte Labsam und behandelte dabei seinen Gast mit auffallender Zuvorkommenheit. Auch in den folgenden Treiben machte der Forsch die Strecke. Das ging so bis zum Mittag. Nach der Erbsensuppe begab sich der Apotheker abseits zu den Treibern und gab denen seine letzten Instruktionen. Denn im nächsten Treiben stand das große Ereignis bevor. Der Forsch hatte in diesem Treiben einen guten Stand erhalten. Da ragte eine Fehlstelle gleich einer langen Zunge in die Dickung, in welcher getrieben werden sollte, hinein.

Weit hinten hörte man die Treiber gröhlen. Dann schrie jemand: »Achtung, Sauen!« Das war einer der beiden Treiber, welche die Kunstsau an zwei Seilen hielten, jeder von einer Seite und beide genug weit in Deckung, daß ihnen selbst Kugelschüsse nichts anhaben konnten. Von der Seite sah Labsam, wie der Bauunternehmer ständig Zielübungen veranstaltete. Dann nochmals der Ruf: »Achtung, Sauen!« Und dann bewegte sich die Sau am Strick über die Blöße vor Forschens Stand. Dort wuchs das Farnkraut kniehoch, aber gerade in dem richtigen Ausmaße, daß Deckung und Sicht in rechtem Verhältnis zueinander standen und gut genug, daß die Szenerie vortrefflich echt wirkte. So echt, daß ein argloser Jäger gar nicht erst zur Besinnung kam und beim Anblick von Wild schnell fliegen ließ.

Gut war er drauf gewesen, der Forsch. Die Sau mußte liegen. Und wieder schrie jemand: »Achtung, Sauen!« Gerade hatte der Forsch nachgeladen, da schupste schon wieder ein Schwarzkittel über die Blöße, diesmal von der anderen Seite kommend. Lauf hoch und raus war der Schuß. Der Schütze war sehr zufrieden, mit sich und mit den Sauen. Alles hatte so gut zusammengepaßt. Das Wild kam recht langsam und der gelbe Farn verdeckte das Schußfeld nicht. Zwei Sauen von einem Stand! Das machte Freude. Die Treiberwehr blieb in weiter Ferne. Das war vorher so abgesprochen worden. Doch wieder kam der Ruf: »Achtung, Sauen!« Forsch bibberte vor Erregung, aber den Schuß kriegte er noch rechtzeitig los. Die Sau blieb am Fleck, aber nur für einen Augenblick, weil sich der Strick, an dem sie hing, zwischen den zähen Farnstengeln verheddert hatte. Das wäre dann fast schief gegangen. Aber der ziehende Treiber löste das Problem mit einem gewaltigen Ruck, dem selbst der eingeweihte Mann auf der Gegenseite nicht standzuhalten vermochte und deshalb das Ende des Strickes verlor. Damit war die Saujagd, beziehungsweise das Spiel mit der Kunstsau zu Ende, denn für diese gab es kein Zurück mehr, ohne Zug und ohne Strick. Zwar schrie der Treiber, dem der Strick entglitten war, noch einmal und ganz dummerweise: »Achtung, Sauen!« Aber es konnten ja gar keine mehr kommen und drei Schüsse sollten ja eigentlich für den gehabten Spaß genügen. Komisch war es dem Forsch ohnehin schon zumute bei dem planmäßigen Hinüber und Herüber von Sauen. Und alle kamen sie auf demselben Wechsel. Doch nicht nur die Liebe, auch die Jagdpassion kann den Jäger manchmal blind werden lassen. Inzwischen war die Vorführsau in sichere Obhut gelangt. Und der, welcher sie eingeholt hatte wie eine verdienstvolle Standarte, schrie jetzt aus Leibeskräften: »Weitermachen!« So war es ausgemacht. Und dann lief das Treiben auch noch ganz gut. Nur der Forsch verpaßte gleich zweimal einen Hasen, weil er mit seinen Gedanken zuviel bei den drei Sauen war. Darum rannte er auch gleich nach dem Treiben zu den Anschüssen. Aber die zeigten gar nichts, nur ein paar Flöckchen Stroh. Die fielen dem Forsch nicht ins Auge. Darum suchte er nach rechts und nach links. Und die beiden Treiber, welche vordem die Stricke gehalten hatten, fanden sich auch ein und halfen dem Forsch beim Suchen, so eifrig, daß es fast verdächtig war. Dann sagte der eine, ein kleiner, dicker Mann mit O-Beinen und einem Igelgesicht: »Die haben Sie aber ganz schön vorbeigesenkt!« Und der andere, ein langes, dünnes Windhundgestell mit einem pfiffigen Raubvogelkopf: »Die kommen jetzt so schnell nicht wieder, nach der Knallerei. Nur ein Glück, daß keine krankgeschossen ist.« Diese Heuchler. Der Forsch war anderer Meinung. Er wußte, daß er gut drauf gewesen war. Darum quälte er sich auch weiter ab mit dem Suchen und ließ sogar das nächste Treiben aus, auch noch das übernächste. Nur finden konnte er nichts. Darüber war der Labsam untröstlich, weil Sauen doch so selten vorkamen, und wie schön es gewesen wäre, wenn wenigstens eine gelegen hätte.

Das erwähnte er dann auch nochmals am Abend nach dem Essen, als er seine Jagdrede hielt, und daß alle dem Forsch eine Sau gegönnt hätten oder auch zwei, nach der langen, jagdlosen Zeit wegen des geknacksten Armes. Und dabei sah er den Forsch so naiv an, daß dieser nur noch auf die Tischdecke starren konnte und tief aufatmete, als die Rede endlich beendet war.

Als die Brunftzeit heran war, zog der Schneider in den Staatswald, um seinen Hirsch zu strecken. Nur den jungen, netten Förster, der so sympathisch war, bekam er nicht zum Führer. Statt dessen wurde er einem alten, mürrischen, griesgrämigen Rauschebart zugeteilt. Der war gar nicht damit einverstanden, daß die Pachtjäger von der anderen Seite nun staatliche Hirsche schießen sollten. Das sagte er dem Schneidermeister sogar ins Gesicht. Aber da er ein Beamter sei, würde er selbstverständlich seiner Pflicht nachkommen, wenn's auch schwerfiel. Darum fiel es dann auch schwer, allerdings eher dem Schneider. Denn Hirsche waren genug da, aber keiner war zum Abschuß geschaffen. Entweder waren sie zu gut oder noch zu jung. Passen mochte jedenfalls keiner. Daran änderten auch weder der Weindbrand noch die Zigarren etwas, welche Hinze jedesmal mitbrachte. Mit den Hirschen wurde es jedenfalls nicht besser. Jedoch klug, wie der Hinze war, gab er nicht auf. Er nahm sich vor, dem Alten so lange aufzusitzen, bis dieser von dem hartnäckigen Gast genug hatte.

Und Hinzes Rechnung ging sogar auf. Zwar etwas anders, als er es erwartet hatte, aber immerhin schoß er seinen Hirsch. Von einem Geweih aber konnte man kaum sprechen. Denn das Hirschlein hatte es nur zu zwei fingerlangen Spießen gebracht. Immerhin war es ein Hirsch, das konnte niemand in Frage stellen. Zwar meinte der Forstmeister, daß man diesen geringen Hirsch nicht anrechnen könne, aber der Hinze bedankte sich, weil ihm der Hirsch genügte, und nun wäre ja auch ein anderer an der Reihe. Das gefiel dem Forstmeister und er lobte den Schneider als einen Waidmann von echtem Schrot und Korn, der das Erleben höher stellte als die Trophäe, und den alten Griesgram lobte er auch noch, weil der sich so große Mühe gegeben hatte mit dem Gast und mit dem Hirsch, denn nichts wäre auszusetzen an diesem Abschuß. Dem mußte auch Hinze zustimmen, denn bei nur zwei Spießen kann kein Ende zuviel sein. Den Bruch an seinem Hut trug er dann wie eine wehende Siegesfahne.

Da hatte es der Klausenbauer besser. Er brauchte nicht erst in den Staatswald, um seinen Hirsch bei Tageslicht zu strecken. Nur genügt es oftmals nicht, die Hirsche im eigenen Revier zu haben, man mußte sie auch bekommen können. Das ist manchmal so eine Sache. Heuer wollte es dem Klausenbauern gar nicht gelingen. Dabei wußte er genau, worauf es ankam, er konnte pirschen und schleichen und lauschen und äugen wie ein Fuchs. Und wenn das alles nichts mehr nutzte, konnte er auch ansitzen. Morgens und abends und stundenlang, bis ihm die Beine steif wurden und der Rücken schmerzte. Aber es half nichts. Und als die Brunft verging und immer weniger und weniger wurde, und zuletzt nichts mehr übrig blieb als einsame Kahlwildrudel, denen sich höchstens ein Jüngling von Geweihtem anschloß, um Führung und Sicherheit zu haben beim Mutterwild, da steckte der Klausen es auf. Mißmutig und wehmütig. Denn seinen Hirsch nicht zu bekommen, nimmt dem Jäger gern Halt und Festigkeit. Manchmal macht es ihn auch krank, denn die Tage und Wochen des Habenwollens zehren an seinen Kräften, den äußeren wie den inneren. Das geschah sogar beim Klausenbauern, der sonst für jede Katastrophe, für jedes Schiefgehen passende und erklärende Worte auf der Zunge hatte, für sich und auch für andere. Sonst, diesmal nicht. Und um den Topf randvoll zu machen, fuhr ihm ein Lastwagen auch noch einen alten, zurückgesetzten, endenarmen Hirsch auf der Landstraße tot. Damit war des Bauern Grimm endgültig und ließ sich kaum noch steigern, auch nicht, als eines Mittags ein schwerer Wagen auf den Hof fuhr, dem ein seriös aussehender Herr entstieg. Am Steuer saß ein uniformierter Chauffeur. Das Ganze hatte einen besonderen Anstrich.

Und wie sich dann herausstellte, war es auch etwas Besonderes. Denn da kam jemand, um anzufragen, ob der Klausenbauer nicht seine Jagd verpachten wolle. Im ersten Schreck blieb der Klausen sprachlos. Erstens, weil er nicht im Traum daran dachte, seine Jagd zu verpachten, zweitens, weil er es sich leisten konnte, die Jagd zu behalten. Ehe sich der Bauer von dem ersten Schlag erholt hatte, eröffnete der Fremde aber Weiteres. Er sprach von einer guten Pacht und einer Vorauszahlung auf zehn Jahre. Zusammengenommen bedeutete das ein Vermögen. Aber der Klausenbauer hatte seine Jagd noch nie nach Geldeswert berechnet. Das sagte er auch. Aber der Fremde hatte sich für das Gespräch gut vorbereitet, zitierte die schlechten Zeiten für die Landwirtschaft und wußte auch schon, daß es noch schlechter kommen würde. Darum solle es sich der Klausenbauer nochmals überlegen. Denn was man nicht mit seiner Hände Arbeit zu verdienen brauchte, wäre immer leicht verdient. Indes, der Klausen überlegte nicht, weil es ihm so, wie es gerade war, gut genug erschien. Und er sagte dem Herrn, daß er sich nicht mehr zu bemühen brauchte und ging dabei nach draußen. Da wußte der andere, daß er auf dem Hof nichts mehr verloren hatte, setzte sich mit halblautem Gruß ins Auto und fuhr davon. Der Klausenbauer aber schüttelte den Kopf, denn seine Jagd aufzugeben war mehr als nur eine Zumutung.

So dachte der Bauer Klausen. Er konnte es sich erlauben, so zu denken. Womit wieder einmal bewiesen war, daß es auch im Zeitalter der Technik und der fortschreitenden Industrialisierung noch manches Gute mit einem Bauernhof auf sich hat. Denn immer noch bleibt der Bauer ein Herr da, wo es andere längst nicht mehr sein können. Das mußten auch der Schneidermeister, der Apotheker und der Bauunternehmer erfahren. Ihre Jagden waren nur gepachtet. Eine Jagdpachtzeit aber hält nicht ein ganzes Leben vor. Besonders dann nicht, wenn fremde Hände in den Dingen rühren. Denn der seriös aussehende jagdinteressierte Fremde hatte es nicht nur auf den Klausenbauern und dessen Jagd abgesehen. Irgendwann erschien er auch bei anderen Leuten, welche das Glück hatten, eine Jagd zu besitzen und diese auch verpachten zu können. Denn was fängt jemand schon mit seiner Jagd an, wenn kein Jägerblut in seinen Adern fließt! Er verpachtet sie. Das bringt beiden Teilen Glück, mal mehr, mal weniger. Aber gut muß es schon sein. Sonst gingen die Jagden nicht fort wie knusprige Brötchen.

Der Apotheker war der erste, dem die jagdlichen Felle fortzuschwimmen schienen. Sein hoher Jagdverpächter, der in den Augen des Jägers die Stelle gleich hinter dem lieben Gott einnahm, wurde sehr deutlich und sprach mit der Miene eines Industriemanagers, wie sich andere Leute bereits um seine Jagdgefilde rissen. Diese »anderen Leute« waren vorerst nur ein Mann, derselbe nämlich, welcher den Klausenbauern schon heimgesucht hatte. Aber was nicht war, konnte noch werden, und außerdem brauchte der Apotheker nicht alles so genau zu wissen. Was er aber ganz genau wissen sollte, das war die Tatsache, daß die Jagd doch spottbillig sei, und daß er zulegen müsse, wenn er sie noch weiter behalten wolle. Das war ein bitterer Trunk für den Kräuter- und Pillenmann. Darum machte er auch ein Gesicht, als hätte er eine Zitrone zwischen den Zähnen. Immerhin versprach er, sich die Sache ganz schnell zu überlegen. Schnell, darauf kam es an, denn die Pachtzeit war in weniger als einem Jahr abgelaufen. Da schüttelte der göttliche Verpächter dem Labsam genüßlich die Hand und meinte treuherzig, daß er sich keinen besseren Pächter vorstellen könnte als den Apotheker, und es täte ihm ehrlich leid, wenn man sich nicht einigen würde. Ehrlich. Das Wort »ehrlich« aber mochte der Drahthaar, der das Gespräch mitangehört hatte, anscheinend nicht leiden. Denn er hob dabei sein Bein. Und weil gerade kein Baum und auch kein Stein in der Nähe war, schändete er die Hosen des Göttlichen. Der verstand aber keinen Spaß und schrie wie ein Indianer am Marterpfahl. Dabei hatte ihm der Drahthaar doch nur eine halbe Ration gegeben. Dennoch sah der Mann in seinem Zorn ganz reizend aus. Und die Zitrone hatte der Apotheker jetzt auch nicht mehr im Munde. Denn er zog ein Gesicht wie ein Lausbub nach einem gelungenen tollen Streich. Im Grunde gönnte er dem Verpächter die versaute Hose, obwohl er sonst überhaupt nicht schadenfroh war. Aber wer seinen Hals nie vollbekommen konnte, dem sollte dies wenigstens an seiner Hose geschehen. Denn wenn es Labsam richtig überdachte, war die Jagd schon teuer genug, auch ohne die vielen Extras, die er hingeben mußte, weil man solches auch ohne besonderen Vertrag von ihm erwartete. Später, auf dem Nachhauseweg, dachte er wieder einmal daran, daß es vielleicht doch besser gewesen wäre, er wäre ein Förster geworden. Als er dann zu Ende philosophiert hatte, konnte er auch dem Apotheker einige gute Seiten abgewinnen. Darum kam er auch wieder ins Gleichgewicht und beim Abendessen sah es ihm niemand mehr an, daß er sich kurz zuvor noch schändlich geärgert hatte.

Wenn sich am Jagdmarkt etwas rührt, dann geschieht es ergiebig und greift um sich wie eine Lawine. Weil Geld eben keine Schranken kennt. Und wo es losgelassen wird, setzt es sich selbst über menschliche Beziehungen hinweg. Und was beim Klausenbauern begann und sich beim Apotheker fortsetzte, das griff auch auf andere über, zum Beispiel auf den Bauunternehmer und auf den Schneidermeister. Aber zuerst war der Forsch an der Reihe. Er hatte einen Gemeindejagdbezirk angepachtet. Das ist zwar nichts Außergewöhnliches, denn Jagd bleibt Jagd. Das Besondere an einer Gemeindejagd aber ist, daß hier viele Köpfe und Herzen zusammenklingen. Kleine und große, kluge und weniger kluge und großzügige und kleinliche. In solchem Falle kann ein Jäger nicht nur Jäger, sondern muß obendrein auch noch ein guter Diplomat sein. Das ist nötig, wenn er nicht nur seine Ruhe und seinen Frieden, sondern in der nächsten Pachtperiode auch noch seine Jagd behalten will. Denn das Sprichwort, wonach viele Köche einen Brei verderben, läßt sich auf solche Verhältnisse nur zu leicht übertragen. Der Jäger aber will seinen Brei nicht verdorben wissen. Darum hält er, wenn er klug ist, die Ohren schön steif, den Mund fein zu und die Brieftasche, je nach der Notwendigkeit, immer einen guten Spalt auf. Dann kann er auch bestehen, wenn es nicht ganz dumm kommt.

Der Forsch war sich seiner Lage bewußt. Er war auch weise und tat alles so geschickt, daß er bestehen konnte. Das hieß schlicht, daß er sich nicht lumpen ließ, wenn die Gemeindeväter ihm ihre Sorgen unterbreiteten. Natürlich geschah immer nur alles zum Wohle der Gemeinde. Der Forsch war nicht kleinlich, denn er konnte es sich leisten. So gab es manches, was die Gemeinde dem Forsch zu verdanken hatte. Beispielsweise das Feuerlöschbecken. Das hatte schon lange gefehlt. Und der Forsch baute es, denn eine Jagd verpflichtet zu manchem. Außerdem war es ein Werk, welches der Allgemeinheit diente. Der Umbau des Gemeindehauses war dann auch ein Werk für die Allgemeinheit. Denn in einem baufälligen Haus können keine guten Beschlüsse reifen. Eine Jagd verpflichtet halt. Nur wußte der Forsch damals noch nicht, daß auch ein guter Beschluß für ihn schlecht enden könnte. Wenn es nämlich darum ging, die Jagdpacht zu erhöhen. Der Jagdvorsteher sagte es einleuchtend und deutlich. Die Jagd sei ein Luxus, so ähnlich drückte er sich aus, und Luxus kostet Geld. Also solle der Forsch bezahlen. Man hätte sonst noch andere Interessenten an der Hand. Die Galgenfrist für den Forsch war knapp, denn die Pachtzeit ging dem Ende zu. Das Feuerlöschbecken gehörte schon der Vergangenheit an. Davon redete niemand mehr, weil menschliche Gemüter über ein gewisses Maß hinaus nicht belastet werden sollten. Auch von dem umgebauten Gemeindehaus redete niemand mehr. Das war auch nicht nötig, denn in den alten Zustand ließ es sich nicht mehr zurückversetzen. Statt dessen redete man mit dem Forsch. Nicht etwa, weil man ihn gerne loshaben wollte, den nützlichen Jagdpächter. Nur so billig wie bisher könne er die Jagd künftig nicht mehr haben. Sonst ließ sich mit dem Forsch immer gut reden. Nur diesmal ging's daneben. Denn der Jagdpächter hatte nicht nur einen gewaltigen Ehrgeiz, er hatte auch ein gutes Erinnerungsvermögen. Und weil er das hatte, fiel ihm sofort wieder das Feuerlöschbecken ein und das renovierte Gemeindehaus und noch einiges dazu, was, zusammengenommen, eine hübsche Stange Geld gekostet hatte. Darum sagte er ein hartes, klares Nein. Aber der aalglatte Jagdvorsteher erinnerte an die schöne Jagd. Die gäb's so leicht nicht wieder und der Forsch sollte es sich doch gründlich überlegen. Da lief dem Bauunternehmer die Galle über und er sagte dem Jagdvorsteher, daß er sich seine Jagd sonstwohin stecken könnte. Das war natürlich eine Zumutung und eine Übertreibung. Denn so, wie der Forsch es meinte, hätte es der Jagdvorsteher gar nicht tun können. Aber gesagt hatte es der Forsch nun mal in seiner Wut. Der Jagdvorsteher zog beleidigt ab und sagte allen Leuten, die es hören mußten, daß der Forsch ein Rüpel sei und ein ordentlicher Jäger wäre er auch nicht, denn sonst würde er seine Jagd halten um jeden Preis. Der Forsch wußte dennoch, was er tat. Denn Geld muß erst verdient werden, ehe man es ausgeben kann. Und mit dem Geschäftlichen hatte es manchmal seine Tücken. Ein paar Jahre früher, da war's anders gewesen, da kam es auf eine Dummheit mehr oder weniger nicht an. Aber die Zeiten hatten sich geändert. Und außerdem dachte der Forsch gar nicht daran, sich ausnehmen zu lassen wie eine Mastgans.

Da war der Apotheker ein ganz anderer und wurde auch nicht zum Rüpel seinem Verpächter gegenüber. Auch hatte er nur wenig Grund dazu. Mit dem Geschäftlichen ging es vorerst noch recht gut. Die Menschheit wurde immer kränker. Darum wollte er für die Jagd auch das bezahlen, was eine gute Jagd nun einmal kosten mußte. Und war er schon kein Förster geworden, so wollte er doch wenigstens ein Jäger bleiben. Den ersten Ärger hatte er hinuntergespült, und die Freude über seinen Drahthaar war ihm immer noch geblieben und auch der Spaß. Das zusammengenommen durfte auch noch ein paar Mark kosten.

Am Wochenende bummelte er wieder mit freien Gedanken durch sein Revier. Die Kleine Münsterländerin hielt sich tapfer bei Fuß. Zu jagen gab es jetzt kaum etwas. Am Abend, vielleicht kam ihm dann ein Schnepf. An der Waldkante vor Forschens Grenze gab es immer einen guten Strich. Das sollte man nutzen, solange es Zeit war. Denn Schnepfen sind keine Schmetterlinge, die einen langen Sommer hindurch über den Himmel tanzen. Kurz ist die Zeit des Schnepfenzugs, wie alles im Leben immer viel zu kurz ist, was echte Freude auslöst. So kam es dann auch, daß der Apotheker viel zu früh an der Stelle war, die er zum Abend erst besetzen wollte. Aber da die Luft mild war wie im Mai, und die Füße schon ein wenig müde waren, stieß er seinen Sitzstock in den Boden und richtete sich ein.

Und dann hockten sie da, der Jäger und der kleine Hund, und sie schauten der Sonne nach, die hinter dem Horizont versank. Ein stillsitzender Jäger weiß alles, ein laufender oftmals nichts. Denn das Geheimnis des Jagens liegt im Warten und Lauschen. Das ist nicht immer fair, aber es bringt meistens etwas ein. Geheimnisse sind schüchtern und scheu. Sie hassen knarrende Stiefel und knirschenden Sand.

Irgendwann, als die Sonne schon fast verschwunden war, rauschte es im Holz, daß die Braunweiße neugierig das hübsche Köpfchen hob. Der Apotheker tat's ihr nach und schreckte zusammen. Vor dem Holze stand ein Bock. Ein solcher, der selbst einem knallhartgesottenen Jäger das Herz zum Hüpfen – oder zum Stillstehen – brachte. Das war ein Bock! Und im Glas sah er es erst richtig. Und just an der Stelle stand er, mit der es der Klotz im Vorjahr auch immer gehalten hatte. Das konnte kein Zufall sein, das war Fügung. So dachte es jedenfalls der Apotheker. Denn der Verzicht vom letzten Jahr lag ihm noch schwer im Magen und noch schwerer der Alleingang vom Forsch, diesem Halunken. Über diesen Bock hier, da sollte es keine Abmachungen mehr geben. Nicht mit dem Klausenbauern und auch nicht mit dem Baumenschen. Denn wer zuerst schießt, der lacht auch zuerst.

Der Bock aber ahnte nichts von den schwarzen Gedanken, die ihm allein nur galten und schlug rücksichtslos einen Salweidenbusch zusammen, daß die Fetzen flogen, obwohl er das mit solchem Eifer gar nicht nötig gehabt hätte. Denn blank war er längst und kein Strähnchen Bast verunzierte noch seine gewaltige Krone. Aber allzu lange hielt er sich nicht auf und wechselte zurück ins dunkle Holz. Dahinter aber lag die andere Jagd. Das war gar nicht schön. Aber daß er überhaupt da war, dieser Bock, war eine kühne Vorstellung schon wert.

Als vom Nachthimmel der erste Stern blinzelte, kam die erste Schnepfe, breit und langsam und mit quorksendem Ruf. Im Schuß fiel sie wie ein Stein. Da ließ es Labsam genug sein. Es war wohl auch genug. Erst dieser unwirkliche Bock und dann noch eine Schnepfe dazu. Alles an einem kurzen, milden Frühlingsabend.

Am Sonntag nach der Kirche traf Labsam den Klausenbauern. Der hatte am Abend den Schrotschuß gehört und fragte gleich nach den Schnepfen. In dieser Zeit fragen alle Jäger danach. Das ist ganz sonderbar. So ein kleiner Vogel, und was richtet er an unter dem

Jägervolk. Manche wissen es zu schätzen und nehmen sich einen Gaukler oder auch zwei. Mehr nicht, weil alles sein Maß behalten muß, beim Essen, beim Trinken, in der Liebe und auch auf der Jagd. Andere bekommen den Mund nicht voll und nehmen sich, was sie kriegen können. Abend für Abend, bis es zu Ende ist mit dem Frühlingsflug und mit dem Nehmen. Weil nichts unendlich ist, nicht einmal die Unendlichkeit. Nur froh werden kann niemand dabei.

Aber davon war jetzt, nach dem Kirchgang, keine Rede. Da schimpft man nicht über die anderen und spricht nicht böse über seine Mitmenschen. Der Klausenbauer tat es ohnehin nur selten und dann auch nur, wenn's ihm zuviel wurde. Und auch der Apotheker handelte nach dem Grundsatz »leben und lebenlassen« und wußte dabei auch, daß jeder seine Fehler hatte, jeder gleichviel, nur verteilt in verschiedene Richtungen. Aber wenn Jäger zusammenhocken oder sich begegnen, dann wird über die Jagd gesprochen oder über irgend etwas, was mit ihr verbunden ist. Der Bauer Klausen hatte eine besondere Neuigkeit, natürlich eine mit der Jagd zusammenhängende. Denn ein starker Bock — wie der aus dem Vorjahr — war da und hatte sich eingestellt zwischen den Grenzen, wie der vom Vorjahr auch. Dieser Schlaumeier. Das sagte der Klausenberger und der Apotheker mußte dabeistehen und konnte nichts sagen. Auch dann noch nicht, als ihm der Bauer mit derber Hand auf die Schulter schlug und dabei meinte, daß es diesmal keine Abmachungen mehr geben sollte um den Bock. Denn der Forsch, der kriegte alles fertig, selbst mit einem gebrochenen Arm. Aber dem Labsam müsse er — der Klausenbauer — doch vielmals danken, daß er verzichtete und sich den Bock damals nicht nahm. Darum sollte er ihn dieses Mal haben. Falls der Forsch nicht schneller war. Er selbst — der Klausen — würde den Finger nicht krumm machen auf den Starken. Dafür verbürgte er sich.

Da stand der Apotheker da wie ein Schuljunge und wußte keine Antwort, um die er doch sonst niemals verlegen war. Aber gut war's doch, daß ein Bock, ein ganz braver, wieder da war, und daß er dem vom Vorjahr so zum Verwechseln ähnlich sah. Manche Probleme lösen sich halt von selbst.

Der Schneidermeister Hinze aber hatte mindestens mit diesem Problem nichts zu tun. Darum focht es ihn auch nicht an. Aber mit dem Problem der Jagderhaltung, nach dem Motto, entweder du zahlst oder du mußt gehen, kam auch er in hautenge Berührung. Dabei hatte er nie an solche Möglichkeiten geglaubt. Denn sein Jagdherr war die Kirchengemeinde. Im Grunde also eine ganz seriöse Angelegenheit. Darauf tat sich der Hinze immer etwas zugute. Aber Kirchengemeinden leben auch nicht auf dem Mond und sind, trotz aller anderen Auffassungen, redlich mit der Erde und ihren klingenden Geschenken verbunden. Darum wäre es töricht, eine solche Institution dem lieben Gott gleichsetzen zu wollen. Jedenfalls lebt eine irdische Kirche nicht vom frommen Wort allein. Das ist keine böse Anspielung, sondern eine Tatsache, mit der man sich abfinden muß. Dann gibt es nachher keine Enttäuschung. An dieser Tatsache aber hatte der lange Hinze immer vorbeigeschaut. Das hätte er besser nicht tun sollen, dann wäre ihm mindestens eine schlimme Lehre erspart geblieben. Denn die Kirchenvertreter ließen sich nicht prellen, weil es nirgends geschrieben steht, daß sie so etwas tun sollten. Aber dem Hinze war das noch nicht aufgegangen, und er tat immer so, als hätte er seine Jagd direkt vom lieben Gott zugeschlagen erhalten. Und jetzt war auf einmal das Malheur da, weil überall die Jagdpachten stiegen. Das verärgerte den Schneider sehr. Nicht etwa wegen des Geldes. Das hatte er wohl und daran lag es also nicht. Die Enttäuschung wog viel schwerer. Die Enttäuschung über das irdische Denken der kirchlichen Leute. Nun ja, Kirchenvertreter sind auch nur Leute. Das hatte der Hinze zu wenig bedacht. Aber jetzt saß er mitten drin und mußte sich bekennen. Entweder zum Zahlen oder zum Gehen. Beides wollte er nicht. Da griff das Schicksal ein. Hinze wurde krank. Nicht nur gerade so, sondern recht ernstlich. Krankheit ist nie eine gute Sache. Jedoch diesmal hatte sie etwas für sich. Denn jetzt zeigte sich, daß eine Kirche manchmal doch etwas mit dem lieben Gott gemeinsam hat. Die Geschichte vom armen Lazarus hatte man nicht vergessen. Darum ließ man den kranken Hinze vorerst in Ruhe und mit der Jagd blieb es beim alten.

Der Forsch aber blieb gesund und hielt sein Wort und sagte dem Jagdvorsteher nochmals, daß er sich seine Jagd sonstwohin stecken solle. Das war wiederum nicht schön vom Forsch. Dem Jagdvorsteher gefiel es auch deshalb nicht, weil man den Forsch gern behalten hätte. Denn nützlich und praktisch konnte er schon sein, besonders außerhalb der Jagd. Doch da der Forsch stur blieb wie ein Zugochse, zerrannen alle Hoffnungen auf eine gütliche Einigung in ein Nichts.

Darum ergab es sich dann auch zwangsläufig, daß Forschens Revier einen neuen Jäger bekam. Der hatte sich nicht lumpen lassen und das bezahlt, was die Jagdgenossenschaft in beachtlichen Rechenkunststücken zusammengerechnet hatte und obendrein noch gut nach oben abgerundet. Viel Geld haben ist noch nie eine Schande gewesen. Darum brauchte sich der neue Jäger auch nicht vor der Welt zu verstecken, und da er ein gebildeter Mann war, der wußte, was sich gehörte, machte er ohne Aufschub seine Antrittsbesuche. Beim Klausenbauern fing er an. Das war nun schon sein zweiter Besuch auf dem Hof. Einmal kam er als Fragender, im breiten Auto und Chauffeur. Jetzt kam er als Jagdnachbar im Lodenzeug und mit verdrecktem Jagdwagen. Der Klausen aber war nicht einmal abweisend, obwohl ihn der Forsch dauerte. Aber gute Nachbarschaft beginnt immer bei der eigenen guten Haltung. Außerdem sah Klausen in dem Namen »Bock« den der neue Pächter trug, ein gutes Omen. Der Name hatte doch immerhin einen jagdlichen Anstrich. Im Laufe des Gespräches stellte es sich heraus, daß der neue Mann ein ganz vernünftiger Mensch war. Er hatte gescheite Ansichten und er verstand auch von der Jagd allerhand. So kam man sich bald näher und Klausen zeigte dem neuen Nachbarn Hof und Stallungen, was wiederum dazu beitrug, dem Antrittsbesuch eine besondere Note zu verleihen.

Den Apotheker traf Bock im Revier an der Grenze. Zuerst war leichtes Erschrecken auf beiden Seiten, wie bei Lausbuben, die sich gegenseitig bei einer kleinen Falschheit ertappten. Denn an der Grenze zu pirschen, löst fast immer ein unbehagliches Gefühl aus. Noch dazu, wenn man dabei überrascht wird. Dabei suchte der Apotheker nur nach neuen Schlagstellen, die der starke Bock hinterlassen haben könnte. Und Forschens Nachfolger war aus ähnlichem Grunde da. Denn er war kein Dummer und hatte den Starken auch schon gesehen. Nun sollte man den Jägern nicht unterstellen, daß sie gern Geschichten erzählten. Das ist nur bedingt richtig und auch nur dann, wenn damit nichts verdorben werden kann. Darum sprach der Apotheker von einem glücklichen Zufall, der ihn an die Grenze geführt hätte und er freue sich, dabei den neuen Nachbarn kennenzulernen. Und der Nachbar betonte die Nützlichkeit für einen Neuling, sich die Grenze gut einzuprägen. Damit kamen beide aus dem Schneider heraus. Aber den Wacholderstrauch hatten sie doch entdeckt, der genau auf der Grenze stand, und an dem eines Rehbockes Gehörn ganz frische Spuren hinterlassen hatte. Dennoch

stellte sich der Apotheker immer so, daß der Nachbar den Busch im Rücken behielt. Denn alles brauchte der Neuling auch nicht zu sehen.
Auch bei Hinze machte Bock seinen Besuch und brachte Blumen mit. Die halfen dem armen Hinze zwar auch nicht mehr auf die Beine, dennoch verfehlten sie ihre Wirkung bei dessen Frau nicht. Hinze selbst machte ein abweisendes Gesicht. Das war nicht etwa wegen dem Forsch, den der Neue verdrängt hatte. Denn der Forsch konnte ihm den Buckel herunterrutschen. Die Misere mit der eigenen Jagd wurde wieder heraufbeschworen, und nur das setzte ihm zu. Darum konnte er es auch nicht ertragen, als Bock von guter Nachbarschaft sprach. Deshalb bat er den Besucher schon nach fünf Minuten, daß er ihn allein lassen möchte, da er, Hinze, sich hundeelend fühle. Seine Frau entschuldigte sich an der Haustür für ihren Mann. Aber der gut-erzogene Bock verstand alles, auch die schnelle Verabschiedung, sagte »gnädige Frau« und küßte die Hand. Und Frau Hinze stellte geschmeichelt fest, daß die Kavaliere doch noch nicht gänzlich ausgestorben waren.
Labsam blieb in jeder freien Stunde in Tuchfühlung mit der verheißungsvollen Grenze. Die Bockjagd war auf. Das war sehr wichtig. Viel weniger wichtig war, daß die alten Böcke noch gar nicht verfärbt hatten. Denn schließlich wollte er nicht eine graue oder schon rote Rehdecke erbeuten, sondern einzig und allein das entsprechende Gehörn. Er wollte! Nur konnte er es nicht. Es war wie verhext. Gesehen hatte er den Bock in den letzten Tagen wohl schon ein halbes Dutzend mal. Aber wenn Holz und Busch ringsherum sind, dann nützt oftmals das Sehen überhaupt nichts. Schießen muß man können auf das Stück. Frei mußte es stehen. Was wissen die Feldjäger schon, wie weit vierzig oder fünfzig Meter im dichten Wald mit Unterholz werden können! Noch dazu, wenn es richtiger, ursprünglicher Wald ist, zwar mit nur wenig Nutzcharakter, aber um so größerer Deckung und Wildheit. Dabei kann ein Jäger manchmal das Beten lernen oder auch das Fluchen, je nach Temperament und Veranlagung. Und was muß dabei das kleine, gequälte Menschenherz erdulden und aushalten! Schwerstarbeit ist das für den kleinen, blutvollen, tobenden Muskelklump. Das müßte, kommerziell gesehen, hoch honoriert werden. Weil sich der Mensch in der Regel schon für viel geringere Leistungen lukrativ entlohnen läßt. Nur der Jäger, der vergißt das und zahlt auch noch was drauf. Was müssen das

für Menschen sein, die Jäger! Auch der Labsam gehörte dazu. Darum war er bald am Ende mit seiner Kraft und wohl auch mit seiner Kunst. Zu Hause war er kaum noch ansprechbar. Am Tage dachte er an seinen Bock, nachts träumte er von ihm und in den Morgen- und Abendstunden war er hinter ihm her, als wär's die ewige Seligkeit in Person. Frau Labsam seufzte. Das hatte bestimmt seinen Grund. Denn wenn eine Klassenarbeit bei den Kindern danebenging, gab es keinen Spektakel mehr von Vaters Seite und auch sonst wurde das, was man gemeinhin unter Erziehung versteht, ziemlich großzügig ausgelegt. Im Geschäft lief auch manches daneben. Sonst sind Apotheker ganz genaue Leute. Denen passiert so leicht nichts. Nur dürfen sie keine Jäger sein wie der Labsam und auch nicht hinter einem kapitalen Bock herrennen wie er. Und dem Labsam passierte in dieser Zeit vieles in seinem Apothekerladen, was diesem durchaus nicht zuträglich war. Denn wenn ein Kranker die verkehrte Arznei bekommt und ein Gesunder die verkehrten Pillen, dann gibt das leicht einen Ärger. Den wollte zwar der Apotheker nicht, aber er bekam ihn doch. Danach kriegte er immer den Moralischen, der damit endete, daß er es erneut bereute, kein Förster geworden zu sein. Doch das förderte nur noch mehr den Drang nach draußen und nach dem nerventötenden Grenzbock. Aber der Labsam war auch, seinem Naturell entsprechend, ein Optimist. Darum kannte er auch die Lebensweisheit, wonach man bestimmt etwas erhält, wenn man sich nur genügend darum kümmert. Diese Lebensweisheit sollte eines Morgens ihre Bestätigung erfahren. Das war an einem Sonntag, als sich andere Christenmenschen gerade rüsteten, um die Frühmesse zu besuchen.

Labsam hatte sich gut präpariert. Aus diesem Grunde war ein hübsches Erdloch entstanden, in dem ein ganzer Mann bis auf den Kopf verschwinden konnte. Ein Hochsitz an der Grenze war nicht nach Labsams Geschmack, der ging gegen seine Jägerehre. Weil ein Hochsitz von jedem Hanswurst gesehen werden konnte. Auch vom Nachbarn. Ein Erdloch an der Grenze war diskret und weniger anrüchig. Mindestens in diesem Falle. Sonst genießen diese Gruben keinen guten Ruf. Aber das tat jetzt nichts zur Sache. Immerhin saß jetzt der Apotheker in einer solchen Grube. Und es war sein Glück, daß er drinnen saß. Denn der Bock kam. Er war ganz plötzlich da und stand so nahe, daß der Apotheker das Atmen unterließ und zur Mumie wurde. Und es kam noch schlimmer. Der Bock zog noch näher, vier Meter, drei Meter, zwei Meter, einen Meter. Jetzt stand er am Rande des Erdloches und verhoffte. Sicher ahnte er etwas. Doch der Wind war nicht sein Gefährte und zog von ihm fort. In einer Ecke des Erdloches lehnte die Büchse. Der Labsam hätte nur den Arm auszustrecken brauchen. Das wäre aber auch alles und das letzte gewesen. Zu viel mehr hätte es nicht mehr gereicht. Der Bock stand unbarmherzig still. Abnicken hätte man ihn können, nur zum Schießen, da reichte es nicht. Beides unterblieb. Dafür sah der Jägersmann in die unwahrscheinlich starke Krone. Voll und schwarz stand sie zwischen den Lauschern, daß dem Schauenden die Luft fortblieb. Die seelische Belastung aber nahm immer noch kein Ende. Jetzt stelzte der Bock um das Erdloch herum. Das konnte nicht gut gehen, gleich mußte er Wind bekommen. Der Jäger aber machte erst gar nicht den Versuch, dem Wilde auch nur mit den Augen zu folgen. Nur wundern tat's ihn, daß der Bock noch immer nicht absprang und losblöckte, jetzt, wo er doch mit Bestimmtheit Wind bekommen haben mußte. Beim Wundern blieb es dann auch. Jäger wundern sich ja stets über etwas. Das bringt die Jagd so mit sich und auch die vielfältigen Begegnungen in Wald und Flur. Erst als es der Apotheker schon weit hinter sich brechen hörte und darin den fortflüchtenden Bock vermutete, wandte er Kopf und Oberkörper. Im Unterholz sah er einen weißen Spiegel. Mehr nicht. Darum wartete er ab, bis dieser gänzlich in der Versenkung untergetaucht war. Dann machte er einen Schnaufer, wie ein Gaul ihn zu machen versteht, wenn der Häcksel in den Nüstern sticht, wischte sich den kalten Schweiß von Stirn und Nacken und sagte dann ein Wort, das gar nicht in den Wald paßte, noch weniger zu einem Apotheker. Für heute war die Jagd zu Ende, mindestens die auf den Bock mit dem starken schwarzen Gehörn zwischen den Lauschern. Denn dort, wo das verbiesterte Stück hingeflüchtet war, war »feindliches« Gebiet.

Das mit der Grenze hatte Labsam richtig erkannt. Was er aber nicht wußte, war, daß es hinter der Grenze auch einen Jäger gab, dem der Sonntag zum Jagen ebenfalls nützlicher erschien als der Kirchgang. Das war der neue Jagdpächter Bock. Der hockte zwar nicht in einer irdenen Grube, sondern auf einem Leitersitz. Die Grenze war ihm genau so nah wie dem Apotheker. Und da Unterholz und Bewuchs nicht besser waren um den Leitersitz herum als um das Ansitzloch, stand der Rehbock ebenfalls urplötzlich und wie aus dem

Boden gewachsen vor dem Jäger Bock. Dennoch war es eine ganz andere Situation als beim Apotheker. Ein Rehbock äugt nur ganz selten einmal in den Himmel. Darum war es für den Jäger ein Leichtes, die Büchse einzurichten. Das dauerte zwar ein Weilchen, denn das Wild stand nah. Allzunah ist jedoch bei der Jagd mindestens genauso schlecht wie allzuweit. Aber der Rehbock schien weiterziehen zu wollen. Daher kam der Schuß etwas hastig. Der Rehbock schlug mit den Hinterläufen aus, machte dann eine Kehrtwendung und stob dahin zurück, wo er eben erst hergekommen war. Der Jäger aber tat gar nichts, sondern blieb sitzen. Vor Überraschung. Denn so, wie er drauf gewesen war, müßte der Bock jetzt mausetot im Beerkraut liegen.

Inzwischen hatte sich der Labsam aus seinem Unglücksloch herausgerappelt. Gerade schlug er sich den anhaftenden Sand von der Kleidung, als über der Grenze der Schuß fiel. Ein Büchsenschuß im Nachbarrevier ist zwar für einen Jäger noch kein Grund zur Aufregung. Aber gerade dieser eine Schuß durfte jetzt nicht fallen. Denn hier gab es keinen Zweifel, wem die Kugel gegolten hatte. Das haute selbst den Apotheker um. Er verwünschte alle Grenzböcke und schimpfte innerlich auf diesen blutigen Neuling, der unverdient und viel zu früh im Jahr diesen Prachtbock wahrscheinlich zu Tode gebracht hatte. Denn eigentlich hätte gerade dieser Bock der Wildbahn erhalten bleiben müssen, als Vererber und so. Und verfärbt war er auch noch nicht, sondern grau wie eine Kellermaus. Doch als der Apotheker noch sinnierte, da schlich es grau durch die Büsche und dann war es der Bock, der gute, der Grenzgänger und Heimlichtuer. Eigentlich hätte der Bock den Jäger eräugen müssen, der so frei stand wie ein Denkmal. Aber um sich darüber Gedanken zu machen, dazu hatte der Labsam jetzt keine Zeit. Darum hob er sein Gewehr, ging ins Ziel und drückte ab. Das ging alles ganz einfach, viel einfacher, als man es bei einem so kapitalen Bock gedacht hätte. Und es ging auch gut. Der Bock blieb in der Fährte, weil er einen sauberen Blattschuß erhalten hatte. Nun war der Apotheker stolz und zufrieden. Die Krone war atemberaubened stark, und alt schien der Bock auch zu sein. Der hatte genug Zeit gehabt, sich zu vererben. Zwar war die Decke noch grau wie eine Kellermaus. Aber alte Böcke haben halt die Eigenschaft, später zu verfärben als die jungen. Darum fiel auch kein Wermuthstropfen in den Becher der jagdlichen Freude.

Natürlich hatte auch der Jäger Bock den Schuß von Labsam vernommen, kämpfte noch eine Weile gegen seinen Ärger wegen des schlechten Schusses an, doch da für ihn klare Tatsachen immer noch mehr bedeuteten als Wünsche und Träume, stieg er von seinem Leitersitz herab. Zum Anschuß ging er erst gar nicht. Vorbeigeschossen bleibt vorbeigeschossen. Denn das Auskeilen des Bockes mit den Hinterläufen hatte ihm nichts gesagt, höchstens soviel, daß ein lauter Knall im stillen Sonntagsmorgenwald ein Stück Wild schon zu derartigen Kapriolen veranlassen konnte. Der Jäger Bock aber war auch ein kontaktfreudiger Mensch. Darum schritt er langsam bis zur Grenze, blieb da stehen und rief mehrmals »hallo«. Und da der Apotheker nicht weniger kontaktfreudig war und außerdem alles in seinen Händen hatte, was ein Jäger in dieser Jahreszeit überhaupt haben kann, zierte er sich nicht lange, sondern rief ebenfalls »hallo«. Dann gab es noch mehrere »Hallos«, bis der Bock den Labsam gefunden hatte. Herzlich war die Begrüßung mit »Waidmannsheil« und »Waidmannsdank«. Der Nachbar Bock war wirklich ein netter Kerl. So dachte es der Apotheker. Ein wirklich feiner Kerl, weil er es so herzlich machte und von seinem dummen Schuß so ehrlich berichtete. Dasselbe, eben so mit dem feinen Kerl, dachte Bock auch von dem Apotheker. Weil der so offen von seinem Erdloch sprach und dem Erlebnis mit dem Rehbock am Morgen. Nur von der Grenze sprach niemand. Bei einer Zigarre hielt man gemeinsam die Totenwacht und kam sich näher mit jedem Wort. Dann brach Labsam seine Beute auf, kunstgerecht und wie es sich gehört. Sogar den Schlund verknotete er zünftig, obwohl er das sonst nie tat. Aber unter Jägern mußte alles richtig sein. Denn niemand sollte schlecht von dem anderen denken. Der Nachbar Bock half, soweit es möglich und notwendig war, und immer wieder ging die Rede auf das hochkapitale Gehörn, und die Augen und Gedanken waren auch dabei. Darum sollte man nicht überheblich sein, weil keiner der beiden das kleine Schußloch bemerkte, das in den Dünnungen die graue Decke durchschlagen hatte. Das stammte aber nicht vom Apotheker. Denn dessen Schuß saß sauber im Blatt.

Später dankte Labsam dem Schicksal, daß Forsch nicht mehr sein Nachbar war. Wegen der schlechten Erfahrungen vom letzten Jahr. Denn der Apotheker war ein wirklich lustiges Haus und einer, mit dem man gut auskommen konnte.

Derweilen ging es dem armen Hinze immer schlechter, und es schien

ganz so, als wenn er nicht wieder auf die Beine kommen sollte. Aber er war, obwohl ein Schneider, doch zäh wie ein Hufschmied. Darum wurde es erst noch hoher Sommer, ehe es mit ihm zu Ende ging. Draußen trieben die Böcke. Der Hinze wußte das, denn er kannte die Zeit. Und da er nicht wieder dabei sein konnte, beim Waidwerk auf den treibenden Hochzeiter, schickte er wenigstens seine Gedanken hinaus. So blieb er ein angenehmer Kranker, der kaum mit Sonderwünschen aufwartete. Nur einmal, da hatte er welche. Doch die waren ohne Schwierigkeiten zu erfüllen. Handelte es sich doch nur um die Gehörne, welche er während der Blattzeit in den vergangenen Jahren erbeutet hatte. Es waren nicht viele, kein Waschkorb voll wie bei den anderen. Sie füllten dennoch den kleinen Tisch, welchen man neben sein Bett gestellt hatte. Und die Büchse ließ er sich auch hereinbringen. Da schaute die Frau Hinze ganz glücklich, und sie sagte zu dem Mädchen, daß ihr Mann jetzt bestimmt gesund würde. Darum ließ man ihn auch in Ruhe und störte ihn nicht bis zum Abend. Aus diesem Grunde merkte es auch niemand, als er die Augen schloß und starb. Das mußte er mit einem guten Gedanken getan haben. Denn auf dem Deckbett lag die Büchse, und die Gehörne auf dem kleinen Tischchen waren alle durcheinandergerührt.
Mit Hinzes Tod wurde die Kirchenjagd frei. So lösen sich manche Probleme ganz von selbst, wenn man ihnen nur genug Zeit dazu läßt. Der Herr Pastor fand gute Worte für den Dahingeschiedenen, sprach von gegenseitigem Vertrauen und gegenseitiger Rücksichtnahme, und daß die Kirchengemeinde froh gewesen war, einen solch braven Mann als Jagdpächter gehabt zu haben. So hatte alles ein feines Ende. Doch da man nachher einen neuen Pächter für die Jagd brauchte, nahm man sich gleich den Jäger Bock, weil er schon Angrenzer war und damals, bei seinem Besuch, als der Hinze noch lebte, einen so seriösen Eindruck hinterlassen hatte. Und er zahlte ganz freiwillig das Doppelte von dem, was man bisher dem Hinze abverlangt hatte. Darum gab es dann auf beiden Seiten nur zufriedene Gesichter.
Zufrieden war auch der Apotheker, weil er seine Jagd behalten konnte. Und der Klausenbauer war sogar in Hochstimmung. Denn er erlegte in jenen Tagen einen starken Feisthirsch, wie er selbst kaum im Staatswald zu finden war. Nur der Forsch lief noch mit bärbeißigem Gesicht umher, weil er die Treulosigkeit gewisser Menschen noch nicht so leicht verwinden konnte. Das änderte sich aber im Herbst. Er reiste weit weg in ein fremdes Land, wo es gute Hirsche gab und an-

deres Wild im Überschwang. Zwei Wochen blieb er dort. Dann hatte er es überwunden. Denn die beiden Hirschgeweihe, welche er von seiner Jagdfahrt mitgebracht hatte, waren ein Traum von Schönheit und Stärke. Darum versteckte er sie auch nicht, sondern zeigte sie vor und lud seine ehemaligen Nachbarn und sogar den Forstmeister aus dem Staatswald zu einer kleinen Feier in sein Haus. Es wurde sehr gemütlich, und Forsch sonnte sich als spendabler Gastgeber und auch als Erbeuter der beiden hochkapitalen Hirschgeweihe. Nur der Klausenbauer fiel aus der Rolle. Denn er fragte, woher denn das starke Rehgehörn herkäme, welches dort über dem Schreibtisch prahlte. An dieses hatte Frosch natürlich nicht mehr gedacht. Darum kramte er eine lange Geschichte hervor. Die begann er dann auch umständlich zu erzählen. Nur brauchte er sich nicht bis zum Ende hindurchzulügen. Denn des Apothekers Drahthaar, der ja seinen Herrn fast überall hin begleitete, und der bis jetzt unter dem Tisch geschlummert hatte, war aufgestanden. Und da im Augenblick weder ein Baum noch ein großer Stein für seine Gelüste zur Verfügung stand, nahm er sich des Klausenbauern Knie vor. Niemand beobachtete ihn, weil aller Augen an Forschens Lippen hingen. Nur der Forsch, der Listige, der sah den Hund und auch dessen Tun. Aber er hütete sich, einem Hunde seinen Spaß zu verderben. Darum nahm er sich Zeit mit seiner Geschichte, und seine ursprüngliche Befangenheit schwand von einem zum anderen Wort. Und weil er alles mitansehen konnte, darum konnte er auch als erster loslachen, als der Bauer mit einem Schrei vom Stuhle schoß. Damit war auch die eben erst von Forsch begonnene Geschichte schon zu Ende. Denn die anderen fragten nicht weiter, und der Klausenbauer mußte fort, um sich umzuziehen. Der Forsch aber machte ein ganz freundliches Gesicht. Und das hatte schließlich der Drahthaar vom Apotheker ganz allein fertiggebracht. Der Drahthaar, der sonst keiner Maus etwas zuleide tat.

Eine grüne Geschichte

In unserer geschäftigen Welt sind die Werte, welche allein das Leben ausmachen und die am Ende bestimmend sind dafür, ob es gut oder schlecht, stürmisch oder ruhig, erfüllt oder unerfüllt verlaufen ist, ziemlich ins Rutschen geraten. Das liegt weniger an den Menschen, als an den Umständen, unter denen diese Menschen ihr Dasein durchbringen müssen. Es liegt an der Umwelt. Diese Umwelt ist es, welche den Menschen im Griff hat, ihn beutelt oder streichelt oder ihn zum Herrn oder Knecht werden läßt. Nur ist es oft schwer, den Herrn vom Knecht zu unterscheiden. Und wer sich ein Herr dünkt, kann leicht ein Knecht sein und ein Knecht ein Herr. Denn nicht Karriere sind es und Wohlstand, welche die Freiheit im Gefolge haben, sondern die klare Einstellung zu den Dingen der Welt, das Auge, welches die Schönheiten, aber auch das Schreckliche sieht und das Herz, welches empfinden kann, hinauf bis in die höchsten Höhen, aber auch hinab bis in die schwärzesten Tiefen.

Es scheint so, daß die schönsten Dinge dieser Welt noch immer da zu finden sind, wo die Erde alleinige Schöpferin geblieben ist. Dann braucht der Mensch nur noch die Gabe des Sehens, um alles zu begreifen, was das Leben ausmacht. Aber selbst dieses bloße Sehen kann sich mancher schon nicht mehr leisten. Vielleicht will er es auch gar nicht mehr, weil ihm die Welt, in der die Menschen zu Schöpfern wurden, näher steht als die, in welcher die Erde Schöpferin geblieben ist.

Die Welt des Jägers ist die der Erde, der Pflanzen und der Tiere, aber auch die der Naturgewalten, der Sonne, des Mondes, des Windes. Sie ist die echteste aller Welten, denen sich der Mensch in seiner Vielfalt verschrieben hat. Die Sehnsucht nach ihr schlummert in allen. Das spiegelt sich wieder in dem Drang nach draußen, es zeigt sich in unseren bevölkerten Wäldern und Fluren, an dem Wohnsitz im Grünen. Am deutlichsten aber zeigt es sich in der ständig wachsenden Zahl der Jäger. Jäger sein, das möchten so viele! Das ist gar kein schlechtes Zeichen und schon gar nicht beängstigend. Denn was dabei gesucht wird, ist doch nur das echte Erlebnis. Es ist ein Fortlaufen von Schreibtisch und Maschine, manchmal — oder auch oft — ein Fortlaufen vor den Menschen selbst. Nie aber ist es etwas Schlimmes.

Wo ein Jäger schreitet, da hinterläßt er seine Spur. Ein Jäger fällt auf. Ein Jäger wird wahrgenommen. Alles an ihm wird beachtet. Manchmal so sehr, daß er eher einer Märchenfigur gerecht werden könnte als einem Jäger, der doch in erster Linie ein wirklicher Mensch geblieben ist. Ein Mensch! Dran sollte man denken, und alles wäre wieder in Ordnung. Denn dieser Mensch wird kein Fabelwesen durch Jägerhut und Loden. Schon gar nicht ein solches der Unfehlbarkeit. Auch daran sollte gedacht werden. Weil ein Jäger seinen ganzen Menschen, den inneren wie den äußeren, mitnimmt, wenn er hinauszieht zu Ansitz oder Pirsch. Also nimmt er auch alle Schwächen mit und alle Fehlbarkeit eines Menschen. Und wie jeder Mensch, der erhabene wie der demutsvolle, begeht er dann auch seine kleinen Sünden, die alltäglichen, und er begeht die großen Sünden, die seltener sind, aber doch eben auch vorkommen. Das hängt von dem Menschen ab, der eingeschlossen ist in sein Lodenzeug.

Und wie jeder Mensch, so gibt auch der Jäger seine Geschichte, die ihm passiert ist, nicht gerne zu. Das wiederum hat mit dem Jäger gar nichts zu tun, sondern mit dem Menschen. Aber die Geschichte ist da. Jeder Jagdtag, ja jeder Jagdgang ist eine Geschichte. Auch wenn dabei gar nichts Wesentliches vorgekommen ist. Wesentlich genug ist schon, daß ein Mensch als Jäger draußen ist, mit vielen Erwartungen und Hoffnungen und mit einer Sehnsucht, einer unbestimmbaren, eigenartigen Sehnsucht, die allerdings nur ein Jäger kennt. Das ist der Anfang des jägerischen Erlebens und auch der Anfang aller Geschichten, aller Grünen Geschichten. Das können dann sogar Jagdgeschichten sein, mit Schuß und Knall und reicher Beute. Aber es brauchen nicht unbedingt solche zu sein. Manchmal genügt schon allein der Mensch, der Jäger für eine solche Geschichte. Oder des Jägers Hund, sein bestes und wertvollstes Stück. Oh, man darf sie nie vergessen, die braven Gefährten.

Jedenfalls weiß ich, daß sie für mich zuerst da waren. Lange vor dem ersten jagdlichen Erlebnis und damit auch vor dem ersten Pulverrohr. Daß sie mir zwar auch den ersten Kummer bereiteten, das war gewiß nicht ihre Schuld. Doch es ist wahr. Der Kummer mußte ja kommen. Denn auch ein kleiner Junge sollte schon wissen, daß nicht jeder herrenlose, halbverhungerte Hund mitgenommen gehört in die elterliche Wohnung. Ich, der kleine Junge, wußte das damals noch nicht.

Der Kummer kam stets, manchmal schon nach Stunden, manchmal erst nach einigen Tagen. Weil meine geplagte Mutter nicht daran dachte, eines dummen Jungen wegen in ihrer Wohnung ein Tierheim einzurichten. Die Trennung kam immer. Die Sehnsucht blieb. Das wurde auch nicht besser, als der kleine Junge endlich einen Hund haben durfte. Für sich ganz allein. Es war ein Stückchen Seligkeit. Vielleicht sogar ein großes Stück. Aber die ganze Seligkeit war's doch noch nicht.... Eben weil die Sehnsucht nicht fortgehen wollte, eine Sehnsucht, die sich nicht erklären und nicht bestimmen läßt und die darum auch nicht verjagt werden kann.

Damals hat sie viel angerichtet. Sie war wie ein flinkes, listiges Teufelchen und dirigierte aus dem Hinterhalt und hatte keine Skrupel, dachte also auch nicht daran, daß der Junge, der inzwischen auch größer geworden war, zur Schule mußte. Daß also am Morgen kaum noch die Zeit dafür vorhanden war, den eingespannten Pferden auf dem Molkereihof »Guten Tag« zu sagen. Die Sehnsucht siegte und wartete nicht. Bis es getan war. Immer war es ein Wettlauf mit der Zeit. Weil die Uhr eine Erfindung des Menschen ist und nur diesen etwas angeht.

Dann paßt vieles nicht mehr zusammen, wenn die Sehnsucht nach draußen, in die Freiheit treibt, wo die Erde Schöpferin geblieben ist. Alles kostete viel Zeit. Das Lauschen und Pirschen, das Suchen und Forschen. Und daheim wartete ein kleiner Zoo auf seine Betreuung. Im Stall hoppelten die Hauskaninchen, eine ganze Menge. Später wurden es wilde. Die kamen in den Garten, in ein festes Gehege. Aber dann war es doch nicht fest genug, und eines Morgens waren die grauen Wildlinge auf und davon. Das gab einen Schock. Nicht etwa wegen der Schäden, die jetzt in allen herumliegenden Gärten entstanden. Sondern nur, weil sie fort waren, die Wildlinge. Und die Sehnsucht ging nicht fort. Sie bohrte weiter. Der Erfolg war nicht mehr zu übersehen. Die Erde war auch allzu reich. Sie hatte alles. Man konnte auch alles von ihr haben. Darum hatte man auch so vieles. Igel waren da, die paßten gut in Hof und Garten. Sie waren wie gemütliche Menschen, etwa wie ein gutmütiger Müller oder ein schmunzelnder Zuckerbäcker. Nur mitnehmen ließen sie sich nirgendwohin. Doch die reizende Ringelnatter mit den gelben Kopfflecken konnte man überallhin mitnehmen. Ohne daß es auffiel. Sogar in die Schule. In der Jackentasche blieb sie ganz ruhig, stundenlang. Wohl deshalb, weil ihr das gruselige alte Bauwerk genauso zuwider war wie dem Jungen, in dessen Tasche sie steckte. Bis auf ein Mal, ein einziges Mal. Da wurde sie neugierig und kroch aus ihrem Versteck heraus. Zu einer ganz ungewöhnlichen Zeit und einer noch ungewöhnlicheren Stunde. Nicht etwa während der Biologiestunde. Da hätte sie hineingepaßt. Auch nicht während des Deutschunterrichts. Dabei wäre auch nichts geschehen. Denn der nette Deutschlehrer mit dem kecken Spitzbart war ein prächtiger Mann. Ausgerechnet bei dem Lateinlehrer mußte es geschehen! Der behauptete zwar immer von sich, er wäre ein überzeugter Humanist. Aber das meinte er sicher nur pädagogisch. Jedenfalls hatte das, was er meinte, gar keine Verbindung zur Humanität. Das wußte aber die hübsche kleine Ringelnatter nicht. Darum kroch sie ihm entgegen. Immer hübsch auf dem geölten Fußboden entlang. Bis vor seine Fußspitzen. Und niemand bemerkte das kleine Wesen, nicht einmal der Junge, dem es gehörte. Bis auf den Lateinlehrer. Der sah auch sonst schon viel zu viel. Obwohl er immer behauptete, daß er schlecht sähe und darum auch meistens das Licht anschaltete, wenn eine Wolke vor der Sonne stand. Sicher aber tat er auch das nur aus pädagogischen Gründen. Alles tat er wohl nur deshalb. Darum war er auch so würdig. Lachen konnte er auch nicht. Doch dafür entdeckte er die Ringelnatter, die niedliche kleine, vor seinen Fußspitzen. Und dabei verlor er zum ersten Mal sogar seine Würde. Das ging ganz schnell. Die Klasse bemerkte das erst, als er auf dem Stuhl hinter dem Katheder stand. Das hätte er niemals tun dürfen. Es war halt die Angst, die ihn dort hinaufgetrieben hatte. Jetzt hätte er eigentlich das Mitleid der ganzen Klasse verdient. Aber halbwüchsige Jungen können grausam sein. Hier waren sie es. Sie heulten auf wie eine Horde Wilder. Aber das änderte nichts an der Situation. Darum kroch der Junge, dem die Natter gehörte, aus der Bank und schlich sich nach vorn. Die Schlange wanderte wieder in die Jackentasche. Damit hätte alles gut sein können. Doch es wurde nicht gut. Denn Undank ist der Welt Lohn. Der Lateinlehrer kroch wieder von seinem sicheren Platz herunter, doch viel langsamer als vorhin hinauf. Die Würde hatte wieder von ihm Besitz ergriffen. Das war gar kein gutes Zeichen. Dann sah er mit einem vernichtenden Blick den Jungen an, der seine Hand auf die Tasche drückte, in der sich die Schlange verbarg. Der Blick war schlimm, viel schlimmer, als wenn der Pauker gebrüllt oder sonst was getan hätte. Und sicher reichte es bei ihm auch nicht zu mehr, weil er wohl am Ende seiner Kraft angelangt war. Darum langte es nur noch für den schlimmen

Blick. Dann rannte er aus dem Zimmer. Fünf Minuten später war die ganze Anstalt in Aufruhr. Wegen einer giftigen Schlange, die ein verantwortungsloser Schüler eingeschleppt hatte. Das war noch schlimmer, als die Sache mit dem Stuhl und dem Blick.

Doch in bösen Lebenslagen fliegt oft, ganz schnell, ein Schutzengel herbei. Er flog auch jetzt, in Gestalt eines jungen Assessors. Er gab Sport und Biologie und war, wie es so hieß, ein feiner Kerl. Vielleicht deshalb, weil er der Sohn eines Försters war. Es konnte auch andere Ursachen gehabt haben. Jedenfalls war er da. Er mochte den Jungen und der mochte ihn. Das half weiter. Dann hatte er die Natter in seiner Hand. Im Schulhof machte er es allen, die gerade in seiner Nähe standen, plausibel, wie hübsch und nützlich eine Schlange sei. Die Natter benahm sich dabei auch ganz manierlich. Nur das gespaltene Zünglein tastete sich spielerisch vorwärts. Nach dem klugen Vortrag gab es keine giftige Schlange mehr in den geheiligten Räumen. Der Lateinlehrer schien das nicht begriffen zu haben. Denn in der folgenden Stunde hielt nun er einen Vortrag. Aber nicht über Schlangen und deren Nützlichkeit, sondern über die Schulordnung und ihre Einhaltung. Das kostete ihn fast eine ganze Unterrichtsstunde. Vielleicht war das zuviel. Wegen einer kleinen Ringelnatter. Vielleicht war es auch zu wenig. Aber er war Pädagoge und Humanist. Darum wußte er sicherlich, wieviel er der Sache schuldig war.

Doch die Schule war nur ein Teil des Daseins. Der andere Teil war der bessere. Man hatte ja noch ein Fahrrad. Das trug einen hinaus in die weiten, rauschenden Wälder des prächtigen Ostlandes. Es war ein Paradies, es war der Himmel. Die Bussarde nahmen die Sehnsucht auf in ihre weiten, ruhigen Kreise. Das war der Anfang. Der schnelle Flug des Habichts ließ das Herz erbeben, und der rüttelnde Turmfalk schnürte die Kehle zu in Andacht und Glückseligkeit. Das war aber immer noch der Anfang. Der Weg führte weiter. Vorbei an den Horsten der Schwarzstörche und den Kolonien der Reiher, führte durch Wälder, immer wieder durch Wälder. Vor dem Mutterbau tollten sich die Jungfüchse, im lichten Altholz hämmerte der Buntspecht. Eichhörnchen gaukelten in den Wipfeln, rote und schwarze. Und auf den sandigen Wegen standen Fährten und Spuren. Im Abenddämmern zog eine Rotte Sauen aus dem Holz. Sie glich einem Rudel Wölfe. Schwarz waren die Gestalten, geheimnisumwittert. Leise und ganz zaghaft begann sich der Jäger zu regen. Wildschweine! Sie gehörten wohl zu einer versunkenen Welt. Damit erhielten die Wälder, die grünen, lichten, rauschenden, ein neues Gesicht. Es war dunkel und wild und verwegen. Darum war es nicht schlechter geworden. Eher noch liebenswerter, noch begehrenswerter. Dieses Gesicht blieb erhalten, wurde noch stärker herausgemeißelt mit dem ersten Hirsch, der wie ein Geist aus der Dickung trat, mit hohem Haupte, lange Zeit sichernd verharrte, und dann langsam über eine Blöße zog, mit Schritten, die nicht zu beschreiben waren. Damit wurde endgültig der Jäger geboren. Noch nicht der mit dem Schießgewehr nach Beute trachtende. Doch der, dessen Füße keine Ruhe mehr fanden. Aber das verringerte die Sehnsucht nicht. Sie blieb und trieb, zum Schleichen, zum Pirschen und zum Wandern.

Auf den Wiesen standen Rehe. Die Morgensonne brach durch die Wipfel der Wälder und ließ das Wild rot aufleuchten. Das war das Werk einer Zauberin. Die Wälder bedurften der Sonne aber gar nicht, um begehrenswert zu bleiben. Ein Regentag konnte das auch, wenn tiefhängende graue Wolken über die Wipfel flatterten. Dann wurde die Wildheit der Wälder nur noch wilder und die Freude nur noch größer. Darum wohl auch hatte der Herbst seinen besonderen Reiz. Aber die grauen Wolken allein taten es nicht. An einem Abend schrien die Hirsche. Der Förster hatte den Jungen mit der unstillbaren Sehnsucht hinausgenommen. Er war ein schweigsamer Mann, der Ohren und Augen besser aufzuhalten verstand als die Lippen. Auch darum wurde er zu einer besonderen Person. Denn er durchbrach nicht das Sinnen des anderen. Aber das Beste an ihm war doch, daß er einen Hund bei sich hatte. Immer hatte er ihn dabei und um sich herum. Wo er gerade ging oder stand. Das war großartig. Dieser Hund hatte Gesichter. So sah es der Junge. Das eine war hart und furchteinflößend, das keinen Spaß verstand. Es hatte aber auch sehr viel Würde und Erhabenheit. Das andere war ins Gegenteil verkehrt. Zuverlässig war es und zeigte Falten der Gutmütigkeit, verziert mit einem Schuß Melancholie. Diese beiden Gesichter waren kein Irrtum. Sie waren beide vorhanden. Sie sind bei jedem Schweißhund vorhanden. Darum waren sie es auch bei dem des Försters. Es entbrannte eine neue Liebe: die eines Jungen zu einem Fährtenhund. Diese Liebe blieb ohne Ende. Vielleicht deshalb, weil sie soviel Nahrung erhielt. Soviel, wie es in der Liebe unter Menschen wohl nur selten vorkommt. Die Nahrung war Freude und Stolz. Das gehört wohl mit zu einer echten Liebe. Die Freude kam, als der geliebte Hund einen Anschuß von einem Rottier fand, den drei Hunde zuvor blindlings überlaufen hatten. Unter dem Begriff Anschuß kann man sich eine Menge von Begebenheiten vorstellen. So dachte es auch der Junge. Was mußte da alles herumliegen! Nachher lag überhaupt nichts umher. Schon gar nichts von Schweiß. Der Anschuß fiel überhaupt nicht auf. Jedenfalls nicht dem Jungen. Vielleicht auch gar nicht dem Förster. Aber der verließ sich in entzückendem Vertrauen auf seinen Schweißhund. Und für den Hund mußte dieser Anschuß dann doch eine Menge von Begebenheiten vorgewiesen haben. Das konnte man ihm an seinen beiden Gesichtern ablesen. Dann half der Förster beim Suchen. Daß der, welcher sucht, auch findet, muß schon wahr sein. Darum fand auch der Förster, zuerst nur ein einziges Haar. Aber das schien ihm nicht zu genügen. Darum suchte er weiter. Es dauerte lange, bis er ein zweites fand. Darüber freute er sich. Der Junge freute sich noch mehr. Nicht über die zwei Schnitthaare, sondern ganz einfach über den verehrten Hund, der den Anschuß gefunden hatte.

Das war keine lustige Jagd, schon gar nicht war sie laut. Doch es war fesselnd. Immer, wenn es in dichtes Holz hineinging, dachte der Junge, daß es zu Ende sein müßte. Nachher war er fast enttäuscht, als das Tier zwischen licht stehenden Bäumen auf dem Beerenkrautteppich lag. Es war schon verendet. Dazu hatten ihm die drei Hunde, welche den Anschuß nicht gefunden hatten, genug Zeit gelassen. Nach der Freude kam dann der Stolz. Was wäre geschehen, wenn der Hund nicht gefunden hätte? Er hatte gefunden! So mußte es sein. Denn das Schicksal eines Menschen, auch das eines heranwachsenden Jungen, tut alles folgerichtig. Es ist wie ein Gewebe, das beim oberflächlichen Betrachten zwar verworren und unsymmetrisch ausschaut. Aber wenn man Stück um Stück verfolgt, dann ist es ein großartiges Gebilde mit klaren Linien und festen Verbindungen. Nur muß man sich die Zeit nehmen, es lange genug zu betrachten.

Für den Jungen aber wurde der Förster zum Leitbild des Jägers und der Schweißhund zum Leitbild des Jagdhundes. Dabei war es selbstverständlich, daß der Jäger zu seinem Hunde ein fast menschliches, herzliches Verhältnis hatte. Doch dann, bei den Treibjagden, mußte der Junge wieder umlernen. Da kamen auch Jäger mit ihren Hunden. Der Junge sah sie sich alle genau an, mehr noch die Hunde. Einmal war auch so etwas Ähnliches wie ein Förster dabei, mit seinem Hund. Dieser Mann war ein anderer, als der mit dem Schweißhund. Doch nicht nur deshalb, weil der seine kein Schweißhund war. Ein Jagdhund war er immerhin. Aber der Hundeführer war kein feiner Mann.

Darum trug er auch eine geflochtene Hundepeitsche am Riemenring des Rucksacks. Das sah ganz widerlich aus, diese schlotternde Geißel. Das Schlimmste war, daß sie auch benutzt wurde. Dann jaulte der Hund kläglich, und dem Jungen stieg die Zornröte ins Gesicht. Am Abend lief der Hund dem Jäger davon. Aber nach einer Stunde kam er wieder. Das ist das Los eines Hundes. Daß er immer wiederkehrt, obwohl er wissen müßte, was seiner oft harrt. Dann gab es wieder die Peitsche. Bis ein alter Jäger dazwischenging – irgendein alter, ziviler Jäger – und dem Wüterich das Schlaginstrument entriß. Das war eine großartige Tat.

Bei einer Drückjagd auf Sauen waren wieder Hunde dabei. Ohne diese geht's dabei auch nicht. Die sahen ganz eigenwillig aus, so gar nicht nach Jagdhunden. Sicher waren sie es in rassischem Sinne auch nicht. Sie hatten Gesichter wie kampferprobte Landsknechte. Einer war dabei, der hatte fuchsrotes Haar und einen Ringelschwanz wie ein Mops. Und einer seiner Hinterläufe knickte bei jedem Schritt seitwärts aus. Darum nannten ihn die Jäger und Treiber »Knickebein«. Aber das sagten sie nicht wegwerfend oder beleidigend, sondern eher in freundschaftlicher Anerkennung. Denn das Knickebein wurde dem Fuchsroten von Sauen beigebracht, vielmehr von einer einzigen Sau, einer Bache, die biß einmal zu, und da war es geschehen mit dem Knickebein. Doch bei einem richtigen Sauhund heilt ja alles oder fast alles immer wieder zusammen. Genauso wie bei einem erprobten Erdhund. Das tat auch der zerquetschte Hinterlauf. Mindestens heilte er wieder zusammen. Nur nachher stimmte die Richtung nicht mehr bei ihm. Aber das blieb nur ein Schönheitsfehler. Mehr war es nicht. Zwar wurde Knickebein etwas langsamer, doch das war nicht das Schlechteste. Das Schnellste ist bei der Jagd nicht immer das Beste.

Die anderen in der Meute sahen auch recht verwegen aus. Eben wie alte Landsknechte. Für die Jagd auf Sauen waren sie alle zu gebrauchen. Sonst wären sie auch nicht dabei gewesen. Knickebein war der Kopfhund. Ihn respektierten sie alle, obwohl ihm jeder einzelne Kämpe an Kraft und Gewandtheit überlegen war. Doch bei den Hunden ist es genauso wie bei den Menschen: Die Persönlichkeit besitzt die größte Stärke, besonders die, welche durch ein hartes Leben geprägt worden ist. Bei Knickebein hatten die Saujagden die Persönlichkeit geprägt. Darum war die Herkunft gleich und die Abstammung ohne Bedeutung. Den Wolf hatte er doch zum Urvater. Das genügte.

Das Drücken begann. Der Schnee lag fußhoch. Alle Hunde blieben voerst noch am Strick bei den Treibern. Den Knickebein führte ein alter Holzhauer. Das war gut abgestimmt. Denn der Alte knickte auch. Sogar mit beiden Beinen. Das hatte er aber nicht von den Sauen bekommen, sondern von der Rachitis. Mensch und Hund sahen gar lustig aus, wie sie so einträchtig in die Dickung hineinknickten. Schmunzeln taten sie alle bei diesem Anblick. Aber niemand sagte ein vorlautes Wort. Wo doch sonst Jäger immer gleich mit einem Ulk bei der Hand sind. Hier ließen sie es sein, weil sie den Alten und den Knickebein kannten. Beide waren gleich gut an Sauen zu gebrauchen, und wo sie zusammen mit im Spiele waren, da gab es fast immer eine Strecke. Also hielt man höchst eigennützig den Mund. Hinter dem Alten schloff auch der Junge in die Dickung. Am Strick hatte er so etwas wie einen heruntergekommenen Wolfspitz. Der war nicht zu bändigen und zog, daß ihm die Zunge bis in den Schnee hineinhing. Bei jedem Schritt fiel der Schnee aus dem tiefhängenden Geäst, rieselte in den Nacken und wurde dort zu Wasser. Aber der Junge bemerkte es kaum, weil seine Gedanken voraus waren und sich bereits mit wichtigeren Dingen beschäftigten. Und um ja nichts zu verpassen, hielt er mit dem alten Holzfäller, der den Knickebein an der Seite hatte, schön die Spur. Als der Alte stehenblieb, tat es der Junge auch. Knickebein hatte die Nase in den Schnee gesteckt und roch da hinein. Das bekam ihm gut, denn er juchzte auf, fuhrwerkte wie von Sinnen durch die Gegend, daß sich der Haltestrick zwischen den Stämmchen verfing und der Alte furchtbar schimpfte. Aber das tat er wohl mehr aus Gewohnheit und ohne Grund. Denn mit der Saumeute wurde immer geschimpft. Das gehörte sich so. Ähnlich wie man es mit armer Leute Kinder machte. Aber Knickebein hörte das Schimpfen schon gar nicht mehr. Er war harthörig geworden im Laufe der Jahre und im Umgang mit den Menschen. Darum schlug ihm der Alte mit dem Krückstock über die Keulen. Das verstand der Fuchsrote besser. Aber Ruhe gab er trotzdem nicht. Das war wegen der frischen Saufährten, die ihm in der Nase kitzelten. Und im Schnee standen sie für jeden sichtbar. Auch für den Holzfäller. Die sah er dann auch und löste den Haltestrick. Und »Hunde los«, schrie er und »hui, faß die Sau«. Da löste auch der Junge den Wolfspitz von dem Halsriemen, mit bebenden Fingern und fliegendem Atem. Dann drückte er sich an den alten Treiber heran, der da stand wie ein Fels in der Brandung. Aus zusammengekniffenen Augenlidern schaute er den Hunden nach und stopfte sich dabei seelenruhig seine Pfeife.

Noch ehe der Tabak brannte, waren die Hunde laut geworden. War das ein Kreischen und Toben und Gekeife! Das waren nicht die Laute von »zahmen« Haus- und Hofhunden, das waren Schreie von wilden Tieren, welche ihre Freude über die in Aussicht gestellte Beute hinausheulten. So hielt es der Junge für das Beste, dicht hinter dem breiten Rücken des Holzhauers zu bleiben. Dabei war es nicht einmal die Furcht, welche ihn zu solchem Verhalten veranlaßte. Im Gegenteil. Nur wollte er nichts von dem jetzt beginnenden Schauspiel verpassen. Eben darum hielt er sich an den erfahrenen Alten. Denn der würde bestimmt alles richtig machen. Dann ging es Schritt für Schritt durch den Schnee, dahin, wo die Hunde einen fürchterlichen Krach veranstalteten. Aber dann war es keine bestimmte Stelle. Mal war es hier, mal war es da. Und dann krachte es ganz in der Nähe. Dabei nahm der Alte sogar die Pfeife aus dem Mund und ging hinter einer vorwüchsigen Kiefer in Deckung. Erst kam es schwarz, als dicker, den Schnee furchender Klumpen. Das war die Sau! Dann folgte ein roter Strich. Das war der geifernde Knickebein. Gerade vor den beiden Menschen kam der schwarze Klumpen zum Stehen, daß der Schnee in übergroßen Flocken durch die Luft stob. Das hatte Knickebein sicherlich nicht erwartet und vermochte darum auch nicht mehr rechtzeitig bremsen. Vor einem Zusammenstoß mit dem Schwarzkittel rettete ihn nur noch ein eleganter Sprung über diesen hinweg. Die Sau drehte sich im Kreise. Ihre Rückenborsten waren zu einem hohen Kamm aufgerichtet. Das Gebrech klappte in regelmäßigem Takt. Alles war sehr wirkungsvoll und respekteinflößend. Das gehörte wohl auch zu einem richtigen Kampfgeschehen. Aber Knickebein war ein Rüpel, und darum ließ er sich nicht bluffen, blieb respektlos, raste wie ein Irrer um die Sau herum, daß sie zum Tanzen kam wie ein Kreisel, und zwickte sie dabei in die Keulen, wenn es ihm nicht schnell genug ging. Denn auf die Keulen hatte er es überhaupt abgesehen. Die waren ungefährlich. Am Gebrech flutschte er immer elegant vorbei. Dem Jungen wurde es ganz heiß unter der Wetterjacke und dem Strickpullover. Aber nicht, weil ihn das turbulente Treiben beunruhigte, sondern einfach deshalb, weil die Begeisterung in ihm zu lodern begann wie ein knisterndes Feuer. Darum kam es ganz von selbst, daß er hinter dem Rücken des Holzfällers hervorrutschte und dem Knickebein lauthals assistierte. Aber Knickebein war ja harthörig. Darum gab er nichts auf das Geschrei. Anders die Sau. Die hatte noch ein gutes Gehör, wohl deshalb, weil sie bisher den Umgang mit Menschen nicht kannte. Darum rülpste sie schnell hintereinander »wuff, wuff, wuff« und stob davon, daß die trockenen Zweige splitterten. Nachher wunderte sich der Junge über dieses Verhalten. Er hätte etwas ganz anderes erwartet, mindestens keine Flucht. Er war enttäuscht. Denn wenn die erfahrenen Jäger vom Schwarzwild berichteten, dann wurden dessen Grimm und Schneid besonders hervorgetan. Nun, diese Sau machte es anders und lief davon, verfolgt von dem fuchsroten Knickebein, der lauthals dranblieb und sich hinter dem flüchtenden Wilde heiser schrie.

Er war nicht der einzige, der Radau machte. Ringsherum waren die Hunde laut geworden und bestimmt nicht nur so zum Vergnügen. Also mußten ringsum auch Sauen locker geworden sein. Der alte Holzfäller drückte dem Jungen einen Knüppel in die Hand, den er mit der Stiefelspitze aus dem Schnee hervorgescharrt hatte, und meinte dabei, daß so ein Prügel bei Saujagden immer gut sei. Einen Augenblick später wußten das der Junge und der Holzarbeiter genau. Ein Überläufer kam herangehetzt, keuchend und mit offenem Gebrech, dem ein mausgrauer, zottiger Rattler dicht an der Schwarte klebte. Stur hielt die halbwüchsige Sau auf die Menschen zu. Der Holzfäller hob den Knüppel. Aber zu spät. Der Überläufer fuhr ihm bereits zwischen die Beine. Jetzt hätte es passieren müssen. Doch es geschah nichts. Weder strauchelte der Alte, noch fiel er um. Wofür hatte er auch seine krummen Beine! Sicher wußte er deren Wert, in solchen fatalen Situationen. Zwar wurde noch tüchtig der Handstock geschwungen, traf auch, aber nicht die Sau. Denn die hatte den Tunnel bereits durchfahren. Dafür bekam der graue Rattler einen derben Hieb auf das noch derbere Fell. So blieb die Wirkung nicht aus, war sogar gleich zweimal vorhanden. Einmal, indem die Sau, welche den Knickbeinigen glücklich passiert hatte, nun dem Jungen in die Glieder fuhr. Aber hier gab es keinen Tunnel, der geräumige Durchfahrt gestattete. Und da der Überläufer nichts eingebüßt hatte von seiner flotten Fahrt, ging der Junge kopfheister in den Schnee. Die zweite Wirkung löste der Rattler aus. Als er den Hieb erhielt, griff er vor Wut und Schmerz dem Alten von unten her in die Hose und wohl auch ins Fleisch. Hintenüber stolperte der so Gepeinigte über den Jungen, fluchte dabei wie ein Ochsentreiber und hielt sich mit beiden Händen die schmerzende Stelle. Aber das Fluchen blieb ohne Wirkung auf Hund und auf Sau. Die tobten inzwischen weiter. Nur der Junge bekam die ganze Litanei mit.

Doch der Holzknecht konnte nicht nur hervorragend fluchen, er verstand auch genauso hervorragend zu mogeln. Darum log er dem Jungen vor, noch während sich beide im Schnee wälzten, daß er eben von der Sau geschlagen worden wäre. Das klang auch zünftiger als ein Hundebiß und brachte vielleicht später bei den Jägern auch mehr ein. Denn von einer Sau geschlagen zu werden, bedeutete immerhin eine gewisse Ehre. Fast gleichzusetzen einer Verwundung auf dem Schlachtfeld. Diese Ehre konnte man sich als alter, erfahrener Treiber getrost verdienen. Der Junge aber saß im Schnee und hörte sich die Untat der Sau mit stoischer Gelassenheit an. Denn er hatte natürlich gesehen, wie der Rattenfänger dem Alten an der Hose gehangen hatte. Dennoch nickte er zustimmend, als würde er alles glauben. Darum deutete der Holzfäller die leuchtenden Augen des Jungen wahrscheinlich auch ganz falsch. Diese frohen Augen hatte allein der kleine Überläufer bewirkt, der wie ein giftsprühender Teufel alle Hindernisse zu überwinden verstand, um seine Schwarte heil weiterzubringen. Das war eine Tat, die man sich merken mußte, auch für später.
In das Gejiffe und Gekeife der Hunde fiel ein Schuß. Das war der Anfang. Gleich darauf knallte es ringsherum. Dann klagte ein Hund. Vielleicht war es aber auch eine Sau. Dazwischen knallte es, daß der Holzfäller seine zerrissene Hose und die schmerzende Stelle darunter vergaß und im Marschtritt wild mit dem Stock gegen die Stämmchen schlug. Dabei schrie er mit vor Begeisterung hochrotem Kopf »huh, huh, huh« und »hussassa«. Der Junge machte es ihm nach, weil er nichts Besseres wußte. Und dann kamen noch zwei Treiber an, die schrien genauso wild und laut. Darum konnte man auch nur ganz undeutlich hören, daß jetzt wirklich und unverkennbar einer der Hunde aufklagte. Dann war im Schnee roter Schweiß, wie mit der Gießkanne gegossen. Im Schnee war dadurch ein breiter, roter Streifen entstanden. Der Schweiß stammte von einer Sau, die auch gleich darauf von den Männern gefunden wurde. Sie rührte keine Borste mehr. Dann fand sich nochmals Schweiß. Der war aber von keiner Sau, sondern vom Knickebein. Diesmal hatte es ihn endgültig erwischt. Niemals mehr würde jemand über seinen sichelförmigen Hinterlauf schmunzeln können. Die Augen hatte er geschlossen, und über sein Gesicht zogen sich mehrere breite Kummerfalten. Sie waren Zeugen eines harten Lebens, sahen doch auch recht ehrwürdig aus. Knickebein hatte den Tod gefunden, der ihm wohl am ehesten zugestanden war. Er

war auf der Saujagd geblieben. Dabei ist es gleichgültig, wie er starb oder woran er starb. Nur der Ordnung halber sei hinzugefügt, daß es keine Sau war, welche ihm ins Leben fuhr, daß es zu Ende ging mit ihm. Das brachte lediglich ein nur wenige Millimeter dickes Bleikügelchen fertig. Damit sei auch festgestellt, daß die bei einer Saujagd eingesetzten Hunde sich vor den Rohren der Jäger mehr hüten müssen als vor dem Gebrech oder den Waffen einer Sau.

Dem Jungen ging das alles sehr nahe, und er fühlte sich seltsam hingezogen zu dem leblosen Bastard, der jetzt auch etwas von den halbverhungerten und gepeinigten Wesen an sich hatte, die er einmal, als er noch viel kleiner war, haufenweise seiner geplagten Mutter ins Haus geschleppt hatte. Denn ein kleiner Junge behält seine erste, große Liebe, auch wenn er größer und älter geworden ist und längst nichts mehr mit einem kleinen Jungen zu tun hat.

Und die Hände des Jungen griffen über das fuchsrote, struppige, ungepflegte Fell und strichen wohl auch einmal über den zerbrochenen Hinterlauf. Zeit dafür war ja genug vorhanden, und Zuschauer gab es auch keine. Obwohl überall die Menschen herumstanden, Jäger wie Treiber. Aber die waren mit anderem beschäftigt. Die Jäger mit ihren gestreckten Sauen, und zwei der Schützen stritten sich sogar, wem was gehörte. Denn eine der Sauen hatte zwei Löcher in der Schwarte. Sie war mit nur einem Loch darin noch weiter gelaufen. Sauen sterben nicht so leicht. Auch mit dem zweiten Loch im Leben ging es dann noch ein gutes Stück vorwärts. Bei solcher Lage ist dann leicht ein Streit im Gange. Denn zum Jagen gehört die Beute. Das wird von allen Jägern bedacht. Nur manche nehmen das übergenau. Dann gibt es manchmal einen kleinen Streit, vielleicht auch einen großen. Weil nicht alle Jäger gleich veranlagt sind. Einige gibt es immer, die bekommen den Hals nie voll, nicht im Leben, auch nicht bei der Jagd. Die streiten sich immer, wenn die Tatsachen nicht ganz klar sind.

Nur der Junge, der sich noch immer neben dem gestreckten Knickebein befand, achtete nicht auf die streitenden Jäger. Darum war er auch mit seinen Gedanken nicht ganz dabei, als der Holzhauer und Obertreiber seine Geschichte zum besten gab mit der Sau, die ihn angenommen und über den Haufen gerannt hatte. Dabei hob er eines seiner gestiefelten Beine und zeigte allen, die es sehen wollten, und das waren alle, die aufgeschlitzte Hose. Danach war er ein Held. Denn alle Umstehenden sahen ihn achtungsvoll an, und der Jagdherr klopfte ihm gönnerhaft auf die Schulter, versprach ihm eine

neue Hose und bot ihm eine Zigarre an, mit einer Geste, als wäre der Holzhauer seinesgleichen. Derweilen schlich der Rattenfänger ganz in der Nähe herum und zeigte ein schiefes Gesicht. Denn den Knüppelschlag von dem jetzo Geehrten hatte er noch nicht vergessen.
Dann lagen alle Sauen fein aneinandergereiht auf der Strecke. Bis auf eine. Die war mit dem Schuß weitergeflüchtet. Nur den Anschuß hatte man. Der aber sah ganz dumm aus und deutete auf einen Gebrechschuß hin. Und da jeder von den Leuten mal hinschauen mußte, um danach sein fachmännisches Urteil abzugeben, war bald aus dem kleinen Anschuß ein großer Trampelplatz geworden. Einer der Jäger, der wohl mit solchen Schüssen seine Erfahrung hatte, riet, die kranke Sau sofort nachzusuchen. Sonst wäre sie über alle Berge, und niemand würde sie mehr einholen. Bei dem guten Schnee müßte es wohl gehen, auch ohne Fährtenhund. Der Knickebein wäre vielleicht drangeblieben. Doch der war ja nicht mehr, und auf die Übriggebliebenen war bei solcher Arbeit bestimmt kein Verlaß. Denn jedes Handwerk will gelernt sein. Und Saufinder sind keine Schweißhunde. Aber mitkommen sollten sie wenigstens. Sonst aber wollte es der Jäger mit dem guten Vorschlag zur schnellen Folge allein tun. Dagegen hatten die anderen nichts einzuwenden. So zog er los und nahm einen Haufen guter Wünsche mit und den Jungen, der sich den Wolfspitz und den Rattenfänger zusammengekoppelt hatte, damit sie sich besser führen ließen. Trotzdem gab es eine redliche Plagerei mit den unverwüstlichen Hunden. Denn die verstanden sich nicht auf Leinenführigkeit und auf Gehorsam und zogen dem Jungen schier den Haltearm aus der Schulter. Zwischendurch biß der Rattler den Spitz und der Spitz biß den Rattler, und jedesmal gab es dabei einen wüsten Radau, daß es dem Jungen ganz heiß wurde aus Angst um die Hunde. Doch der Jäger, der mit langen Beinen vor ihm einherschritt, drehte sich dann nur um und meinte trocken, daß Hunde, die soviel Lärm machten, sich ernsthaft nichts antun. Das sagte er so bestimmt und zuverlässig, daß man es einfach glauben mußte.
Die kranke Saufährte stand gut im Schnee. Manchmal fand sich auch Schweiß. Der Jäger sagte, daß die Sau sicherlich zu den Wasserlöchern ins Moor gezogen sein würde. Krankes Wild zieht fast immer zum Wasser. Das war seine Meinung. Vielleicht tat das die Sau, um ihre Wunden zu kühlen. Das konnte einleuchten. Aber dann fand sich die Sau trotzdem nicht an den Wasserlöchern im Moor. Nur die Fährte stand da vorbei und einmal war im Schnee ein langer, roter Rutscher.

Hinter dem Moor lag eine Nadelholzdickung. Die war nicht sehr groß, aber doch groß genug, um einer kranken Sau ruhigen Unterschlupf zu bieten. Dahinein stand auch die Fährte. Daß sie nicht wieder hinausführte, war durch Umschlagen der Dickung leicht festgestellt. Bis hierhin war alles soweit gut gegangen. Wie es weitergehen sollte, das bestimmte der Jäger. Das tat er so klar und deutlich, daß niemand an dem sicheren Erfolg zweifeln konnte. Der Jäger selbst wollte sich in einem passenden Ort hinter der Dickung anstellen, der Junge aber sollte nach entsprechender Wartezeit mit den Hunden der Fährte folgen.

Am Anfang ging alles gut. Als sich der Junge mühsam seinen Weg durch das eingeschneite Dickicht bahnte, fiel es ihm auf, daß die Hunde nicht mehr so heftig an den Stricken zerrten. Das kam aber daher, weil sich der Rattenfänger aus der defekten Halsung befreit und selbständig gemacht hatte. Es kam noch schlimmer. Dann war plötzlich keine Fährte mehr da, jedenfalls keine sichtbare, denn auf den Boden der Dickung war nicht überall genügend Schnee hingelangt, um eine Wildfährte für Menschenaugen festzuhalten. Da bekam der Junge eine richtige Angst, denn auch der Rattler würde die Sau nicht finden, und alles würde umsonst sein. Wenn jetzt der Förster mit seinem Schweißhund da wäre! Der würde es im Handumdrehen lösen. Aber der war irgendwo und wußte nichts von der kranken Sau und dem unglücklichen Jungen. Der Knickebein, der hätte es vielleicht auch noch geschafft, doch den hatte man wohl inzwischen eingegraben. So wußte der Junge nicht ein noch aus. Darum rief er nach dem Jäger, der jetzt irgendwo hinter der Dickung stand und auf die kranke Sau wartete. Aber der Schnee, welcher über dem geschlossenen Holz lag, verschluckte jeden Laut. Der Spitz zog wie irrsinnig vorwärts und hatte plötzlich die Nase ganz tief. Dann kam eine Stelle, auf der lag wieder mehr Schnee auf dem Waldboden. Hier wies die Dickung ein Loch auf. Und da fuhr die Hundenase tief in den Schnee hinein, als witterte sie einen verborgenen Mäusepfad. Aber das sah nur so aus. In Wirklichkeit hatte der Hund, der gar kein gelernter Schweißhund war und sich nur auf das Herumraufen mit Sauen verstand, die Fährte gefunden, eben noch rechtzeitig, ehe der gute Spurschnee wieder ein Ende fand. Und auch der Junge erkannte die Fährte. Dabei überkam ihn ein wilder Freudentaumel. Mochte der Rattenfänger nur laufen! Verderben konnte er nichts mehr. Denn der Spitz war auf der Fährte und hielt sie wie einer, der ein Leben nichts anderes getan hat, als Fährten zu halten. An den Reisern eines Fichtenstämmchens klebte Schweiß, daneben war ein Wundbett. Und dann roch es nach Sau. Diesen Geruch hatte der Junge noch gut in Erinnerung, von vorhin, als er bei der Strecke stand. Der Spitz quiemte aufgeregt vor sich hin, während seine über den Keulen geriegelte Rute vergnüglich schlenkerte. Und es blieb nicht beim Quiemen, Ruteschlackern und Vorwärtsziehen. Als die Dickung so dicht wurde, daß man kaum noch hindurch konnte, schrie der Hund auf, daß der Junge verstört zusammenschreckte. Und dann schwuppste ein grauer Kloß aus dem verwachsenen Geäst heraus. Zwar ließ sich nichts Näheres erkennen, aber in Anbetracht der Sachlage mußte es sich um die kranke Sau handeln. Doch dann dauerte es immer noch eine ganze Ewigkeit, ehe der Junge den knochenharten Lederriemen von des Hundes Hals gelöst hatte. Doch das lag nicht nur an dem störrischen Halsriemen, sondern hauptsächlich an der grenzenlosen Erregung und an seinen froststarren Fingern. Als der Spitz hinter der fortgeflüchteten Sau in dem verfilzten Geäst verschwunden war, stand plötzlich der ausgebüchste Rattler neben dem Jungen, buchstabierte in der Krankfährte der Sau und dann wie ein Kenner in dem warmen Wundbett herum, stellte dabei seine Rückenhaare zu einem Kamm hoch, knurrte kurz und dunkel und nahm dann den Weg, den auch schon Sau und Spitz genommen hatten. Aber auch der Junge blieb nicht an seinem Platz stehen. Schließlich wollte er dabei sein, wenn die Hunde die kranke Sau stellten. Während er sich durch Schnee und sperrige Äste hindurchquälte, grübelte er darüber nach, warum es Jäger gab, die keinen Hund besaßen.

Den Schuß hörte er wie aus weiter Ferne. Aber diese Täuschung hatte nur der Schnee verursacht. Darum wunderte er sich, wie schnell er bei dem Jäger anlangte, der nun alles beisammen hatte: Die Sau, welche mit gutem Schuß im Schnee lag, die beiden Hunde, die sich jetzt wieder fürchterlich rauften, weil wohl jeder das Wild für sich beanspruchte, und natürlich den Jungen. Dieser war ja so froh, daß nun doch noch alles so gut gelaufen war. Denn seine Unsicherheit von vorhin, als ihm der Rattler entwischt und die Fährte scheinbar verloren war, hatte er vergessen.

Der Jäger war ein netter Mensch und behandelte den Jungen wie einen erwachsenen Mann. Darum bot er ihm auch eine Zigarette an, bevor er sich selbst eine ansteckte. Auch sonst war er ganz ordentlich, erklärte während des Aufbrechens jeden Handgriff und benahm sich dabei wie ein gelernter Jäger. Nach der Arbeit gab es die zweite Zigarette und dann noch eine dritte, weil es soviel zu erzählen gab. Auch davon, wie die Sau mit den beiden Hunden aus der Dickung brach und immer wieder ihre Peiniger abzuschlagen versuchte. Dabei schlenkerte der zerschossene Unterkiefer wie ein Fremdkörper hin und her. Bis der Rattler seine Chance erkannte und sich mit festem Griff an das verschandelte Gebrech hing, und der Spitz das Stück an dem Pürzel faßte, daß das so gequälte Wild jämmerlich klagte. Aber zum Glück stand es so frei, daß es ein schneller Schuß erlösen konnte. Viel Glück wäre doch in allem dabeigewesen, von Anfang an bis zum Ende. Meist ginge so eine Suche viel schlechter aus. Weil oft die guten Hunde fehlten. So sprach der Jäger. Jedes Wort kam bei dem Jungen an. Und daß der Mann so gut von den Hunden sprach, wirkte wie Balsam auf die jugendliche Seele.

Die Stunden von damals habe ich bis heute nicht vergessen. Denn ich war ja der Junge, der voller Angst in der Dickung stand, als sich der Rattenfänger selbständig gemacht hatte, und auch der Junge, der es erlebte, wie sich ein spitzähnlicher Mischling einer kranken Fährte annahm und wie dann doch noch, dank irgendwelcher namenloser Hunde, eine aussichtslos erscheinende Suche zu einem glücklichen Ende gelangte. Damals ist wohl das erste hängengeblieben von dem, was auch bei der Jagd nicht alltäglich geschieht. Es war nur ein kleiner, kaum beachteter Grundstein. Aber einer, der später nicht zerfällt, sondern bis zum Ende eines Jägers seine Gestalt erhält.

Also saß es ganz tief. »Es«, das waren die weiten, schweigenden Nadelholzwälder, das waren die Menschen, welche inmitten dieser Wälder lebten und arbeiteten, in ihren Dörfern und Siedlungen. Natürlich waren es nicht alle Menschen. Aber es waren dann doch alle Menschen, welche irgend etwas mit diesen Wäldern, vielleicht auch nur mit der Erde, dem Boden, etwas zu tun hatten. In erster Linie waren es Jäger. In großen, zusammenhängenden Forstgebieten sind es vielfach die Förster und Berufsjäger, welche den Jäger ausmachen. Alle anderen Grünröcke werden diesen hinzugeordnet, besonders von einem romantischen Jungen. Die Jäger gaben den Ton an. In den Augen des Jungen waren sie alle gleich groß und interessant. Das mochte weniger der gleiche grüne Rock verursacht haben. Sicherlich spielten die Hunde die Hauptrolle. Denn Hunde hatten sie alle. Und jemand, welcher ausnahmsweise keinen hatte, wurde vergessen. Vergessen ist eine großartige Einrichtung, wenn Illusionen nicht zerstört

werden sollen. Zwar widerspricht diese Auffassung ganz und gar der Wahrheit. Aber was heißt das schon, wenn die Erinnerung dabei gut geblieben ist.
Natürlich war man damals nicht allein mit seiner »Weltanschauung«. Man hatte auch die entsprechenden Freunde, die sich hingezogen fühlten zum Jägerischen und darauf einmal ihr Leben aufzubauen gedachten. Dabei wurde viel fabuliert. Und es wurde Löns gelesen, alles von ihm, einiges wurde sogar verschlungen. Dafür gab es keine so rechte Erklärung. Denn richtige »Jägerbücher« waren es nicht. Aber in allen diesen Büchern lag die Sehnsucht. Das war es wohl, was sie für junge Menschen so lesenswert machte. Und Oberländers Lehrprinz war ein Brevier. Dabei waren wir dafür schon eine Generation zu spät. Aber das dicke Buch stand daheim im Bücherschrank. Darum wurde es genommen. Und es war ein goldener Fund.
Die Sehnsucht blieb, die Freunde nicht. Mindestens nicht in der ursprünglichen Fassung. Bei jungen Menschen ändern sich die Zustände oft schnell. Das hat natürlichen Ursprung. Irgendwann geht es mit den Mädchen los, die erste Liebe kommt. Sie ist süß und geheimnisvoll. Aber auch unerbittlich in ihren Forderungen. Weil sie sich ganz allein in den Vordergrund stellt. Damit verblassen alle anderen Ambitionen. Junge Menschen können an ihr zugrunde gehen. Die Freunde gingen allesamt an ihr zugrunde. Für kurze Zeit. Aber das genügte, sie um ihre Vorsätze zu bringen. Die Vorsätze waren das Jägerische. Dann kamen schlimme Zeiten. Weil man nicht einsehen wollte, daß das, was einen selbst noch immer umbrodelte und umbrauste, von den anderen ebenfalls nicht mehr beibehalten zu werden schien.
Mit dem Eintritt in den Beruf wurde dann zugleich auch eine neue Schwelle im Leben übertreten. Dahinter lag ein anderes, ein glitzerndes, ein mächtiges Leben. Welch ein Glück für einen jungen Menschen, daß er nicht in die Zukunft zu schauen vermag! Der Beruf. Was sollte er anderes sein, als die Fortsetzung des Begonnenen. Tatsächlich wurde er zur Fortsetzung der Sehnsucht. Alles war gut an diesem Beruf. Das Leben in den Wäldern war mehr als ein Leben. Der Tag begann mit Hundsgebell und endete mit dem Ruf des Waldkauzes. Der Rock war grün wie Kiefernnadeln. Das Waidmesser steckte in der Hosennaht. Sogar ein Gewehr war da. Das alles war so unermeßlich, so unfaßbar viel. Aber das Beste von allem war der Hund. Der gehörte zum täglichen Leben, auch dann, wenn in der Kanzlei Holzlisten zu schreiben waren. Dann lag er unter dem Schreibtisch und lei-

stete allein durch seine Anwesenheit gute Gesellschaft in einer nüchternen Umgebung.
Weihnachten brachte den ersten Hasen. Es war ein Waldhase, wie er nur in weiten, wilden Wäldern heranwächst, derb und schwer und voller List und Schläue. Ein Hase ist nicht viel, gemessen an den erstrebenswerten Wildarten mit begehrenswerten Trophäen. Und doch, wieviel bedeutete der Hase damals! Langsam hoppelte er am Bestandsrand entlang. Dunkel war es, und hätte kein Schnee gelegen, dann wäre von dem Hasen nicht viel zu bemerken gewesen als sein leise klopfendes Hoppeln. Aber so war der ganze Hase da, zwar schemenhaft und unnatürlich, aber eben doch ein Hase, den die Augen wahrzunehmen vermochten. Durch die Wälder kroch die Nacht. Der Hase hatte viel Zeit, wie jeder richtige Waldhase, der die Störung nicht mag und auch nicht die Eile, und der ein Schlaumeier ist wie ein alter Hirsch. Man muß sie so beurteilen, weil sie es verdienen, redlich und ohne Überschwang. Weil sie nicht Hasen sind schlechthin, sondern eben Waldhasen. Das ist das Besondere. Feldhasen sind auch etwas Besonderes, aber auf eine andere Art. Sie leben fast wie die Maulwürfe. Ihre Abwehr ist das Zusammenleben, das Zusammenkleben mit dem Boden. Wenn das nicht mehr hilft, dann helfen nur noch die schnellen Läufe. Aber was sind schon schnelle Läufe gegen schnelle Flinten! So schnell können Hasenläufe gar nicht sein, um Pulver und Blei davonzulaufen. Darum ist es das Los der Feldhasen, haufenweise totgeschossen zu werden. Das ist ihr unausweichliches Schicksal und der Jäger Lust. Feldjagden sind immer lustig. Man hat dabei auch die Zeit, lustig zu sein, weil man nicht nachzudenken braucht, nicht zu grübeln und nicht zu zittern. Bei einem Waldhasen hat man Zeit für alles. Auch für das Zittern. Eben weil ein Waldhase listig ist und schlau wie ein alter Hirsch. Und nach dem Schuß ist es vorbei. Kein lustiges Knallen gibt es. Denn ein Waldhase ist immer nur einmal zu haben.
So auch damals. Er nahm sich viel Zeit, der Mümmelmann. Viel zu viel, um einen Erstlingsjäger gesund bleiben zu lassen. Bis er endlich heraushoppelte aus dem Randgesträuch des Waldes, immer nochmals verhoffend und abwartend, hatte es viel Herzklopfen gegeben. Nicht beim Hasen. Als der Hahndrilling sich hob, um einem jungen Jäger die Pforte zu öffnen, welche in die jägerische Welt hineinführt, da wurde es erst ganz schlimm. Nicht etwa aus Mitleid mit einem wunderbaren, wilden Geschöpf. Eher aus Ehrfurcht. Doch die war auch

noch unbewußt und verschwommen. Junge Leute kennen die Ehrfurcht kaum, schon gar nicht in einer Form, wie es die Alten gern sähen. Sich selbst zuliebe und zu gefallen. Denn die Alten haben ihre Eitelkeit, viel mehr als die Jungen. Nur verstehen sie es, sie besser zu übertünchen und zu verbrämen. Das bringt das Leben so mit sich und auch der Umgang mit den vielen eitlen Menschen. Denn Eitelkeit ist der Menschheit Trumpf. Aber man muß sie erst erlernen. Wie man alles im Leben erlernen muß. Das dauert immer seine Zeit. Eitel werden auch Jäger, wenn sie an Alter und Weisheit zunehmen.
Darum wog damals der Waldhase so schwer. Im Schnee hatte er gelegen, mit weitgestreckten Läufen, als wollte er noch einmal ausholen zu einer letzten, großen Flucht. Die ist ihm nicht mehr geglückt. Aber den Jägerjüngling hat er um und um gewirbelt. Das glückte dem Waldhasen noch im Tode. Dann wurde er heimwärts getragen. Die Hand hielt die Läufe fest umklammert. So fest, wie Menschenhände gelegentlich das Glück festzuhalten versuchen, das meistens dann doch noch entrinnt. Hier aber war das Glück vorhanden und war unentrinnbar. Es war die Stunde der vollendeten Glückseligkeit. Weil er der erste war, der erste Waldhase, welcher das Jagderleben ausgelöst hatte. Das ist eine Lehre und hat Fortbestand.
Natürlich kann es auch anders kommen, das Glück. Es kann mit dem ersten Bock kommen oder dem ersten Hirsch. Solch auserwählte Jäger gibt es mehr als genug, die damit beginnen, obwohl sie bisher noch nicht einmal einen Rasierapparat zu benutzen brauchten, so jung sind die noch. Bei denen kommt das Glück von Anfang an größer und mächtiger. Ob sie es auch immer ganz erfassen können, weiß ich nicht. Aber eigentlich müßten sie es können. Denn sie sind nicht schlechter als die mit dem Hasen als erstem, jubelndem Glück. Nur haben sie es sicherlich schwerer als die mit dem Hasen, später, wenn keine Steigerungen mehr möglich sind und sie zurückgreifen müssen auf Geringeres. Denn dann wird es wirklich zum »Geringeren«, das es sonst nicht gibt beim Jagen. Aber das »Erste« bleibt haften und ist das »Größte« und steckt wie ein Widerhaken im Herzen. Und das Erste wiederholt sich nie.
So ist es bei mir der Hase, der haftengeblieben ist. Der, bei dem man allein bleibt und der auch allein bleibt. Eben ein Waldhase. Aber es gibt nicht nur die einzelnen, einsamen Hasen, die spät am Abend am Waldrand verhoffen, lange und listig, ehe sie hinaushoppeln in die Nacht. Es gibt sie auch anders. Das sind die geselligen Hasen, welche

den Wald nicht kennen und damit auch nicht dessen unvergleichlichen Schutz. Sie leben nicht nur geselliger, sie sterben auch so. Das heißt dann auch Jagd und ist es wohl auch. Aber es ist eine andere Jagd. Am Abend hat man den einzelnen Hasen vergessen, falls man ihn überhaupt erfaßt hat. Dann zählt nur noch die Zahl, die Masse. Darum weiß man dann auch nicht, wie sie im einzelnen ausgesehen haben, die gestreckten Hasen. Oft berührt man nicht einmal den weichen, wolligen Balg. Denn andere sind da und nehmen das Wild auf und tragen es fort.

Bei einem Waldhasen vergißt man nichts. Nicht den Schuß und nicht den Ort. Und man vergißt ihn ganz besonders nicht. Ein Hasengesicht ist markant und einprägsam. Es ist mannigfach. Keines ist gleich. Wie bei den Menschen.

Wo es Hasen gibt, da gibt es auch den Fuchs. Aber gar nicht deshalb, weil der Fuchs des Hasen Todfeind ist. Das ist er nicht. Doch wo sich der Waldhase wohl fühlt, da fühlt sich auch der Fuchs wohl. Darum konnte es nicht ausbleiben, daß ein Fuchs dem ersten Hasen folgte. Noch immer lag der Schnee im Walde, war noch mehr geworden. Und wieder war es Abend. Ein Abend im Winterwald ist immer ein Märchen, eines der letzten und schönsten, die dem Menschen gegeben sind in einer nackten und kreischenden Zeit. Etwas, das niemand auslöschen kann, weil es ein Teil der Schöpfung ist. Die kann niemand auslöschen.

Er schnürte heran zwischen Erlen- und Birkengetrüpp. Seine Läufe versanken vollends im Schnee. Das ließ ihn sehr klein erscheinen, sehr klein und sehr lang. Der alte Hahndrilling wackelte, weil der, der ihn hielt, vor Aufregung bebte. Der erste Schuß löste sich viel zu schnell. Erst der zweite Schuß setzte das Ende. Aber nicht das Ende eines Märchens. Denn das war geblieben, wurde nur noch vollkommener. Vergeblich suchten die Augen nach dem sprichwörtlichen Schelmengesicht. Sie fanden es nicht und konnten es auch nicht finden. Denn ein Fuchs ist kein Schelm. Aber ein Gesicht hatte er. Das erinnerte eher an einen Wolf, an einen kleinen, trotzigen, wahrhaftigen Wolf. Das machte die Freude, das Glück und wohl auch den Stolz nur noch größer. Der erste Fuchs war ein Anlaß zum Nachdenken. Auch darüber, daß der erste Schuß nicht genügte und der zweite folgen mußte. Hasenschrote genügen halt nicht immer.

So trug der junge Jäger, denn als solcher fühlte er sich, seinen ersten Fuchs durch das Dorf. Vor dem Wirtshaus stand ein Haufen junger

Leute. Sie waren nicht älter als der Jägerjüngling. Die waren sehr beeindruckt. So jedenfalls erschien es dem jungen Jäger. Vielleicht aber war das nur die Einbildung des Erfolgreichen. Immerhin bewirkte dieses Zurschaustellen einer stolzen Beute, daß der flaumbärtige Jüngling in den nächsten Tagen von den jungen Leuten recht ordentlich gegrüßt wurde. Doch das wollte der Jüngling gar nicht. Es war ihm sogar etwas peinlich.
Der Balg des Fuchses wurde natürlich nicht verkauft. So wäre es üblich gewesen. Nur wer berufsmäßig etwas mit der Jagd zu tun hatte wußte, daß ein Fuchsbalg damals fast soviel einbrachte, wie ein Paar Langschäfter kosteten. Doch der nicht zum Verkauf vorgesehene Balg bedeutete kein Opfer. Er war eine Trophäe. Gleichzusetzen mit einem Rehgehörn. Kein rechter Jäger verkauft seine Jagdtrophäe.
Aber kurze Zeit später war der herrliche Winterbalg doch dahin. Und das geschah auf eine Art, die eigentlich nie hätte eintreten dürfen. Schuld daran war ausgerechnet ein Hund. Jener, der doch nur dafür da ist, dem Jäger Freude zu bereiten. Nicht etwa die alte gute Vorstehhündin war es, welche in meiner Lehrlingsbude ständig Heim- und Wohnrecht besaß. Die tat nie etwas Unrechtes. Da war noch ein kleiner Neuling ins Haus gezogen. Eine kleine Bracke mit wunderschönen langen Behängen und noch schöneren braunen Augen. Dieses Hunderl war ein Geschenk des Zufalls. Obwohl man den Begriff »Geschenk« hier nicht wörtlich auslegen darf. Denn geschenkt wurde sie mir nicht. Ich fand die Kleine auf dem Gehöft eines alten Waldhüters. Dieser Mann hatte sie von irgend jemand für irgend etwas in Zahlung genommen, obwohl der alte Waldhüter kein Hundemann war. So etwas lag ihm ganz und gar nicht. Aber dafür lief eine ganze Herde von Katzen auf dem Hofe herum. Und durch diese Tierversammlung mußte sich die niedliche Kleine ständig durchbeißen. Das gelang ihr natürlich nicht, denn die Katzen besaßen die älteren Rechte. Davon machten sie rechtschaffenen Gebrauch und schlugen das Hundel, wo sie es antrafen. Das war kein Zustand. Der alte Mann übersah das, strich sich seinen ungepflegten Bart und freute sich über seine mutigen, munteren Kätzlein. Der junge Jäger aber übersah das nicht, strich sich zwar nicht den Bart, weil er keinen besaß und ärgerte sich über die verbiesterten Katzen. So kam es zu den ersten Erwerbsverhandlungen. Nun war der Waldhüter mit dem Katzentick kein reicher Mann. Darum achtete er den Pfennig und ver-

götterte die Mark. Als er mein Interesse an dem Brackenwelpen bemerkte, witterte er sogleich ein gutes Geschäft. Das war natürlich dumm von ihm. Denn er hätte wissen müssen, daß ein Forstlehrling auch keinen Silberling zuviel besaß. Daß ich mich nachher dennoch mit den von ihm geforderten zwanzig Mark abfand, daran waren in erster Linie die Katzen schuld.

Jetzt hatte ich auf einmal zwei Hunde um mich. Das wußte ich. Was ich aber nicht wußte, war, daß ein junger Hund noch voller Dummheiten steckt. Mindestens in dem gleichen Maße wie ein junger Mensch. Auch die kleine Bracke war angefüllt mit ihnen. Sie zu vertreiben hatten auch die Katzen nicht fertigbekommen. Zwar ließ sich in meiner Bude nicht viel verderben, denn die Holzbeine des alten Sessels und auch die der Stühle zeigten deutliche Spuren ungezählter Hundegenerationen, die sich mit ihren Zähnen an dem Naturprodukt vergangen hatten. In gleicher Weise war auch der Tisch beschädigt. Mich störte das nicht weiter und die Hunde wohl auch nicht.

Darum dachte ich nichts Arges, als ich die kleine Bracke, welche sich überraschend schnell und gut ans Haus gewöhnt hatte, allein in der Stube zurückließ, um mit der Vorstehhündin noch einen Abendbummel zu machen. Während meiner Abwesenheit geschah es dann. Als ich zurückkehrte, war die Bescherung vollkommen. Vom Fuchsbalg, der über der Sessellehne gehangen hatte, war zwar noch alles vorhanden, aber das »Alles« mußte erst mühsam vom Boden zusammengelesen werden. Es lag in hundert Fetzen und Flocken überall herum. Ich hätte heulen mögen. Aber Lehrgeld muß immer erst bezahlt werden, ehe man klug wird. Später habe ich ähnlichen Überraschungen vorgebeugt, indem ich meine Junghunde in den Zwinger steckte, wenn ich mich nicht mit ihnen beschäftigen konnte.

Doch lange habe ich den Fuchsbalg nicht zu vermissen brauchen. Die Füchse ranzten, und in jedem Mutterbau steckte eine Fähe mit ihrem Liebhaber. Und wieder waren es Hunde, welche die Jagd zum unvergeßlichen Zauber werden ließen. Es waren Teckel. Was störte es mich, daß sie erst ausgeliehen werden mußten. Denn einen Teckel hatte ich damals noch nicht.

Die Erinnerung ist immer das Beste. So mag es auch kommen, daß ich den Hasen und den Fuchs immer zugleich auch mit Schnee und Winterwald in Verbindung bringe und, wie könnte es anders sein, auch mit Weihnachten, Silvester, Neujahr und den stillen Tagen zwischen diesen Festen. Später ist dann noch das Schwarzwild in diese Erinnerungsgemeinschaft miteinbezogen worden. Ich habe schöne Geschichten gelesen und auch gehört. Über den Weihnachtskeiler und den Weihnachtshirsch. Es waren immer stolze Berichte und machten fast jagdneidisch. Denn der entsprechende Keiler war ein Urian, über den man sprechen konnte, und der Hirsch war einer von den Besonderen, den Seltenen, den Einmaligen.

Mein Bericht ist nicht so stolz. Weil mein erster Schwarzkittel kein Urian war, nicht einmal ein kleiner Urian, und er hatte auch keine Trophäe zu verschenken. Denn wer nichts hat, der kann auch nichts verschenken. Darum hat er mir auch nichts Gegenständliches zurückgelassen. Sogar die Schwarte ging beim Wildhändler verloren. Vielleicht ging sie auch gar nicht verloren, sondern wurde einfach nicht für wert befunden, aufbewahrt zu werden. Welcher Jäger läßt sich schon eine kleine Überläuferschwarte zurückgeben!

So ist nur die Erinnerung geblieben. Schnee hat gelegen und Weihnachten stand bevor. Das allein hätte schon genügt, um froh zu werden. Doch manchmal kennt das Leben kein Maß im Verteilen von Freuden. Im Walde dunkelte es bereits, als eine Rotte Sauen plötzlich im weitstehenden Starkholz auftauchte. Durch den Wald ziehende Sauen bewegen sich meist rasch vorwärts, so wie eilige Menschen, welche noch rechtzeitig zu einer wichtigen Verabredung kommen möchten. So waren auch die Sauen sehr schnell — und sehr weit. Und kaum, daß das Wild in Anblick gekommen, war es auch schon verschwunden. Erfahrene Jäger hätten sich damit abgefunden. Denn fortgezogenen Sauen soll man nicht nachlaufen. Einholen kann man sie doch nicht mehr. Nur wem die Erfahrung fehlt, wer also noch in den ersten Jagdstiefeln steckt, der kann das noch nicht wissen oder denkt nicht daran. Ich habe damals auch nicht daran gedacht, und die Fährten im Schnee ließen etwas anderes gar nicht zu, als ihnen nachzulaufen. Ich ging so lange, bis ich die Fährten infolge der Dunkelheit kaum noch erkennen konnte. Da gab ich es auf. Aber gerade in dem Augenblick hörte ich Geräusche. Nicht irgendwelche, sondern solche, die nur von Sauen stammen konnten. Darum pirschte ich weiter. Um einen Anflughorst von Fichten mußte ich noch herum. Das war dann auch das letzte Hindernis. Als ich den Horst umschlagen hatte, schaute ich in ein Märchenland, ein Märchenland voller Sauen. Es bestand aus einem Eichenbestand. Zwischen den schwarzen Stämmen bewegten sich noch schwärzere Gestalten. Das war die starke Rotte von vorhin, der ich nachgelaufen war, obwohl das gegen jede Vernunft sprach.

Jetzt konnte ich hineinlangen. Daß ich es dennoch nicht gleich tat, lag an der Unmöglichkeit, Kimme und Korn zusammenzubringen. Denn die Dunkelheit war inzwischen noch weiter fortgeschritten, und ein Zielfernrohr, das in solchen Lagen alle Zielschwierigkeiten abstellt, fehlte meinem Gewehr. Aber da kam mir das Glück, ohne das ein Jäger immer nur halben Erfolg hat, zu Hilfe. Eines der Stücke setzte sich aus der geräuschvollen Versammlung ab und wummelte sich durch den Schnee immer näher an mich heran, dreißig Schritt, zwanzig Schritt, dann stand es breit. Als der Schuß heraus war, staunte ich über meinen Mut. Denn eines wußte ich genau, nämlich, daß Kimme und Korn immer noch nicht übereingestimmt hatten. Darum wunderte ich mich auch nicht, daß ich nachher keinen schwarzen Klecks im Schnee liegen sah, nachdem die Rotte unter heftigem Geblase und Gequieke auseinandergestoben war. Aber hingegangen bin ich dann doch zu der Stelle, an welcher das Stück gestanden hatte, als ich schoß. Und fast an der Stelle lag es auch, vielleicht zwei oder drei Schritte davon entfernt, nur verdeckt von einem Eichenstamm. Dann habe ich mich daneben in den Schnee gesetzt und war sinnlos vor Freude über die große Beute und habe eine Stunde oder noch mehr in schönen Träumen zugebracht. Aufgewacht bin ich erst, als der Teil der Hose, auf welchem ich saß, naß und kalt geworden war vom tauenden Schnee. Aufbrechen tat ich das Stück nur noch nach dem Gefühl, denn sehen konnte ich längst nichts mehr. Aber ich wurde fertig damit, mehr schlecht als recht. Den Bruch habe ich mir von den Anflugfichten genommen. Vielleicht war er ein wenig zu groß geraten. Genauso wie der Bruch, den ich dem Überläufer auf die Schwarte legte. Aber an diesem Abend war ja alles ein bißchen groß geraten, das ganze Erlebnis, das Herzklopfen vor dem Schuß, die Freude danach. Sogar der geringe Überläufer. Denn was heißt schon groß oder klein, wenn man die erste Sau zur Strecke gebracht hat. Sie bleibt die größte, weil sie die beste, die wertvollste, die liebste bleiben wird. Ganz gleich, was danach noch kommen mag, im Verlauf eines Jägerlebens. Und auch darum, weil die Freude der Jugend die größte und beste ist. Sie ist unbeschwert wie eine treibende Schneeflocke und ebenso sauber.

Dabei lag gar keine Planung in der Sache. Es ging alles nach Gefühl. Daß es ein Überläufer wurde, war reiner Zufall. Genausogut hätte eine Bache auf der Strecke liegen können. Denn eine solche befand sich mit Sicherheit ebenfalls in der Rotte. Aber ihr Glück und das des unfertigen Jägers war es, daß sie nicht den Weg des Überläufers gegangen war. Nur darum behielt sie ihr Leben. Denn der junge Jäger von damals hatte gar keine Hegegedanken, diese ließ das brodelnde Blut gar nicht zu. Und er schoß, als es gerade paßte. So leicht kann es bei der Jagd gutgehen. So leicht kann es auf der Jagd aber auch schiefgehen. Ein klein wenig Glücksspiel ist immer dabei. Darüber hatte der halbgare Jäger damals nicht nachgedacht. Daß auch eine Bache hätte liegen können, mit einer vollen Tracht in den Dünnungen. Solche Gedanken kamen ihm erst viel später. Da merkte er auf, daß bei der Jagd auch das Schicksal seine Hand im Spiele haben kann und ohne, daß eine leichtsinnige Absicht vorliegt. Im Handumdrehen ist etwas verkehrt, wenn der Schuß losgegangen ist. Dann sprechen manche klugen Leute von Vorsätzlichkeit und unverantwortlichem Leichtsinn. Nichts davon ist wahr oder nur ganz selten. Aber der arme Jägersmann erhält seinen Denkzettel. Denn die klugen Leute wissen immer alles. Auch daß der Bock, der verkehrt erlegte, höchstens ein zweijähriger war und keinen Deut älter. Wenn er liegt und Schädel und Unterkiefer gebleicht sind, dann wissen sie es. Der Jäger aber wußte es nicht so genau. Weil es manchmal verteufelt schwer ist, dem äsenden Bock in den Äser zu schauen. Manche mögen's können. Das sind die ganz Schlauen. Die machen darum auch nie etwas verkehrt. Und erst bei den Hirschen! Meistens sieht man's ja. Aber manchmal sieht man es eben nicht. Auch ohne Vorsätzlichkeit und unverantwortlichem Leichtsinn.

Aber, wie gesagt, dem halbfertigen Jäger kamen solche Gedanken erst viel später. Vielleicht aber kamen sie da schon zu spät. Denn da befand er sich auch schon in der Tretmühle zwischen gut und böse und konnte nichts anderes tun, als dem armen Jägerlein, das öffentlich gebrandmarkt wurde, von wegen Vorsätzlichkeit und unverantwortlichen Leichtsinn, heimlich sein tiefes Bedauern auszusprechen. Leider nur heimlich. Dabei wußte ein jeder in der Runde, daß der gescholtene Jäger eigentlich ein ganz ordentlicher Kerl war. Einer von jenen, die nichts anderes wollten, als ernsthaft zu waidwerken. Nur in einer dummen, einfältigen Stunde war das Glück nicht bei ihm. Und ohne ein bißchen Glück geht es eben nicht, im Leben nicht, auch nicht bei der Jagd.

So war das damals mit dem Überläufer. Da war das Glück vorhanden. Darum läßt es sich über den Überläufer freuen, ein ganzes Leben lang. Aber auch nachdenken ein ganzes Leben lang. Später war es mit dem Glück manchmal nicht so gut bestellt. Schon beim ersten Rehbock tändelte es irgendwo herum, nur nicht bei dem halbgaren Jäger. Doch das wußte der nicht, als der Schuß fiel. Alles war so gut losgegangen. Er durfte einen Bock haben. Keinen bestimmten. Das war eine anständige Sache. Denn bestimmte Böcke sind häufig ganz unanständig. Weil sie nur selten da und noch seltener zu haben sind. Aber hier war es kein bestimmter Bock, sondern eben einer, der irgendwie im weiten Revier seine Wechsel zog. Natürlich sollte er richtig sein. Das verstand sich von selbst. Eine kinderleichte Sache. Böcke, die richtig waren, gab es genug. Aber so kinderleicht war die Sache dann doch nicht. Die meisten Böcke waren zu gut. Ach, hätte der dumme, junge Jäger nur einen von den guten genommen! Der wäre sicher richtig gewesen. Er nahm ihn nicht. Weil der werdende Jäger ganz dumm erzogen worden war. Im Maßhalten und Zurückstehen und Verzichten. Darin lag der Fehler. Darum auch mühte er sich viele Wochen lang ab, nur keinen guten Bock zu bekommen. So etwas gibt es tatsächlich. Inzwischen war es Sommer geworden. Hoher, reifer Sommer mit dörrender Hitze und goldgelben Getreidefeldern. Jetzt waren überhaupt keine Böcke mehr zu sehen. Keine »richtigen« und keine »falschen«. Sie waren einfach verschwunden. Damals dämmerte es schon, daß die Böcke auch so etwas zu haben scheinen wie eine Feistzeit. Aber solche Zeit geht vorüber, und als über die Getreidefelder die Mähmaschinen rasselten, wußte man, wo die ganzen Böcke gesteckt hatten in den vergangenen Wochen. Jetzt mußte es gelingen! Das war ein eigener Befehl. Bei allen anderen gelang es auch und fast zu allen Tageszeiten. Nur der einfältige Jüngling bekam nichts ab. Weil er inzwischen schon rehbockkrank geworden war und seine Augen einen Bock, der gerade gut genug war für einen Anfänger, einfach nicht sahen. Aber dann wandte sich das Blatt mit einem Schlage und helles Licht drang in das dunkle Gestrüpp aufkommender Verzweiflung. Denn eines Morgens war der richtige Bock da! Er war so richtig, daß es nicht besser ging. Hohe Spieße, oben fast weiß. So sahen doch die alten Zurückgesetzten aus? Für den Schuß war es an diesem Morgen zu spät geworden. Denn während des Schauens und Betrachtens und Abwägens war der Bock in einen dichten Jungwuchs hineingezogen. Das schien sein Tageseinstand zu sein. Jetzt mußte alles gut werden. Denn kein Wild versteckt sich tagelang in einem äsungslosen Jungwuchs. Und so wurde dann auch alles wieder gut. Schon ganz früh am Abend hockte sich der arg Geplagte zum Ansitz nieder. Er tat

das ganz einfach und primitiv hinter einem Busch, der gerade für diesen Zweck geschaffen schien. Der Bock kam prompt. Weiß leuchteten seine weißen Gehörnspitzen und hielten die Augen des Jägers fest, daß sie kaum etwas anderes wahrnehmen konnten von dem roten Bock. Aber die weißen, blanken Enden, die so nach Kampf, nach Schlagen und ständigem Gebrauch ausschauten, die waren auch das Wichtigste und Maßgeblichste. Der Schuß war nicht schwer, viel leichter jedenfalls, als das Ertragen der vielen Wochen davor.
Dann griffen zwei zitternde Hände gleichzeitig in die Stangen. Soviel Glück mußte mit beiden Händen festgehalten werden. Darum war auch nicht einmal ein einziger Finger frei, um schnell in den Äser hinein- und das Gebiß abzutasten. Und wäre er frei gewesen, ich denke, er hätte den Weg dorthin doch nicht gefunden. Denn das hätte zu einer stillosen Wirklichkeit gehört. Und es mag das Vorrecht der Jugend sein, manchmal an dieser Wirklichkeit vorbeizuschauen.
Das Aufbrechen des Bockes war wie ein Gottesdienst. Alles gelang, als wäre es hundertmal vorher geübt worden. Und ununterbrochen leuchteten die hellen Enden des Gehörns wie zwei Kerzen und gaben dem Geschehen einen feierlichen Akzent. So war alles in gereimter Ordnung. Doch dauerte diese Ordnung nur ein paar Stunden. Ein paar klägliche Stunden, in denen die Welt nur Licht und Sonne war. Dann schlug das Wetter um. Ein erlegter Rehbock ist kein Gemälde, das man betrachten kann und sonst weiter nichts. Mit einem Rehbock geschieht etwas, auch mit seinem Haupt, seinem Gehörn und dem Gebiß. Es wird abgeschlagen, herausgeschärft, gekocht und geputzt. Dann zieht die Wirklichkeit ein. Irgendwann zieht immer die Wirklichkeit ein. Sie mag gut sein wie eine sorgsame Mutter. Oder auch anders. Hier wurde sie anders. Heimtückisch und schlecht. Weil sie etwas Schlimmes, ungewollt Schlimmes offenbarte. Damit zerrann der Traum von den blanken, weißen Enden, die so nach Kampf, nach Schlagen und ständigem Gebrauch ausschauten. Jetzt waren sie nicht mehr das Wichtigste und Maßgeblichste. Sie waren nur noch eine einzige, infame Lüge. Wichtig und maßgeblich war allein nur noch der Unterkiefer. Er war der eines Jährlings! Das hätte niemals sein dürfen! Denn damals, als der junge Jäger seinen ersten Bock streckte, gab es schon »Hegeziele« und »Richtlinien für den richtigen Rehbockabschuß«. Das stand alles schwarz auf weiß. Man brauchte es nur nachzulesen. Alles wäre so einfach gewesen.

So wurde gleich der erste Bock zu einer kleinen Katastrophe. Nach den aufgewandten Mühen und Strapazen hätte er ein leuchtendes Juwel werden müssen, mit seinem Lichte alle Zeiten überdauernd. In der Erinnerung hat er die Zeiten überdauert, wenn auch ohne gleißendes Licht. Damals war alles ganz furchtbar. Später legte sich das aber. Und heute ist nur noch ein Lächeln da, wenn die Erinnerung zurückfliegt in vergangene Zeiten und zu dem Jährling mit den weißen Stangenenden. Denn so ganz falsch war der Bock auch wieder nicht gewesen. Das heißt, er selbst schon, aber was er zuwege brachte, war eine ergötzliche, nützliche Lehre. Heute! Eine Lehre, die man braucht, wenn ein anderer etwas falsch gemacht hat, wenn ein anderer Jäger sich geirrt hat und vor ein gestrenges Gericht treten muß, um zu bekennen, warum er so verwerflich handelte. Denn dem Bock oder dem Hirsch hätte er es doch am Windfang ablesen können, daß ihm Alter und Reife fehlten. Dann ist die Erinnerung da an den Zukunftsjährling und es ist auch ein Lächeln da. Nicht eins für den Jäger, der sich bekennen muß, sondern eins für diejenigen, vor denen er sich bekennen muß, vor den kleinen, unfehlbaren, alleswissenden Göttern, die nie etwas falsch gemacht haben und alles ahnen und alles kennen. Es ist ja auch so einfach. Denn man kann es schwarz auf weiß nachlesen. Doch vielleicht lesen die meisten Jäger zu wenig.

So war der erste Bock arg danebengegangen und schuf mehr Not als der erste Hase. Das ist an sich nicht verwunderlich. Denn ein Hase ist immer richtig. Das ist seine Stärke und auch seine Würde. Um in krakehlt niemand. Und noch etwas: Er schafft keinen Neid, oder höchstens dann, wenn es um die Stückzahl der Strecke geht. Aber den großen Neid, den verzehrenden, der, welcher über Grenzgräben und -steine hinwegschleicht, den verursacht ein Hase nicht. Er ist für den Jäger ein Gottesgeschenk! Ebensosehr aber auch für des Jägers Hund. Weil es für eine Hundenase keinen besseren Lehrmeister gibt als den Hasen mit seiner flockenfeinen, traumhaft leichten Hasenspur. Sie ist gleichermaßen nutzbringend für den Feldhund wie für den Waldhund, für den Stöberer wie für den Schweißhund. Sie weist jedem Hund den rechten Weg. Auf ihr werden gute Hunde noch besser, und die ganz guten lernen immer noch etwas dazu.

Die kleine Bracke, welche nicht nur zwanzig Mark, sondern auch meinen ersten Fuchsbalg gekostet hatte, liebte den Hasen genau so

wie der Jägerjüngling. Lieben ist zwar eine sehr differenzierte Angelegenheit und bei keinem Wesen gleich. So wurde auch der Hase auf zwei verschiedene Arten geliebt. Vom Menschen auf die menschliche und vom Hund eben auf die andere Art. Alle waren es Waldhasen. Darum war ihre Zahl begrenzt. Aber immer waren sie rar, und manchmal fehlten sie gänzlich. Das gleiche galt für die hinterlassenen Hasenspuren. Schweißhundleute müssen morgens früh auf den Beinen sein. Wenn das Hochwild über Wiesen und Blößen in die Einstände zieht, und der wartende Jäger muß den Wechsel gut beobachten. Nach drei oder vier Stunden hat dann der Hund seinen Spaß und auch seine Arbeit auf der abgestandenen Fährte. So bekommt man tüchtige Schweißhunde.
Doch mit dem Hasen geht es auch und fast genau so gut wie mit dem Hochwild. Die Art ist nur eine andere, darum aber noch längst keine schlechtere. Für den Nachsuchenjäger sollte der Hase »Hochwild« sein. Und wer keins hat, um seinen Hund reif werden zu lassen für schwierige Arbeit auf der Wundfährte, hat aber bestimmt den Hasen im Revier und damit auch die Hasenspur. Die helfen dann schon weiter. Auch hier aber heißt es, morgens früh auf den Beinen zu sein, wenn die Hasennachtspur in das Holz hineinsteht. Die muß der Hund finden, und der Jäger kann ihm dabei nicht behilflich sein wie bei einer sicher verlaufenden Hochwildfährte. Denn das Stück Hochwild hatte man beobachten können, den Hasen aber nicht oder nur zufällig. Der Hund muß hier also allein finden. Das kann er nur, wenn seine Nase ausgezeichnet ist. Ein künftiger Schweißhund aber muß eine solche Nase haben.
Die kleine Bracke sollte ein Schweißhund werden. Darum tat sie es auf der kalten Hochwildfährte und sie tat es auf der abgestandenen Hasenspur. Nur war sie lieber auf der Hasenspur. Das war wohl lustiger. Vielleicht aber konnte sie da auch mehr tüfteln. Und kein Leitseil bremste den ungestümen Vorwärtsdrang und auch nicht das Geläut. Auf Letzteres aber kam es ebensoviel an. Denn sie war halt eine Bracke. Neben der guten Nase aber ist das beste an einer Bracke ihr Spur- und Fährtenlaut. Den sollte man nicht bremsen. Denn Hundegeläut im Walde macht selbst Taube hörend und jagdliche Trottel zu feinsinnigen Geschöpfen.
So ist die Bracke, welche zwanzig Mark und einen Fuchsbalg gekostet hatte, auf der Hasenspur groß geworden. Das war eine gute Tat. Nicht nur für den Hund, sondern in viel stärkerem Maße für den

jungen, lernenden Jäger. Denn was sie falsch machen, Jäger und Hund, das machen sie meist zusammen falsch und das Richtige tun sie dann auch zusammen.

Bald zahlte es sich aus, das Frühaufstehen und Suchen des Hundes nach der Nachtspur des Hasen. Da waren drei ältere, würdige Jäger. Die jagten stets zusammen, spielten zusammen Karten und tranken gemeinsam und regelmäßig ihr Stammtischbier. Einmal nahmen sie den Grünschnabel mit. Zum Jagen natürlich. Und dieser nahm wiederum seinen Hund mit. Auf einer mit Farnkraut bestandenen Blöße wurde ein Hase hoch. Er wurde auch beschossen. Aber ohne sichtbaren Erfolg. Gesund, wie nur ein gesunder Hase flüchten kann, entschwand er im angrenzenden Holz. Dann gingen die Jäger weiter. Nur die Bracke machte nicht mit. Die nahm sich recht gründlich der Hasenspur an, buchstabierte sie zehn, zwanzig Meter lang aus und setzte dann, schneller werdend, ihren hellen Spurlaut an. Einer der Jäger, ein patriarchalischer Mann, rief, daß man um Gottes Willen den Hund anleinen solle. Denn den gesunden Hasen kriegte er doch nicht, und schließlich wolle man selbst jagen. Das könne man aber nur, wenn der Hund das Hetzen lasse. Nun, er ließ es nicht, weil er sein Handwerk besser verstand als der abgeklärte Jäger und längst festgestellt hatte, daß die Spur rot war. Rot aber wurde auch des jungen Jägers Kopf, der sich seines Hundes wegen ein bissel vor den Grauköpfen schämte. Der Hund aber kam nicht auf Ruf, auch nicht auf Pfiff. Statt dessen hörte man seinen juchzenden Laut bald in weiter Ferne. Da stieg der große Junge seinem Hunde nach, ärgerte sich über den unfolgsamen Vierbeinling und war auch etwas traurig, daß es so gekommen war. Später kam noch die Angst dazu, als er von seinem Hunde nichts mehr hörte. Aber nach einer halben Stunde war das Geläut wieder da, zuerst ganz schwach und weit, dann näher und deutlicher und zuletzt zum Greifen nahe. Aber vor dem Hunde war noch der Hase, quiemelte sich ziemlich langsam durch die hohe Deckung und hatte offenbar Schwierigkeiten, schnell voranzukommen. Trotzdem blieb der Schuß im Rohr. Weil der Bodenbewuchs zu hoch und zu dicht und der Hase nur schlecht auszumachen war. Dann kam der Hund, mit wirbelnder Rute und freudigem Gejuchze. Das machte er noch zehn Minuten lang, immer rings herum um den herzklopfenden Jäger. Irgendwann war der Hase dann wieder im Bild, und irgendwann krachte es dann auch. Dann waren Hund und Hase eins und der frohe Schütze dazu, der jetzt seinen roten Kopf zum zweiten

Mal bekam. Nur diesmal nicht aus Scham, sondern aus Freude und Stolz und Glückseligkeit. Das hatte die Bracke fertiggebracht, die zwanzig Mark gekostet hatte und einen Fuchsbalg. Die zwanzig Mark waren schon lange nichts mehr. Und jetzt war auch der Fuchsbalg nichts mehr. Dieser Hase wog mehr, viel mehr. Er hätte in Gold aufgewogen werden müssen.
Danach habe ich die drei Altherren noch eingeholt. Es waren gute Leute. Am besten aber war der Patriarch. Der hielt einen ganz ausgezeichneten Vortrag. Daß ein Hund immer recht hätte und daß der Hase verludert wäre, wenn das Hundel es nicht getan hätte. Am Abend saß ich mit am Jägerstammtisch und wurde dabei ganz ordentlich behandelt. Und der Alleswissende gab mir sogar einen Bock frei, wenn die Jagd wieder auf wäre. Vielmehr weiß ich nicht mehr von damals. Nur eben das. Vielleicht darum, weil es mit einem Hunde in engstem Zusammenhang stand. So etwas merkte ich mir immer. Auch die Namen aller Hunde und Pferde, die mir in meinem Leben irgendwann begegneten, oder mit denen ich etwas zu tun gehabt hatte. Die Namen weiß ich alle noch. Von den Menschen habe ich die meisten vergessen. Das bedrückt mich sehr. Denn die meisten Menschen mag ich fast ebenso wie die Hunde und Pferde. Aber kein Topf faßt mehr als seinen Inhalt.
Den Bock des Patriarchen habe ich nie bekommen. Daran waren die besonderen Zeitläufte schuld. Auch das ist längst verwunden und vergessen. Nur die Bracke, die für zwanzig Mark und einen Fuchsbalg, habe ich nicht vergessen. Zwar ist es heute kein wehmütiges Erinnern mehr, eben nur ein Zurückdenken. Aber damals war alles wehmütig. Ein Jäger hatte sie mir gegeben, ein Jäger hatte sie mir auch wieder genommen. Das war eine ganz dumme Geschichte. Weil Jagdhunde und Hasen keine Grenzen kennen. Denn wieder war es ein Hase, der den Tod im Leibe trug. Aber Hasen sind zähe, zäher als ein Reh und manchmal noch zäher als ein Hirsch. Dieser Hase nahm die Bracke mit, gleich durch drei Reviere. Das war zu weit. Bei den Nachbarn wäre nichts geschehen. Die hätten vielleicht den Hasen erlegt, aber nicht das brave Hundel totgeschossen. Aber im dritten Revier, da war kein Nachbar mehr, der es wissen konnte. Der schoß nicht den Hasen, sondern er erschoß den braven Hund. Und fühlte sich im Recht. Darum nimmt man es hin, weil man gegen das Recht nicht angehen kann, obwohl es oft Unrecht ist. Aber da ist ja noch der Streit um die wildernden Hunde. Die gehören allesamt

abgeschossen. So wird es gelehrt und dramatisiert. Als ob unsere Hunde reißende Wölfe wären! Einige mag es vielleicht geben. Die können es und richten Unheil an. Doch es sind immer nur einige wenige. Die meisten der sogenannten wildernden Hunde sind harmlose Waldläufer, die bei dem ihnen zugeschriebenen Handwerk elend verhungern würden. Darum ist das eine eigene Geschichte mit diesen wildernden Hunden. Eine von den Grünen Geschichten, die sich um Wild, Wald und Jäger ranken und auch eine, die wert ist, weitererzählt zu werden. Solange, bis diese Geschichte zu einem Märchen wird, meinetwegen auch zu einem Schauermärchen.

Dabei sind Jäger sonst ganz vernünftige Menschen. Und wenn sie etwas Absonderliches tun, dann auch nicht häufiger, als die anderen Menschen. Nur kreidet man es ihnen häufiger an als den anderen. Auch das ist eine eigene Grüne Geschichte. Über die sollte man ebenfalls reden. Nur wird die Zeit dabei immer so knapp. Weil alle Jäger soviel anderes zu erzählen haben, was so schön ist und voller Glorie. Es sind Rehbockgeschichten und solche von Keilern und Hirschen, Gemsen und Schauflern. Und alle sind sie voller Glorie. Das ist ganz großartig und beneidenswert. Besonders, wenn es um den »Stärksten« oder um den »Ersten« geht. Und alles verlief ganz folgerichtig und ohne Fehler. Darauf aber kommt es an.

Nicht nur mein erster Bock war falsch. Auch mein erster Hirsch war es. Falscher ging es wirklich nicht mehr. Heute lächelt man darüber. Damals hätte man sich fast in die Hölle gewünscht. Doch kein vernünftiger Jäger schießt bewußt einen falschen Hirsch. Ausnahmen sollen die Regel nur bestätigen. Das wissen sogar diejenigen Leute, die dauernd oder vorübergehend damit beschäftigt sind, ein Urteil abzugeben über die Taten der Jägerschar. Dennoch – mein Hirsch war falsch und blieb falsch. Auch, wenn ich seine Geschichte erzähle, eine von den vielen Geschichten, die sich um Wald und Wild ranken. Er bleibt dennoch falsch. Meine Geschichte ist nicht gar zu lang. Feistzeit war es, heiß und trocken der zu Ende gehende Sommer. Die Tage waren noch lang und die Nächte kurz. Zwar kann man einen Feisthirsch zu jeder Stunde bekommen. Wenn man Glück hat. Aber wie selten hat man das schon! Darum muß der Jäger von sich aus etwas tun, wenn es klappen soll und er kein Schneider bleiben will. Die ganz frühen Morgenstunden nützen hierfür am meisten, wenn noch halbe Dunkelheit das Sehen und Ansprechen erschwert. Notorische Frühaufsteher haben es dabei am leichtesten. Die anderen

müssen sich redlich plagen, denn die kurzen Nächte werden dabei noch kürzer. So kann es sich wochenlang hinziehen.
Damals war es so. Die Hirsche wurden von Woche zu Woche feister und der junge Jäger, der mit allen Mitteln versuchte, seinen Hirsch zu bekommen, tat das Gegenteil und wurde immer klappriger. Nur half das nichts, der Hirsch blieb ihm versagt. Bis es eines Morgens anders kam. Es sollte der letzte Morgen sein, so oder so. Manchmal ist die Verzweiflung noch stärker als die Passion. Hier war sie es. Vorläufig. Bis zwei Hirsche auf ein Wieschen austraten, welches mitten im Holz versteckt lag. Beide waren sie noch ziemlich gering. Das war nicht schwer festzustellen. Viel leichter jedenfalls als bei einem Rehbock. In ihrem Kopfschmuck unterschieden sich die beiden gewaltig voneinander. Während der eine mit einem gutausgelegten, hochstangigen Geweih prahlte, zeigte der andere nur ganz dürftige, schlecht vereckte Stängelchen. So fiel die Wahl leicht, aber noch nicht der Schuß. Denn die Hirsche hatten es mit der Unruhe, zogen bald wieder von dem Wieschen ins Holz und ästen dort an dem Bodenbewuchs. Und in dem noch verhältnismäßig eng stehenden Stangenholz war ein Baum immer gerade da, wo eigentlich der Schuß hätte hingehen müssen. Nach einer Weile hatte ich nur noch den Hirsch vor mir, dem meine Begierde galt. Der andere war tiefer ins Holz hineingezogen. Auch »mein« Hirsch zog stetig weiter, zwar nicht hinter dem anderen her, doch eben weiter, blieb stets am Rande des Holzes und damit auch in unmittelbarer Nähe der kleinen Wiese. Auf meinem Hochsitz saß ich wie festgenagelt. Und während der Hirsch einem kleinen, nur gut stubengroßen Fichtenkopf zustrebte, der wie eine fette Rosine zwischen den Kiefernstangenhölzern lag, stieg ich lautlos die Leiter hinab, um die inzwischen schon sehr auseinandergezogene Schußentfernung möglichst zu verringern. Zwar verlor ich dabei den Hirsch für kurze Zeit aus den Augen, aber sonst verlief mein Vorhaben ohne Zwischenfall. Und als ich mich dann meiner Stiefel entledigte und kein knackendes Holz meinen Pirschgang mehr störte, war überhaupt nichts mehr zu befürchten. Bis auf etwa achtzig oder neunzig Gänge kam ich an den Hirsch heran. Das war die Breite der Wiese. Er selbst stand vor dem Fichtenkopf und äste irgend etwas, vielleicht einige Pilze, die innerhalb des Fichtengrüns wuchsen. Herrlich rot leuchtete seine Decke in der Morgensonne und herrlich war die Welt, als ich mich zum Schuß hinkniete, und herrlich brach sich das Echo des Schusses ringsum in

den Waldbeständen. Der Hirsch machte eine hohe Flucht in die Fichten hinein, und drinnen hörte ich es noch ein paar Mal schlagen und krachen. Währenddessen sah ich zwar einen anderen Hirsch durch das Holz fortflüchten, aber dem schaute ich kaum noch nach, weil ich das für überflüssig hielt und weil ich wohl auch genug mit mir und mit dem, was jetzt vor mir lag, zu tun hatte. Denn ich hatte meinen ersten Hirsch!

Meinen ersten Hirsch! Das war mehr als ein Königreich. Das war eine ganze, leuchtende, glückstaumelnde Welt! Dann habe ich mich hingekauert in das taunasse Waldgras und mir die Pfeife angeraucht und habe lange gewartet, bis es ganz still um mich und in mir wurde. Das mochte so gewesen sein wie früher, als ein kleiner Junge auf die weihnachtliche Bescherung wartete. Vor einer verschlossenen Tür, durch deren Ritzen aber das glänzende Licht der Verheißung hindurchsickerte. Dann habe ich die Tür geöffnet und bin langsam hinübergegangen zu meinem ersten Hirsch, habe ihn bald gefunden in dem dichten, duftenden Fichtengrün, bin ihm mit der Hand über die Keulen gestrichen, weil ich die zuerst sehen konnte. Dann habe ich mich in dem Fichtengeäst vorangetastet, suchte den Einschuß und fand ihn auch und war sehr zufrieden. Haupt und Geweih lagen zwischen zwei Fichtenstämmchen eingeklemmt. Darum brauchte ich einige Zeit und etliche Kraft, um das Wichtigste, die Trophäe, freizubekommen. Das alles habe ich getan, wie in einem schönen Traum. Und das brodelnde Blut schlug dazu einen schnellen Takt. Aber ich tat es umsonst. Es war das Geweih des Guten, der doch vorher fortgezogen war. Mit eigenen Augen sah ich ihn doch fortziehen. Die Augen waren die gleichen geblieben. Darum sahen sie jetzt auch, was sie vorher nicht gesehen hatten, nämlich, daß die eine Stange des vor mir liegenden Geweihs sogar eine ganz korrekte Krone aufwies.

Wie war es gekommen? Ich habe alles noch einmal zusammenkonstruiert und glaube auch dahintergekommen zu sein, warum es geschah und wie es geschah. Doch das war nun doch so nebensächlich geworden. Nicht nebensächlich war allein, daß der Hirsch ganz verkehrt erlegt war und eine häßliche jagdliche Todsünde darstellte. Und das war mein erster Hirsch! Ich war am Ende. Daran änderten auch nichts die beiden hübschen Mädchen, die vorbeikamen, als ich schon bei der roten Arbeit war und mir freundlich Waidmannsheil wünschten. Sie setzten sich neben mich und meinen falschen Hirsch. Sicher

werden sie sich gewundert haben, daß der junge Jäger so stur und schweigsam blieb. Aber es war keine gute Stunde. Trotz der hübschen Mädchen in den reizenden Dirndelkleidern.
Auch so kann man zum Jäger werden. Glück und Leid. Es sind zwei Schwestern. Irgendwann habe ich es schon einmal gesagt. Man muß sie beide ertragen können. Denn stets kommen sie nebeneinandergegangen. Dann kommt es nur noch darauf an, welche von beiden zuerst auf einen zutritt, welche die Hand zuerst ausstreckt. So ist es im Leben und so ist es auch beim Jagen. Besonders vielleicht beim Jagen. Weil hier dem Menschen die ganze Macht und Allgewalt der Natur gegenübersteht, der er ausgeliefert ist bis in den letzten Nerv und die ihn, wenn sie es will, zu Staub werden lassen kann. Alles zu seiner Zeit und alles im Rahmen des Möglichen. Denn Wunder gibt es nicht. Wenn manches auch unfaßbar erscheint und ohne Reim.
Es sind nur Geschichten. Gute Geschichten und böse Geschichten. Aber es sind Geschichten, welche die Wildbahn schreibt und der Wald. Es sind die Grünen Geschichten vom Jäger und von der Jagd.